数学、それは宇宙の言葉

サム・パーク 編
蟹江幸博 訳

数学、それは宇宙の言葉

50 Visions of Mathematics

数学者が語る 50 のヴィジョン

岩波書店

50 VISIONS OF MATHEMATICS, First Edition
edited by Sam Parc
with a foreword by Dara Ó Briain

Originally published in English in 2014 by Oxford University Press, Oxford.

This Japanese edition published 2020
by Iwanami Shoten, Publishers, Tokyo
by arrangement with Oxford University Press, Oxford.

悪しき数学者の弁明 *1

ダラ・オブリエン

すぐれた数学のアンソロジーを編纂するにあたって，わたしにできることと言ったら，前座として場を盛り上げるまえがきを書くことくらいしかない．そして，この役を引き受けたのにはちょっとしたわけがあるのさ．この数ページ後から登場する，鮮やかなアイデアとエレガントな証明を携えた執筆陣と同じ人生を，わたしもかつては歩もうとしていたんだ．もっと言えば，多元的宇宙論を信じるなら，わたしがいまだにその場所にいて，苦しみもがきながらも数学をがんばり続けている，そんな別の宇宙があるのかもしれない．しかし，1 つしかないこの現実世界では，彼らは方程式とともに生き，わたしは逃げ出して，芸人への道を進んだ，ってわけだ．何かと別の何かを比べてその両方についての知識を深める，研究という世界から離れ，「セックスとかけて銀行口座と解く．そのこころは…」などと喋りまくるお笑いの業界にね．だからといって，お笑い界が優秀な(とも言えない)人材を得たために数学界が損失をこうむった，なんて言いたいわけじゃない．

数理科学を研究するのに必要なのは，実は，回転の速い頭脳というより，ひたむきな心なんだよね．大学の講義というものは始めからおしまいまで論理的なつながりをもって進んでいくものだ．仲間とワイワイやったり，パーティに出たり，高校では出会わなかったような素敵な女性に巡りあったりしたせいで，講義を 1 回でも欠席しようものなら，講義との 1 年がかりの追いかけっこをする羽目に陥ってしまう．何とか講義には出席したとしても，それはもはや数学を理解するというより，数学を書き写す苦行の時間だ．

講義に出て机に向かっていた当時のわたしはまるで修道士のようで，このような経験は人生でこのときかぎりだ．先生が黒板上で展開してくれる大定理をノートにがりがりと書き写すのだが，その量は 1 回の講義で A4 サイズのノートに 6 ページほどにもなった．いつの日にか読み返せば，きっと意味がわかるだろうという儚い望みを託してなぐり書きしたものだ．きわめつけは 2 年生の時の群論の講義で，シローの定理とかいうものの証明だった．シローなる人物が何を理論化したか，そういう細かいことはこの際，関係がない．重要なのは，本質的にはたったひとつの結果を説明するのに，1 時間の講義が 4 回も費やされ，なぐり書きしたノートが 27 ページ以上になったということなんだ．そして今，この原稿を書くちょっと前にシローの定理をオンラインで検索してみたが，どこで調べてもちんぷんかんぷんで，さっぱり意味がわからなかったんだね*2.

最近，オックスフォード大学の量子力学の講義をダウンロードしてみた．それは 27 回のライブの講義を録画したもので，社会人になってぼんやり暮らす中では見聞きすることのなかったテーマを扱っている．これはチャンスだ，若かりし学生時代に立ち戻って当時の過ちを正すんだとばかりに，わたしは家でメモ帳とペンを用意して座り込んだ．

スタートボタンを押して最初の講義が始まるや，黒板は記号の列で 1 行また 1 行と埋められていき，それを懸命に書き写さなければならなくなった．小説家のマルセル・プルーストにとって，記憶が呼び起こされる引き金になったのは，マドレーヌ・ケーキの味覚なんだってね．わたしにとってそれは，なぐり書きの数学と，議論についていこうとする必死さだった．幸か不幸か，ちょうどそのとき，猫がキーボードに飛び乗って，スペースキーを踏んだのさ．ビデオが止まり，と同時に，その感覚がするりとわたしから逃げていった．息をはずませ，メモを書く手を止めたわたしはあっという間に，台所でパソコンの前に座るただの 41 歳の男に戻っていたよ．

これとは対照的な経験もある．それは，友人に誘われて一度だけもぐりで聴講した，3 年生を対象とした哲学の講義だった．ペンを用意し，メモ帳を開いて出席したその講義は，「おしゃべり」としか形容しようのないものだった．ひとりの男がクラスの前で愛想よくまくし立てるのを学生たちはうなずきながら聴き，ときおりもったいぶりながら，わけのわからない符号をノートに書き込むという具合でね．講義は知覚のヴェールについてのものだったかな．われわれが認識する身のまわりの現実は身体の五感を通してしか得られず，実際に存在すると推定されるわれわれとのあいだにはこのヴェールが存在するので，現実そのものの性質については何も確定的な結論を言うことはできない，とかいう理論だった．

そうじゃなかったかもしれない．誤解しているところがあるのはほぼ確実だろうね．これを読んだ哲学科の教授が訂正してくれるなら，それを受け入れるのはやぶさかでない．それでも，ポイントは，19 年前にたった 1 回受けただけにもかかわらず，講義の中身を記憶していたということだ．シローの定理については 4 回も講義を受け，補助テキストや小テストもあって，しかもこの講義の試験には恐らく合格したはずなんだ．だけど，シローの定理って何だっけと思い出そうとして，さっきグーグルで調べなければならなかったほどさ．

このように，数学はきびしいのだ．それでも，数学にこだわる人がいるのは，数学がとても美しいからだ．そして，この美しさは数学の門外漢にはよくわからないときている．

数学者が数学は美しいと語るのを耳にすることがあるんじゃないかな．その美しさとは，たいてい，議論がエレガントだとか，アイデアがみごとだ，という形で語られるよね．問題を削ぎ落としていき，最も重要な本質をすくい上げる手際の良さや，できる限り単純で短い論理を用いて，数や形や対称性についての深い真実を明らかにするさまが美しいっていうわけだ．

でもね，数学がどの科学にもまして美しいのにはほかにもわけがあるんだよ．まず，数学はラテン語の学名に煩わされることがない．たとえば，カタツムリの種・属・科・目・綱・門・界を覚えるといった頭のエネルギーの無駄づかいは数学には無縁だね．カタツムリなんてものは，殻の縞模様にほんの少しのちがいがあるくらいで，見分けなんかつきっこないよな．馬の内耳の中であいだをつなぐ管の学名を覚えるなんてことも数学では必要ないしね．

同様に，数学はものを測るということにも煩わされない．わたしは 4

年間を数学に費やしたが，その間，問題の番号や本のページ番号以外には，数なんて見たことがないんじゃなかろうか．数学では変数を扱うけれど，数を入力してオシロスコープを扱うのは別の誰かの仕事だ．数学は結果を予想するけれど，スイスで地下に 17 マイルの長さのトンネルを作って，その予想が正しかったかどうかを確かめるのもほかの誰かのすることだね．別に，実務を下に見ているわけじゃない．数学者が実務向きでないことは認めてもいい．大型ハドロン衝突型加速器には 50 万個もの鋲が使われているが，もし数学者に鋲を接合する作業を任せたなら，陽子のパケットは 4 フィートも進まないうちに，はがれてフラフラと浮かんでいるはんだの塊にぶつかってしまうだろうな．さもなければ，数学者は自分のカフスボタンではんだづけするのがオチだ．

わたしは，出演しているテレビ番組などのおかげで，天文学関係者とも仕事上の付き合いができるようになった．しかし，わたしごときじゃ天文学者のお役にはまったく立てないことくらいは自覚している．なぜなら，天文学はきわめて注意ぶかくなされた観測結果に基づいて打ち立てられる分野だからね．何しろ，毎夜毎夜，巨大な宇宙の秘密を解き明かすことを願って，ほんのわずかな異常現象を見つけだそうと，空の隅から隅まで光の点を追いかける，それが天文学者の仕事なんだ．その一方，宇宙論の方程式を書き下し，そうした観測などの一切合切はほかの誰かに任せるというやり方もあるだろう．それが数学の美というわけだ．

そう，でもね，美だけでは十分じゃないんだな．

大学を卒業する前，わたしの属す数理物理学科の学科長を訪ねたときのことだ．修士課程に進むつもりはないという爆弾を落としに行ったのさ．学科長が驚き，がっかりしたという演技がうまくできるかどうか見物してやろうという魂胆だった．学科長はこの難題をクリアし，立ち上がってこう言った．「それは残念だね．君はとても数学的な…，そう，いいセンスを…持っていたのに.」これが褒め言葉のつもりで言われたのでなかったことにやっと気がついたのは，学部長の部屋を出た後のことだった．数学の学生に求められていたのはちょっとしたセンスより，やり抜く意志がわずかでもあるほうだったんだ．

本書に収録された50話には才能があふれている．どの話もすてきなアイデアと鮮やかな結果で輝いている．読者が自分のイマジネーションがどれほど広がっていくか試したいなら，ペンと紙を用意して読むのが一番だ．何かと別の何かを比べることで，さまざまな驚くべき性質が見つけられるだろう．風変わりで良質なジョークに出合えることもあるかもしれない．

でも，数学が恐いっていう人もいるよね．本書を手にして圧倒されそうな気持ちになる読者もいるかもしれないが，ご安心いただきたい．

本書の執筆陣のような素晴らしい知性の持ち主もまた，学生時代には，上つきの i と下つきの j を懸命に書き写す日々を送りながらも，ときにははずむ息を整え，間違って手についたはんだをはがすために休憩したいと思っていたのさ．

［***A bad mathematician's apology*** by **Dara Ó Briain**: 司会者．コメディアン．University College Dublin で数学や理論物理学を専攻した．日本のテレビ番組「たけしのコマ大数学科」をもとにした *School of Hard Sums* で第14章の筆者マーカス・デュ・ソートイとともに司会をつとめた．］

訳　註

*1 このタイトルはイギリスの数学者 G. H. ハーディの自伝『一数学者の弁明』(邦訳：柳生孝昭訳『ある数学者の生涯と弁明』(丸善出版))をもじったもの．

*2 シローの定理が何か，気になる読者があるかもしれない．それがわかったからといって数学の本質に触れられるというものではないが，一応書いておこう．「有限群 G の位数の任意の素因数 p に対し，G の極大 p シロー部分群が存在する．その位数は p のベキである」というものである．この意味がわからなくても，数学がどのようにこの世界とかかわっているのかを知り，そしてそのかかわりを楽しむことができるということをオブリエンは話しているのだろう．彼独特の言い回しで．

編者の言葉

サム・パーク

神が整数を作り給い，それ以外の数学はすべて人の作りしものなり，という古い言葉がある（これは 19 世紀のプロシャの数学者レオポルト・クロネッカーの言葉である*1）．それが正しいのであれば，50 が作られたときに何が起こったのだろうか？ 人間にとって 50 には特別な意味があるようで，50 歳の誕生日を祝うし，50 年の金婚式を祝うし，50 年の節目となる記念日を盛大に祝ったりする．50 歳はまた，新しい挑戦をし，人生の再スタートを切ろうと多くの人が決意する年齢でもある．50 対 50（五分五分）という語句は完璧に公平であることを意味している．そして，50 パーセントは道半ばという，一定の達成感を覚える，と同時に来るべきものを予感させるものだ．

本書は単に 50 という数と 50 であるという概念を褒め称えるだけでなく，つまり，数学の創造に携わった人々や，当たり前のように享受されている多くの事柄を支えている数学を祝うものである．数学がわれわれの生活の隅々にまで関わっていることに敬意を表し，今後 50 年に数学とその応用がどのように発展していくのかを生き生きと語り合いたい．

50 はもちろん数でもあり，数として特別な性質がある．数学者にとって，50 とは 0 でない 2 つの平方数の和に書く方法が，$50 = 1^2 + 7^2 = 5^2 + 5^2$ と 2 通りある最小の数であり，$50 = 3^2 + 4^2 + 5^2$ と 3 つの連続した数の平方の和でもある．さらに，化学者にとっては，50 個の核子からなる原子核を持つ原子が特に安定であるという意味で，魔法の数である．

本書を作ろうとしたきっかけはイギリスの IMA（Institute of Mathematics and its Applications，数学と応用研究所）が 2014 年に創立 50 周年を迎えることだったが，プロジェクトは広がってしまった．さらに，数学はこの 50 年のあいだに成熟してきたようである．学校数学は，算術と代数と幾何だけのものから，集合，トポロジー，コンピュータグラフィックス，さらに数学のさまざまな応用を重視する方向へと変遷してきた．この間，カオス理論，弦理論，ゲノム科学などの新しい科学的パラダイムの誕生があった．コンピュータ革命を経て今や，ほとんどの家庭には，50年前の世界中のすべてのコンピュータを合わせたよりも高い計算能力を持つコンピュータがある．デジタル時代にふさわしい新しい数学も生まれた．巨大なデータベースが普及し，数学に基礎をおくインターネットの技術はわれわれの生活を完全に変えてしまった．そしてコンピュータによるモデル化によって，人体のゲノム情報のすべてや数千年にわたる地球の気候変動も数十億個の変数を使ってシミュレーションをすることができるようになった．この50年間の進歩には驚異の念を抱くほどで，未来の数学とその応用が一体どのようになるのだろうかと考えずにはいられない．

本書は，幅広い執筆者たちによる50のエッセイを集めたものである．トピックはなるべくバラエティに富むように選んで，数秘術のようなやさしいものから数学研究の最先端までを含んでいる．ひとつひとつのエッセイは，一気に読むことができるようにコンパクトで，多くの読者にわかりやすいように書いていただいた．けれども，執筆者には，必要な場合にまで記号や数式を使わないようにとのお願いはしなかった．数学が苦手だという読者もご心配はいらない．どのエッセイも，記号を読みとばしてもメッセージが伝わるように書かれている．

執筆者の選びかたにはこれといった計画はなかった．編集チーム(下記参照)の助けを借り，ブレインストーミングをして，われわれと数学に対するヴィジョンを共有できそうな一流の数学者のリストを作った．大勢の方から執筆を引き受けるという返事をいただき，たいへん嬉しく思うとともに，畏れ多い気持ちにもなったが，最終的に50人を選ぶというのは難題であった．エッセイの中にはIMAが発行する雑誌 *Mathematics Today* やオンラインの優れた雑誌 *Plus Magazine*, ⟨http://plus.maths.org⟩ ですでに発表された記事を本書用に手を入れてもらったものもある．また，*Mathematics Today* と *Plus Magazine* 共同でコンテストを実施し，新しい執筆者をこのプロジェクトへ招待することにした．そこで選ばれた優秀作を，すでに決まっていたエッセイのあいだにちりばめることにした．

執筆者にはおおざっぱにではあるが，以下の五つのカテゴリのどれかに入るようにテーマを選ぶようにお願いした．①この 50 年間に生まれたか活躍した数学や数学者（例外的にこの期間から少しはずれている数学者を取り上げたエッセイもある），②風変わりな数学，③レクリエーション数学，④現在発展途上の数学，⑤数学の哲学および教育，である．それぞれのエッセイは本格的な数学を味わう前の一品の前菜となるよう意図されているが，必要に応じて，メインディッシュに進めたいと思う読者のために次に読むとよい本が推薦されている．

本書をまとめるに当たっては多くの人に協力いただいたことを感謝している．まず，IMA，特にデイヴィッド・ヨーダン，ロバート・マッケイ，ジョン・ミースン，その他 IMA 評議員に感謝する．最初は IMA 創立 50 周年の記念式典用の小さなパンフレットとして企画されたものが，どんどん，**どんどん**膨らんでいく間もわたしをずっと信頼してくれた彼らに感謝する．本書の販売によるすべての利益は，数学とその応用を推進し，専門的な研究を進めるため，IMA の現在および未来の仕事を支援するために使われる．

本書のすべての執筆者にも深く感謝している．彼らはこのプロジェクトの精神を完全に受け入れてくれ，印税を放棄し，無償でエッセイを書いてくれたのである．特に，スティーヴ・ハンブル，アフマー・ワディー，マリアンヌ・フライバーガー，ポール・グレンディニング，アラン・チャンプニーズ，レイチェル・トーマス，クリス・バッド，そして執筆者の推薦・連絡から原稿の校正まで，このプロジェクトのすべての段階で支援してくれた IMA メンバーからなる私的な編集委員会に感謝する．オックスフォード大学出版会のキース・マンスフィールドは，普通に期待される編集者像を超えた，なくてはならない貴重な存在であった．モーリス・マックスウィーニーを挙げておくのは，彼の法医学的技術がなければ本書の重要な原稿が永遠に失われてしまったかもしれないからである．ニコラ・ブルバキにはその書き方のスタイルがわたしの仕事のやり方に影響を与えたことを感謝する．そして最後に，わたしの家族と犬のベンジーには，わたしがほかにもたくさん抱えていた業務をジャグリングしているあいだ，50 種類もの地獄に耐え忍ばねばならなかったことに感謝する．

［**Sam Parc**: 数学と工学を学び，IMA（Institute of Mathematics and its Applications，数学と応用研究所）で数学の楽しみを一般に伝えることに情熱を燃やす．新聞のコラムも執筆．］

訳　註

*1 クロネッカーは実は「それ以外の数学」と限定したのではなく，「それ以外」とだけ言っている．その方が「数学」に広がりがあるというべきか，読者の考えに任せよう．

目　次

1　神秘の数 6174

50 Visions of Mathematics

西山豊

6174 という数は本当に神秘的な数である．ちょっと見ただけではそうは思えないだろう．しかし調べていくにつれ，引き算さえできれば 6174 の特別な秘密が明らかになっていく．

カプレカの演算

1949 年にインドのデオラリという町に住む D. R. カプレカという数学者が，今では**カプレカの演算**と呼ばれる計算プロセスを考案した．まず 4 桁の数で，同じ数字だけで表されないものを選ぶ(つまり，0000, 1111, 2222, ... ではない数ということ)．それから，その数字を並べ直してできる最大の数と最小の数を作る．それから，最大の数から最小の数を引くと新しい数が得られる．新しい数が得られるたびにこの演算を繰り返す．

これは簡単な演算だが，カプレカは驚くような結果が導かれることを発見した．数学と応用研究所(IMA)の創立 50 周年記念の年である数 2014 から始めてみよう．それからできる最大の数は 4210 であり，最小の数は 0124 すなわち 124 である(1 つ以上の 0 は左において最小の数を作ってよいとする)．この手続きを繰り返すと

$$
\begin{aligned}
& 4210-0124=4086 && \rightarrow && 8640-0468=8172 \\
\rightarrow\ & 8721-1278=7443 && \rightarrow && 7443-3447=3996 \\
\rightarrow\ & 9963-3699=6264 && \rightarrow && 6642-2466=4176 \\
\rightarrow\ & 7641-1467=6174
\end{aligned}
$$

となる．

6174 まで来ると，これ以降，演算は毎回 6174 という数を繰り返すことになる．カプレカの演算をおこなっても変化しない数を**核**と呼ぶことにする．上の例の中では 6174 が唯一の核となる．しかし，6174 にはま

だ驚くべきことがある．もう一度ちがう数，たとえば，フランス革命の年 1789 で始めてみよう．

$$\begin{aligned} & 9871 - 1789 = 8082 \\ \rightarrow \quad & 8820 - 0288 = 8532 \\ \rightarrow \quad & 8532 - 2358 = 6174. \end{aligned}$$

また 6174 になった！

2014 で始めたときには 7 回目で 6174 に到達し，1789 では 3 回かかった．実は，すべてが同じ数字ではない 4 桁の数なら何でも 6174 に到達するのだ．不思議なことではないだろうか．カプレカの演算はとても簡単なのに，こんなにも面白い結果が見つかる．そして，ほとんどの 4 桁の数がこの神秘的な数 6174 に到達するのはなぜかという理由を考えると，さらにもっと魅惑的なことがわかる．

この性質を持つ数は **6174** だけなのか？

どんな 4 桁の数も，数字を降順に並べることによって最大の数にできるし，昇順に並べれば最小の数になる．だから，すべてが同じではない 4 つの数字 a, b, c, d が，

$$9 \geq a \geq b \geq c \geq d \geq 0$$

を満たすとき，最大の数は $abcd$ で，最小の数は $dcba$ である．カプレカの演算の結果：

$$abcd - dcba = ABCD$$

は，桁ごとに差をとるという普通の引き算の方法で計算ができる．もしもどの 2 つの数字も同じではないのなら，$a > b > c > d$ なのだから，

$$\begin{aligned} & D = 10 + d - a && (a > d \text{ なので}) \\ & C = 10 + c - 1 - b = 9 + c - b && (b > c - 1 \text{ なので}) \\ & B = b - 1 - c && (b > c \text{ なので}) \\ & A = a - d \end{aligned}$$

となる．得られた数 $ABCD$ が最初の 4 つの(異なる)数字 a, b, c, d を使って書くことができるなら，カプレカの演算は繰り返すことになる．だから，$\{A, B, C, D\}$ が $\{a, b, c, d\}$ に等しくなる $4 \times 3 \times 2 = 24$ 通りのすべての組み合わせを考え，上の関係を満たすかどうかをひとつひとつ確かめることによって，カプレカの演算の核を見つけることができる．24 通りのそれぞれに対し，4 未知数 a, b, c, d を解くための 4 つの連立方程式が得られる．

24 通りの組み合わせのうち 1 つだけが $9 \geq a > b > c > d \geq 0$ を満たす整数解を持つことがわかる．その組み合わせとは $ABCD = bdac$ であり，その連立方程式の解が $a = 7, b = 6, c = 4, d = 1$，つまり $ABCD = 6174$ である．$\{a, b, c, d\}$ の中の数字のどれかが等しいとき得られる連立方程式には，4 つすべてが 0 という以外に解が存在しない．したがって，数 6174 だけが，カプレカの演算で変わらない 0 でない数である．問題の神秘的な数は 1 つだけなのである．

3 桁の数に対しても同じ現象が起こる．たとえば，3 桁の数 753 にカプレカの演算を施すと

$$
\begin{aligned}
& 753 - 357 = 396 \\
\rightarrow \quad & 963 - 369 = 594 \\
\rightarrow \quad & 954 - 459 = 495 \\
\rightarrow \quad & 954 - 459 = 495
\end{aligned}
$$

が得られる．数 495 は 3 桁の数に対するカプレカの演算の唯一の核であり，すべての 3 桁の数はこの演算で 495 に到達する[*1]．読者も自分で確かめてみよう．

2 桁, 5 桁, 6 桁, …

4 桁の数と 3 桁の数は唯一の核に到達することを見たが，他の桁の数はどうだろうか？ その答えはあまり感動的なものではない．2 桁の数でやってみよう．28 で始めると，

$$82 - 28 = 54 \quad \rightarrow \quad 54 - 45 = 9$$

$$\begin{aligned} &\rightarrow \quad 90 - 09 = 81 \quad \rightarrow \quad 81 - 18 = 63 \\ &\rightarrow \quad 63 - 36 = 27 \quad \rightarrow \quad 72 - 27 = 45 \\ &\rightarrow \quad 54 - 45 = 9 \end{aligned}$$

となる. 2 桁の数がすべて $9 \to 81 \to 63 \to 27 \to 45 \to 9$ というループに到達することを確かめるのにはあまり時間はかからない.

3 桁と 4 桁の数とはちがい, 2 桁の数に対しては一意的な核は存在しない.

では 5 桁ではどうだろうか？ 6174 と 495 のように, 5 桁の核はあるのだろうか？ このことに答えるには 4 桁のときと同じようなプロセスを使う必要がある.

$$9 \geq a \geq b \geq c \geq d \geq e \geq 0$$

と

$$abcde - edcba = ABCDE$$

を満たすような, $ABCDE$ に対する 120 通りの $\{a, b, c, d, e\}$ の組み合わせを確かめるのである. ありがたいことに計算はすでにコンピュータによってなされていて, 5 桁の数にはカプレカの演算の核は存在しないことが知られている. しかし, すべての 5 桁の数は次の 3 つのループのうちの 1 つに到達する.

$$\begin{aligned} &71973 \to 83952 \to 74943 \to 62964 \to 71973 \\ &75933 \to 63954 \to 61974 \to 82962 \to 75933 \\ &59994 \to 53955 \to 59994. \end{aligned}$$

マルコム・ラインズがその著書『あなたの考えている数』の中で指摘しているように, 6 桁以上でどうなるかを見ていくには長い時間がかかり, とても退屈なものになってしまう！ この過酷な実験から読者を救うために, 表 1 に 2 桁から 10 桁までの核を挙げておく. カプレカの演算によって数が唯一の核にたどり着くのは 3 桁と 4 桁だけのように見える.

カプレカの演算があまりに美しいので, これには単なる偶然ではない, 何かもっと美しい原理が秘められているにちがいないと感じるかもしれ

表 1　2 桁から 10 桁までの数に対する核

桁数	核
2	ない
3	495
4	6174
5	ない
6	549945, 631764
7	ない
8	63317664, 97508421
9	554999445, 864197532
10	6333176664, 9753086421, 9975084201

ない．理由もわからずに，ほとんどすべての 4 桁の数がカプレカの演算によって 6174 に到達することを知るだけで満足してもよいものだろうか？ これまでのところ，3 桁と 4 桁の数だけがただひとつしかない核に到達するという事実が，偶然の産物ではない何らかの理由を示すことができた人はいない．この性質はあまりにも驚くべきなので，恐らく，恐らくとしか言えないのだが，整数論における重要な定理がカプレカ数の中に隠れていて，将来の数学者が発見してくれるのを待っているのかもしれない*2．

［***The mysterious number 6174*** by **Yutaka Nishiyama**: 大阪経済大学名誉教授．**初出** *Plus Magazine*, 2006 年 3 月 1 日.］

参考文献

［1］ Martin Gardner (1985). *The magic numbers of Doctor Matrix*. Prometheus Books.
［2］ D. R. Kaprekar (1949). Another solitaire game. *Scripta Mathematica*, vol. 15, pp. 244–245.
［3］ Malcolm Lines (1986). *A number for your thoughts: Facts and speculations about numbers from Euclid to the latest computers*. Taylor and Francis. 邦訳：M. ラインズ著，片山孝次訳『数—その意外な表情』(岩波書店)．
［4］ Yutaka Nishiyama (2013). *The mysterious number 6174: One of 30 amazing mathematical topics in daily life*. Gendai Sugakusha. 西山豊著『数学を楽しむ』(現代数学社) ほかの英訳.

訳　註

*1 もちろん 4 桁のときと同様，すべての数字が等しければ 0 になるので，むしろ，0 か 495 に到達すると言うか，除外することをここでも言う必要がある.

*2 訳者は以前，「Games of Number Structures II, Reversed Difference，三重大学教育学部紀要，自然科学，53 (2002)，7–26」という論文で，カプレカの演算に似た「反転差」を調べたことがある. 2 桁の数の場合，カプレカの演算は 1 の位と 10 の位の数を交換して，つまり反転して差をとってから絶対値をとることになっている．これを任意の桁に対しておこなうのが反転差である. 2 桁の場合は，どんな数も 3 回で，0 か，9 → 81 → 63 → 27 → 45 → 9 というループに落ち込む．不動点 0 も，周期 1 のループ 0 → 0 と考えれば，何桁であっても，どこかのループに落ち込む.

反転差の場合, 0 以外の周期 1 のループ(本章で核と呼ぶもの)は存在しない. 3 桁の場合は 2 桁と同じ種類の, 0 と 99 → 891 → 693 → 297 → 495 → 99 というループしかない. 4 桁の場合，周期 1 の 0 と，周期 5 のループが 3 つ，さらに周期 2 のループが 1 つあって，すべての数がそのどこかに到達する．ループに到達するまでの回数の最大は 12 である．少しくらい桁数を上げていってもちがう周期のものは得られない. 10 進法なので 10 の約数の周期しか出てこないのだろうか.

ちがう周期のものが欲しいので, p 進表記の数を考えてみた．同じように各桁の反転差が考えられる. $p = 2$ のときには 10 桁までは周期 1 のループ，つまり核しか出てこないがその数は増えていく. $p = 3$ のときは, 10 桁では周期 1 のものが 3 つ，周期 2 のものが 3 つ，周期 4 のものが 2 つ見つかった．周期が p の約数であることも p より小さいことも成り立たない．別の事情があるのかもしれない．カプレカの演算を p 進数でやってみたらどうだろうか.

2 シンプソンズの公式

サイモン・シン

『ザ・シンプソンズ』*[1] の本当に熱心なファンなら，舞台となっている街スプリングフィールドにある映画館の名前に気がついているかもしれない．映画館の名前はエピソード「ホーマー大佐」*[2]（1992）で初登場した「スプリングフィールド・グーゴルプレックス」である．

この言葉の意味を理解するには，アメリカの数学者エドワード・カスナーが甥のミルトン・シロッタと話をした 1938 年に戻る必要がある．カスナーは何気なく，10^{100} という数，つまり

10,000,000,000,000,000,000,000,000,000,000,000,000,000,000,000,000,000,
000,000,000,000,000,000,000,000,000,000,000,000,000,000,000,000,000,000

に名前をつけると便利だろうな，と口にした．すると，9 歳のミルトンは**グーゴル**というのはどうかなと答えたのだ．

カスナーはその著書『数学と想像力』の中で，そのときの会話の続きを回想している．「グーゴルを提案したとき，同時にミルトンはさらに大きな数に「グーゴルプレックス」と命名した．」グーゴルプレックスはグーゴルよりもはるかに大きいが，命名者がすぐに指摘したように，まだ有限である．ミルトンはグーゴルプレックスを，1 の後に 0 を疲れるまで書き続けた数を表す名前として提案したのであった．

当然のことながら，この定義は主観的すぎて，グーゴルプレックスという数が定まらないと感じた伯父のカスナーは，グーゴルプレックスを $10^{\text{グーゴル}}$ と定義し直したらどうかと提案した．それは 1 の後に 1 グーゴル個の 0 が続く数であり，可能な限り小さいフォントを使ったとしても，観測可能な宇宙と同じ大きさの紙にも書き切れないほどである．

このグーゴルとグーゴルプレックスという言葉は今では一般の人々の間でさえかなり知られるようになっている．それは，ラリー・ペイジとセ

ルゲイ・ブリンが，彼らの作った検索エンジンを，非常に大きい数グーゴルにちなんで名づけたためである．ただ，書き間違えられてグーグルとなったのである[*3]．グーグル本社がグーグルプレックスと呼ばれているのは驚くにはあたらない．しかしながら，グーグル社が設立されたのは 1998 年のことで，1992 年の『ザ・シンプソンズ』のエピソードの中に「グーゴル」という言葉が出てくるのはどのようなわけだったのだろうか？

あまり知られていないが，『ザ・シンプソンズ』では，数学的な修練を積んだ放送作家がテレビ・ショー史上まれに見るほどおおぜい起用されていたのだ．この放送作家たちは 25 年にわたるシリーズの中に，数多くの数学用語をこっそり持ち込んでいる．たとえば，「恐怖のツリーハウス VI」というエピソード[*4]は 3 つの短いハロウィーンの話からなっているが，その 3 つ目の「ホーマー^3」は『ザ・シンプソンズ』に出てくる数学のレベルの高さを示す格好の例だ．たったひとつのエピソード中に，オイラーの方程式への賛辞，フェルマーの最終定理を知るものだけに意味のわかるジョーク，P 対 NP 問題への言及が含まれている．これらすべてが，複雑な高次元幾何学を探検するストーリーの中に埋め込まれている．

数学の知識がある放送作家の中で最も古くから参加しているのがアル・ジーンで，彼は第 1 シーズン以来，長年にわたり製作総指揮を務めてきた．ジーンは 10 代のとき，1977 年のミシガン州の数学コンテストに出場し，州全体から参加した 2 万人の学生の中で第 3 位となった．ジーンは，ローレンス工科大学とシカゴ大学の夏の英才教育キャンプにも参加している．こうしたキャンプは冷戦の産物であり，ソ連でネットワーク化されていたエリート数学者養成プログラムから誕生した頭脳に対抗することをめざしたものであった．このハードな特訓のおかげで，ジーンは 16 歳の若さでハーバード大学の数学科に入学できたのである．

ジーンによると，『ザ・シンプソンズ』に数学用語をまぎれ込ませたのは，脚本の最初の草稿が作成され，改訂のためみなでコメントを出しあった後のことだった．この書き直しの段階では，その場にいた数学の心得のある誰でもに方程式や数学の概念を忍び込ませる機会があった．「ホーマー大佐」ではまさにこのとおりのことが起きたわけなのだ．「そうだね，確かにそのとき僕はその場にいたよ．僕の記憶では，グーゴルプレックスを投げ入れたのは僕じゃなかったけど，このネタが大いにウケたのは間違いないな．オクトプレックスとかマルチプレックスといった映画館らしい雰囲気の名前にもなったわけだしね．そう言えば，小学生のころ，知ったかぶりのやつらがよくグーゴルのことを話してたな．確かにそれはそのエピソードを書き直す段階で生まれたジョークだったよ.」

『ザ・シンプソンズ』の最初のシリーズ以来，アル・ジーンとともに放送作家として参加していたマイケル・レイスも 10 代のころ，マーティン・ガードナーと文通したこともある数学の神童だった．コネチカット州の数学チームの一員にも選ばれた．レイスはスプリングフィールド・グーゴルプレックスが自分の考えたギャグだったかもしれないと述べている．脚本家の中にはこのジョークが視聴者に通じないのではないかと懸念を示すものもあったが，このときレイスは自分が弁護したことを覚えていた．「誰にも理解できないジョークを入れたと批判する人がいるかもしれないが，だとしても罪のないジョークだよ…マルチプレックスなんて名前の映画館じゃ，おもしろくもなんともないだろう？」

［***Simpson's rule*** by **Simon Singh**: 数学書を数多く執筆する作家．**初出** *The Simpsons and Their Mathematical Secrets* (2013) Bloomsbury，より．(邦訳：青木薫訳『数学者たちの楽園―「ザ・シンプソンズ」を作った天才たち』新潮社)］

訳　註

*1 1989 年に放送が始まった，アメリカのテレビアニメのシリーズで，60 か国で放映され，日本でも 1992 年から 2002 年に放送された．アメリカの中産階級の文化・社会状況を風刺的に描いたもの．シンプソン一家は，ホーマーとその妻マージに息子のバート，娘のリサとマギーからなる．ホーマーは原子力発電所の安全検査官．

*2 日本語版のタイトルは「魅惑のカントリー歌手」で，第 3 シーズンの第 20 話，全体では第 55 話にあたる．

*3 英語で，googol を google とスペルを間違ったもの．発音は同じであり，もともと子どもの音声での造語だったので，綴り自体は定着していなかったからだろうか．

*4 日本語版のタイトルは「ハロウィーン・スペシャル VI―3D の衝撃」で，シーズン 7 の第 6 話，全体では 134 話にあたる．

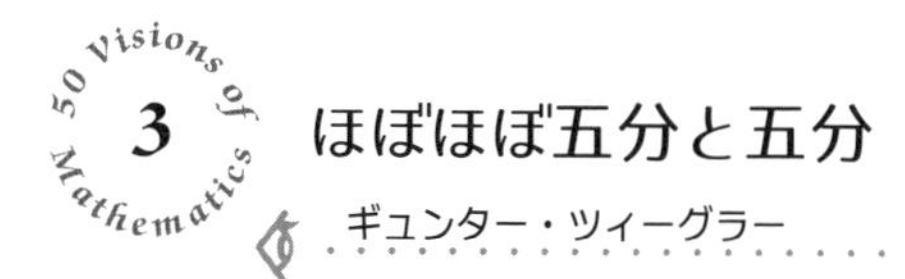

3 ほぼほぼ五分と五分

ギュンター・ツィーグラー

宝くじロトの抽選結果で，2 つの連続した数が頻繁に現れることに気づいたことがあるかな？ たとえば，49 までの数から 6 つの数を選ぶイギリス国営宝くじでは，2013 年の最初の当選番号は 7, 9, 20, 21, 30, 37 であり，奇しくも双子の数 20 と 21 が現れている．ところが，2012 年の最後の回の抽選にはそのような双子は現れなかった．当選番号は 6, 8, 31, 37, 40, 48 である．「宝くじはやらないので気づかなかったよ」と言う人もいるだろう．プロの数学者としての筆者の役割は次のように言うことかもしれない．「賢明な判断ですね．結局のところ宝くじなんて数学に強くない人が支払う税金なんですから.」しかしそれでは「連続する双子の数が現れるのはどれくらいの頻度で起こるのか？」という質問に答えてはいない．⟨http://www.national-lottery.co.uk⟩ に掲載されているイギリス国営宝くじ（あるいはドイツやカナダなど別の国の宝くじでもよいが）のこれまでの抽選結果を見てみるとすぐわかるように，ほぼ半数の回で双子が現れている．では，五分と五分なのだろうか？ 今度の土曜日の当選番号に双子が出ない方に 1000 ポンド賭ける！と言ってしまおうか．いやいや，賭けをしようというヤツは詐欺師だって気づかれたかもしれない．この確率はおおよそ五分と五分だが，本当のところ，数学を知っていれば（この場合は二項係数を知っているという意味であり，普通の電卓にはこれを直接計算できる機能は入っていない）わかるように，厳密にはそうでないことがわかる．当選番号に双子が現れる確率は約 49.5% なのである．だから，「双子が出ない」方に賭ければ，ほんの少しオッズが有利になる．ところが，おそらくほとんどの人は双子が出る確率は五分五分よりずっと小さいと考えているのではないだろうか．

数学の出番だ！ 読者が二項係数を知っていて，二項係数のことが大好きだと仮定してもいいだろうね．この仮定も成り立つ確率はほぼ五分五分だろうか？ もちろん，二項係数はすべての子どもたちが学んでいるはずだから．たとえ教わったときが，ヴァルター・メアスの『キャプテン・ブルーベアの 13 と 1/2 の人生』[*1] の一場面ほどにはドラマティックではないとしても．

> 「アー」とぼくは言った．
> 「どうだい，『アー』が言えたなら，あっという間に『二項係数』も言えるようになるさ！」とそいつは叫んだ．

これはバビング・ビローズ[*2] が幼いキャプテン・ブルーベアに話し方を教える場面である．話すことを学ぶ，飛ぶことを学ぶ，計算することを学ぶ，二項係数の取り扱いを学ぶ，これはやさしいことだろうか？ そんなことはみんな児戯に等しい！ 忘れてしまった人も，思い出してもらうことにしよう．負でない整数 n と k に対して，二項係数は次のように定義される．

$$\binom{n}{k} = \frac{n!}{(n-k)!k!}$$

ここで，$r!$ は $r! = 1 \times 2 \times 3 \times \cdots \times (r-1) \times r$ と表される数で，r の階乗と呼ばれる．ただし，$0! = 1$ と定義しておく．二項係数の値は，n 個のものから k 個のものを取り出すときの，その選び方の数に等しい(取り出す順序がちがうだけで選ばれたものが同じなら 1 通りと数える)．このため，二項係数は n 個から k 個を選ぶ組み合わせの数とも言い，${}^{n}C_k$ や ${}_{n}C_k$ と書くことがある．

宝くじの問題に戻ろう．49 までの数から 6 つの数を取り出す選び方は何通りあるだろうか？ これは二項係数そのもので，$\binom{49}{6}$ であるから，上の式を使って厳密に計算することができて，

$$\binom{49}{6} = 13983816$$

となる．しかし，連続する 2 数が出てこないように，49 までの数から 6 つの数を取り出す選び方は何通りあるだろうか？一見するとこれは難しい問題のように思われるかもしれないが，見事な裏技を使って計算でき

る．連続した数がない 6 つの数を選ぶ方法として，まず 44 までの数，つまり 1, 2, ..., 43, 44 から 6 つの数を選ぶのだ．この選び方は

$$\binom{44}{6} = 7059052$$

通りある．このようにして 6 つの数を選んだとき，たとえば，選んだ数が(昇順に並べ直して)1, 4, 5, 23, 29, 42 だったとすると，最初の数に 0 を足し，2 番目には 1 を足し，3 番目には 2 を足し，というようにして，最後の数には 5 を足す．このように変換して得られる新たな 6 つの数は，1 から 49 までの範囲にあり，連続した数は含まれない．なぜなら，この 6 つの数は昇順に並び，なおかつ後ろの数ほどより大きな数を足したので，隣り合う数の差は 2 以上になっているからである．そして，この変換によって，双子のない 6 つの数の列はすべて作ることができ，しかも，各列はちょうど 1 回ずつ作られている．つまり，双子のない各列に対して，この変換前は 1, 2, ..., 43, 44 のどんな列から作られたかを知ることができるのだ．これには，列にある 6 つの数から，今度はそれぞれ 0, 1, 2, 3, 4, 5 を引けばよい．たとえば，6, 8, 31, 37, 40, 48 の変換前の列は 6, 7, 29, 34, 36, 43 である．したがって，49 までの数から 6 つの数を選ぶ宝くじの当選番号は $\binom{49}{6} = 13983816$ 通りあるが，そのうち双子がないのは $\binom{44}{6} = 7059052$ 通りだけである．そして，(ここで電卓の登場である)きわめて厳密に

$$\frac{7{,}059{,}052}{13{,}983{,}816} = 0.5048$$

となる*3．したがって，「双子なし」の確率は 50.48%となる．何度も何度も賭けさせてもらえるなら，「双子なし」に賭ける方がかなり有利になる．実際，1000 回このゲームをやれば 505 回勝つ，つまり，相手よりも 10 回も多く勝てる！ 長期でやれば，儲かるはずだ．

ほかにもおおよそ五分五分となるゲームはある．たとえば，宝くじの当選番号の数字の和が奇数になる確率はどうだろう．もちろん，おおよそ五分五分にはなるが，厳密に半々というわけではない．実際，二項係数を使って少し計算すればその確率は 50.0072%となり，和が偶数にな

るよりもほんの少し可能性が高い．自分で計算してみてほしい．難しいテクニックはいらないので．

ヒント： もし和が奇数であるなら，6 つの数のうち奇数は，1 個か，3 個か，5 個である．

信頼は大切だが，数学はもっとすばらしい．数学はいつかあなたを，愚かな賭けごとにはまらないように導いてくれることだろう．

［***Roughly fifty-fifty?*** by **Günter M. Ziegler**: Freie Universität Berlin 数学教授.］

参考文献

［1］ Walter Moers (2000). *13.5 lives of Captain Bluebear* (translated by John Brownjohn). Overlook Press.

［2］ The UK National Lottery latest results. ⟨http://www.national-lottery.co.uk/player/p/drawHistory.do⟩.

訳　註

*1 邦訳：平野卿子訳，河出書房新社．主人公はブルーベアという名前のクマで，その生涯には 27 のエピソードがあって，その前半を描くという意味のタイトル．メアスは 1957 年生まれのドイツの漫画家で作家．キャプテン・ブルーベアは小説だけでなく，映画やテレビ，ミュージカル劇にも登場し，人気を博している．

*2 平野卿子訳では「おしゃべり波」と訳される，しゃべることができる波．この場面のすぐ後，話し方を覚えたブルー・ベアは二項係数も言えるようになったようだ．

*3 もちろんこの数も概数であり，ほんとうに厳密に言うなら 22919/45402 である．

50 Visions of Mathematics

4 バーコードで読み取られる

アンドリュー・リグレー

バーコードは消費生活には欠かせない．バーコードを光学スキャナーでスキャンすると，接続された機械がデータを読みこむようになっているが，今ではさらに進化し，プリンタやスマートフォンにもバーコードを読み取ってデータに変換するソフトウェアがインストールされている．バーコードが最初に使われたのは鉄道の車両を識別するためだったが，スーパーマーケットの会計を自動化するために使われるようになってから商業的な成功をおさめ，今ではいたるところで見られるようになった．

UPC バーコード[*1] が付けられた商品が史上初めてスキャンされた際に，筆者の名字(リグレー)が読み取られたということに触れないわけにはいかない．1974 年 6 月 26 日，アメリカ合衆国オハイオ州のあるスーパーマーケットでのできごとである．その商品はリグレー社のジューシーフルーツというチューインガムで，10 個入り 67 セントだった．それが有名なのは買った客であるクライド・ドーソンのショッピングカートから最初に取り出された商品だったという以外には何の理由もない．ドーソンは気の毒なことに，そのガムにありつくことはできなかった．なぜなら，買ったガムはその後スミソニアン協会のアメリカ歴史博物館に展示されることになったからである．

13 桁のバーコードとして標準化されているのが EAN-13(European Article Number の略)だ．アメリカ合衆国で開発された 12 桁の UPC システムに基づいており，その上位互換でもある[*2]．EAN-13 のバーコードは，13 桁の数字の上にある黒と白の線からなる列であり，このシマウマの縞模様のようなものをスキャンする．

13 桁のそれぞれに 10 個の数字が使えるから，この数字の組み合わせ方は，

図 1　王立オランダ造幣局のコイン.

Andrew Wrigley

図 2　アンドリュー・リグレー(筆者)を表すバーコード.

$$\underbrace{10 \times 10 \times 10 \times 10 \times \ldots \times 10}_{13} = 10^{13}$$

通りある. つまりこのバーコードのシステムは 10 兆もの数の識別が可能である. スキャナーは黒と白の各線の幅の大きさではなく大きさの比率を読み取るので, バーコードを拡大縮小してもさしつかえない.

1978 年に『マッド・マガジン』[*3] は表紙全体に巨大なバーコードを掲載し,「この号は世界中のコンピュータを故障させるぞ」というあおり文句までつけたことがあったが, そういうことは起こらなかった. その裏には, バーコードの仕組みがあった. バーコードの 2〜13 桁目までの各数 0〜9 はまず, ある対応表に従って, それぞれ 7 桁の 2 進数に変換される. この 2 進数に現れる 0 を白線, 1 を黒線で表したパターンがバーコードとして描かれる. このうち 2〜7 桁目では, このパターンがそれぞれ 2 通り用意されていて, 各桁がどちらのパターンを使っているかという組み合わせ方によって 1 桁目の数字が一意的に定まるようになっている(2 通りのパターンのうち, 一方は黒線の本数が奇数, もう一方は偶数となっているので, スキャナーはこの奇偶のちがいによってどちらのパターンを使っているかを認識できる). つまり, 1 桁目の数字はバーコードに直接的に表現する線が必要ないという, うまい仕組みなのである. またバーコードの左端, 中央, 右端には特別な 2 本線があり, それぞれバーコードの開始位置, 中央(7 桁目と 8 桁目との境), 終端位置をスキャナーに示す記号となっている. このおかげで, バーコードを上下逆さにしてもスキャナーは正しい位置から正しい方向へ迷うことなく読み取ることができるようになっている．そうでなければ 13 桁の数として，上の桁から読んでも下の桁から読んでも等しい回文のような数しか使えなくなるだろう．

バーコードの中のそれぞれの数字が何を表すかもまた興味ぶかい．プレフィックスと呼ばれる最初の 3 桁は製造国を示している．たとえば，930〜939 はオーストラリアを表す．978 と 979 は特別で「本の国」を表す．つまり，そこに割り当てられるのは書籍である．すべての書籍に固有のコードを割り当てるこの 13 桁の数字は，ISBN 番号*4 と呼ばれる．バーコードの 4 桁目以降のいくつかの数字はメーカーを表し，その次の数桁は製品を，そして最後の桁はスキャンや手動で読み取った際にエラーが生じていないかを検出するためのチェック用の数になっている．

このチェックのための桁は次のように計算される．

1. 偶数桁(2, 4, 6, 8, 10, 12 桁)の数を足して，その結果に 3 を掛ける．
2. この数に，奇数桁(1, 3, 5, 7, 9, 11 桁)の数を次々と足していく．
3. このようにして得られた数を 10 で割り，余りを求める(この余りは 10 を法とする数と呼ばれる)．
4. チェックのための最後の桁は，10 からこの余りを引いたものである．

この具体例として，サンドイッチに塗るイギリスのマーマイトに似たベジマイト*5 の瓶についているバーコードを見てみよう．この 13 桁のバーコードは

9 300650 658516

である．最初の 9 30 は前に述べたように，ベジマイトが作られているオーストラリアを表している．それから，0650 65851 は，この商品の製造元がクラフトフーズ社であるということと，この商品がベジマイトであるという固有の情報を示している．最後の 6 はチェック用の桁である．上の計算を実行して，バーコードが正しいかチェックしてみよう．

1. **偶数**桁の数を足して 3 を掛けると

$$(3+0+5+6+8+1)\times 3 = 69$$

が得られる.

2. これに**奇数**桁の数を足していくと

$$69+(9+0+6+0+5+5) = 94$$

が得られる.

3. この数を 10 で割ると

$$94/10 = 9,\ 余り\ 4$$

となる.

4. したがって, チェック用の最後の桁は $10-4=6$ となるはずだが, 確かにそうなっている.

EAN が最も普及しているが, 現在使用されているバーコードは 300 種類以上もあり, さらに増えている.

QR コードは最初, 1994 年に日本の工場で自動車部品を追跡するために使われた[*6]. QR コードは, 垂直の線を使った従来のバーコードよりもずっと多くの情報を格納するために, 黒と白のピクセルの 2 次元配列を使っている. 左下, 左上, 右上にある大きく目立った四角形は位置を検出するためのパターンで, EAN バーコードの端と中央を示す線と同じ役割を果たしている. それ以外の黒と白のピクセルはすべて情報を 2 進形式で格納している. 読み取りエラーを検出するためのチェック用の桁は 1 つだけでなく, 数学的な手法を用いた仕組みが 3 つ別々に埋め込まれている. 今では QR コードの読み取り機能がスマートフォンに搭載されており, 新しいマーケティング戦略に利用されている. この黒と白の四角形をスキャンすると, ウェブサイトへと誘導され, その結果として, データベースに記録されることになる.

2011年王立オランダ造幣局は，現在ユトレヒトにある建物の100周年を祝うために，世界で初めてQRコードのついた硬貨を発行した(図1参照)．スマートフォンでこの硬貨をスキャンすると，王立造幣局のウェブサイトにリンクされたURLが読み取られるのであった．

2012年にSF作家のエリザベス・ムーン*7は，あらゆる人は生まれたときにバーコードを付与され，チップを埋め込んで識別できるようにすべきだと提案した．当時これは嵐のような抗議を巻き起こしたが，将来は身分を証明する手段としてバーコードが指紋認証や顔認証や網膜スキャンにとって代わるかもしれない(たとえば，図2)．もちろん，すでにペットにはチップが装着されているし，肌身離さず持ち歩いているICカードによって，その方向への一歩が踏み出されているのだろう．

[***Called to the barcode*** by **Andrew Wrigley**: Somerset College 主任教師(数学)．**初出** *Plus Magazine* コンテスト佳作．]

参考文献

[1] Roger Palmer (1999). *The bar code book*. Helmers Publishing (3rd edition).

[2] makebarcode.com. Barcode basics.
⟨http://www.makebarcode.com/info/info.html⟩.

訳　註

*1 Universal Product Code の略で，統一商品コードとして一般的な商品に対して，アメリカで使われているもの．日本ではJAN，ヨーロッパではEANが使われている．

*2 日本のJAN(Japanese Article Number)はこれに基づいている．これに少し数字を付加したITFコードも広く使われている．

*3 1952年に発刊されたアメリカの風刺雑誌．創刊当時は漫画書籍だったが，1955年から雑誌形態になった．

*4 International Standard Book Number，国際標準図書番号は1965年にダブリン大学のゴードン・フォスターによって考案されたコードがもとになっている．1970年にISO(国際標準化機構)によって採用された．2006年までは10桁だったが，2007年1月1日から13桁の現行の規格となった．それまでのものと区別するためISBN-13と呼ぶことがある．

*5 ベジマイトはオーストラリアの発酵食品で，第一次世界大戦の影響で輸入が途絶えていたイギリスのマーマイトの代用品として1923年に作られたもの．パンやクラッカーなどに塗って食される．

*6 QRはquick responseの頭文字で，高速読み取りを目的として，デンソーの開発部門で，部品工場だけでなく配送センターなどでの使用を目的として開発されたもの．QRコードは現在ではその部門が独立したデンソーウェーブの登録商標である．

*7 代表作の『くらやみの速さはどれくらい』は21世紀の『アルジャーノンに花束を』と激賞された．

50 Visions of Mathematics

5 ブリストルの橋の問題を解く

ティロ・グロス

散歩を始めたのは 2013 年 2 月 23 日午前 6 時 38 分だった．土曜日のこの時刻ではほとんど車は走っていない．静寂を破るものはカモメの鳴き声と，ヴォクソール橋につながる古びた鉄の階段を上るわたしの足音だけである．リヴェットが打たれた歩行者用の橋がニューカット水路[*1]を越えて，ブリストルのベドミンスターと呼ばれる地域へとわたしを誘う．そこまで行くと，左に曲がって上流へと向かい，もうひとつの歩行者用の橋であるジェイル・フェリー橋まで歩く．蒸気機関車が走る時代の美的感覚で作られたヴォクスホール橋に比べると，ジェイル・フェリー橋はふんだんにヴィクトリア様式の装飾があり，あり得ないほど明るくて遊び心がある．橋を渡るとブリストルの中心地であるスパイク島に戻る．次の橋はほんの数歩しか離れていないスウィング橋[*2]である．スウィング橋という呼び名は何とも想像心を掻き立てるネーミングではないか．

この散歩をしようと思い立ったきっかけは，ドイツ語でケーニヒスベルクと呼ばれる都市に関係する，1736 年に解かれた有名な数学の問題である．この町は第二次世界大戦中にソ連によって占領された後，カリーニングラードと改名された．このバルト海沿岸都市は，現在ではロシアの小さな飛び地となっていて，ポーランドとリトアニアによって完全に囲まれている．数学の問題に登場するその古い町はプレーゲル川の河口に近く，川の両岸および，川の中にある 2 つの島からなっている．町の各地区を結ぶのは 7 つの大きな橋であり，どの橋もちょうど 1 回ずつすべて渡るよう歩くことが可能かどうかということが盛んに議論されたことがあった．多くの市民がそのような経路を見つけたと主張したが，実際にやってみせようとすると，どれか 1 つの橋を 2 回渡ることなく再現することはできなかった．1736 年までには，橋の問題はケーニヒスベルクだけで議論されるだけでなく，ヨーロッパ中の精鋭の数学者の心をとらえるようにもなった．

わたしは，ケーニヒスベルクと似たところが多くあり，自分の新しい故郷となったブリストル市で同じ挑戦をする決心をしたのである．ブリストルは現在のカリーニングラードと大体同じくらいの人口だし，海運が盛んだったという歴史の点でも似ている．ブリストルはエイヴォン川の河口に近く，古いケーニヒスベルクの町のように，1 つの川の両岸と，川の中の 2 つの島からなる(図 1 参照)．

そうこうしている間にスウィング橋は第二の島であるレッドクリフ島に連れていってくれる．さらにニューカット水路を上流に，ベドミンスター橋まで進む．この古くからある道路橋は，それと並行する橋を合わせてロータリーに拡張された．古い方の橋を使いニューカット水路をベドミンスター*3 に渡って，それから新しい橋を通ってレッドクリフ島に戻る．さらにニューカット水路を遡ってラングトン・ストリート橋を行き過ぎる．この橋は，黄色であることと曲がっている形から，地元ではバナナ橋という名で呼ばれている．しかし，後で必要となるので，今はこの橋を渡ることはできない．その代わり上流のバス橋まで行く．この橋が二重の橋でできたロータリーになっていることを利用して，ここでベドミンスターに渡って，もう一度レッドクリフ島に戻ってくる．

正直に言うと，ブリストルのあらゆる橋を渡ろうというわけではない．歩いて渡るのが法律上，禁止されている橋がいくつかあるし，排水溝や小川を渡る小さな橋は数えきれないほどある．しかし考えてみれば，同じような小さな橋はケーニヒスベルクにもあったにちがいないし，それらはもともとの問題にも入っていなかったはずだ．そして，市の中心部を紳士淑女がゆったりと散歩する道だけを考える問題だったのだろう．したがって，ブリストルの問題をどのように定義すべきかは明らかである．わたしの挑戦は，ブリストルの主要な水路に架かり，法律的に歩いて渡ることのできるあらゆる橋をちょうど 1 回ずつ渡るということである．残念ながら，それでもまだ 42 もの橋が残っている．長い一日になることだろう．

上流に進んでいくとセント・フィリップス湿地に着く．ここはかつて

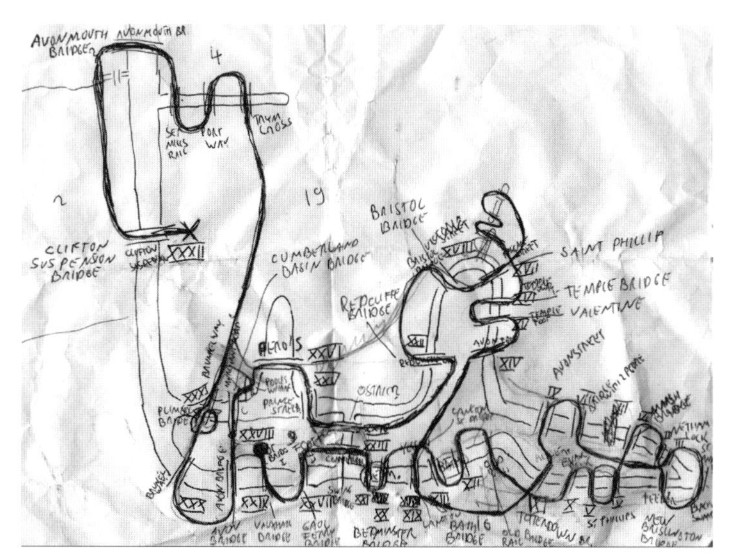

図 1　1 つの都市のあらゆる橋をちょうど 1 回渡るという橋の問題をオイラーが解決したことによってグラフ理論が誕生することとなった．オイラーの問題の解となる経路全体を見つけるのは，すべての橋の位置に複雑に依存する問題だが，歩いている途中で失敗に終わるのは，より解析が容易な局所的な性質のためである．このため，オイラーは解となる経路が存在するための厳密な条件を定式化することができた．しかしながら，具体的な経路を見つけるための実行可能な解法を得るにはさらに工夫する必要がある．この図に示されている絵は，いくつかのバージョンを経て進化したものである．初回は失敗したのだが，この地図を使いながら何回か偵察した結果，ブリストル市のあらゆる橋をちょうど 1 回ずつ渡るような経路が完成した．

孤立した島だったのだが，今ではレッドクリフ島につながっている．この地点で，人工的に掘られたニューカット水路の河床も終わり，もともとのエイヴォン川になる．少し先に古い鉄道橋がある．この橋のおかげで，前回の橋歩きの試みは失敗に終わったのだった．つまり，この橋は渡れないと思っていたのだが，渡れることがわかったのである．この橋を見つけたことで，出発点に選んだ場所が間違っていたことになり，ある橋を 2 回渡らないとすべての橋を渡りきることができなくなったのである．しかしながら．今回は事前に注意ぶかくルートの計画をしたので，わたしの邪魔をするものはない．鉄道橋を通ってエイヴォン川を渡り，上流に歩き続ける．トッターダウン橋は後で渡る必要があるので，この橋は行き過ぎ，そして美しい木製の歩行者用のグリーンウェイ橋を通って一度エイヴォン川を渡る．

橋の問題を魅力あるものにしているのは，複雑系理論とも呼ばれる現代数学の一分野が味わえるということによる．複雑系理論とは，相互に作用する大量のオブジェクトのヒエラルキーからどのように秩序が生まれるかについての理論である．橋の問題は簡単に述べることができるが，この問題を解決する経路は個々の橋の配置に依存して入り組んだ複雑なオブジェクトになる．経路は橋のパターンから生まれると言ってよい．相互に関係しあう系からそのように導かれる性質を数学的に扱えるようにすることは，気候変動からソーシャルネットワークにおける世論形成まで，幅広い現象の根底を理解するための中心的な課題である．

そうこうするうちセント・フィリップス・コーズウェイ橋に着く．これも二重の橋で，これによりエイヴォン川をもう 2 回渡る．それからエイヴォン川を背にして，広いセント・フィリップス湿地を横切ってフィーダー運河に行く．この運河はエイヴォン川とブリストルのフローティング港を結んでいる．マーシュ橋を通ってフィーダー運河を渡り，上流のネザム・ロックの橋まで行く．これは歩いた中で，最も小さい二重の橋である．この時点で渡るのは，二重の橋の片方だけにしないといけない．こうしてフィーダー運河を渡り，セント・フィリップス湿地の先端まで戻る．ここからほんの数歩戻ってエイヴォン川に帰り，ここでニューブリスリントン橋を渡って，さらに上流へと進む．3 時間半歩いた末に，この散歩では最東端となるセントアン橋に到着する．ここからケインシャムの町までエイヴォン川を渡る橋はない．下流に向きを変え，エイヴォン川に沿ってフィーダー運河の始まるところまで行く．運河に沿って下り，ネザム・ロックの第二の橋，バートンヒル人道橋，それからマーシュ橋という名の橋を渡る．ブリストルの一番新しい橋は角を曲がってすぐのところにあるのだが，わたしはフィーダー運河の反対側にいるのでそこには行けない．これから，前には通り過ぎたがまだ渡っていない橋を渡るために回り道をする．広いセント・フィリップス湿地を横切って戻り，トッターダウン橋を通ってエイヴォン川を渡る．ベドミンスター側に戻って，公園や住宅街を通り抜けるとラングトン・ストリートのバナナ橋までは少し歩けばよい．

原理的には，橋の問題は力任せのアプローチで解くことができる．求める解答は，あらゆる橋を 1 回だけ含むように並べたものであることはわかっている．したがって，そのように並べた橋の列すべてをリストアップして，各列が実際に歩行可能かどうかを確かめればよい．ブリストルの場合，そのような列として，たとえば「スウィング橋，セントアン橋，ヴォクソール橋，…」から始めてみよう．しかし，この列を歩くことはできない．なぜなら，スウィング橋はスパイク島とレッドクリフ島を結んでいるが，セントアン橋にはどちらの島からも，別の橋を渡らずに到達することができないからである．すべての列をこのように確かめていけば，最終的には，求める経路が見つかるか，そのような経路が存在しないことが証明されるかのどちらかになる．

ケーニヒスベルクの問題を解くには，5040 の列を確かめるだけでよい．なぜなら，列の最初の橋を選ぶときには 7 つの中から選ぶことになる．いったん列の最初の橋を選んだら，第二の橋として選べるのは残りの 6 つからであり，第三の橋に対する選択肢は 5 つ，というようになる．すると，総数は $7\times6\times5\times4\times3\times2\times1$，つまり $7!$（7 の階乗）と書くことができる．そのような力任せの解法は非常に簡単になっている．というのは，それを確かめるプログラムはコンピュータ上で迅速に実行でき，5040 の列に対してなら数マイクロ秒で終わるからだ．しかしながら，1736 年当時でさえも，羽ペンと羊皮紙を持って座り，数日かければすべての列を書き出して確かめることができただろう．ケーニヒスベルクの場合，このようにして，問題の解となる経路が存在しないことを確かめることもできたにちがいない．しかも，仲間のところに行き，これを示して，問題が解けたと高らかに宣告することさえできただろう．しかしながら，これではあまり自慢する権利があるとは言えない．なぜなら，仲間がこの解が正しいことを確認するには 5040 の列の全リストをもう一度見直す必要があるからである．いずれにせよ，ブリストルの場合は，別の解き方が必要となる．ブリストルの 42 の橋に対しては 42! もの列を確かめねばならないが，この数の桁数は 51 桁もあるのである．そのように多くの列を確かめるには，最速のコンピュータでも宇宙の年齢の 1 兆倍の 1 兆倍の 100 万倍以上の時間がかかるだろう[*4]．

また，散歩に戻ろう．ブリストルの最新の橋に着いたところである．この歩行者用の橋は現代的なデザインで，磨かれた鋼鉄で造られ，夜に点灯する小さな穴がいっぱい開いている[*5]．しかし今は真昼であり，わたしには橋が巨大なチーズの卸し金のように見える．この橋を通ってブリストルのフローティング港を渡る．その名前が与えられているのは，以前エイヴォン川の河床だったところであり，今は水門によって巨大な潮の領域から隔離され，主に運航しているのは遊覧船である．わたしは直ちに，もうひとつの現代的なデザインの歩行者用の橋であるバレンタイン橋[*6] を渡ってレッドクリフ島に戻る．さらに向きを変え，テンプル橋とセントフィリップス橋を渡ってさらにフローティング港を下るが，その間にブリストル城の堀が残ったところに架かる歩行者用の木製の小さな橋を渡るために少し回り道をする．こうしてブリストル橋に到着する[*7]．この橋の大きな石のアーチは 1768 年に完成したが，橋の上部のほとんどはヴィクトリア朝時代に付け加えられたものである．この場所に最初に石の橋が架けられたのは恐らく 13 世紀のことである．それ以前にあった木製の橋にちなんで，この町は *Brycgstow*（橋のある場所）という名前が与えられたのである．

ブリストル橋の完成の 32 年前である 1736 年に，ケーニヒスベルクの橋の問題はレオンハルト・オイラーによって解かれた．彼は 18 世紀の傑出した数学者で，数学と力学において現在われわれが当たり前のように思っている膨大な数のアイデアを生み出した人である．オイラーがこの問題を解決する鍵となったのは，歩行の途中で行き詰まってしまうのは，すでに渡った橋をもう一度渡らなければ出ることができないような地区に入り込んだときだけである，ということである．求める経路全体を見ようとしたら複雑だが，失敗が起こるのは局所的な問題のせいだから，解析はずっと簡単である．

たとえば，1つの橋でしか行きつけないような地区を考える．もしこの地区を出発点にしないなら，経路の終点はこの地区になる．なぜなら，その橋を渡ったら二度とその地区を離れられないからである．だから，1つの橋しかない地区は必ず，出発点か終点でなければならない．ケーニヒスベルクにもブリストルにも橋が1つしかない地区はない．しかし，架かっている橋の数が奇数であるなら，同じ結論が成り立つ．もしある地区に橋が3つあれば，すべての橋を渡るにはその地区に二度行かねばならない．しかしながら，もしこの地区が出発点でなければ，1回目に入って出た後は，使用可能な橋が1つしか残っていないので，2回目に訪れたときに経路はここで終わる．後は同じことである．13の橋のある地区には7回訪れる必要があり，もしこの地区が出発点でなければ，7回目にこの地区に来たときにそこで経路は終わる．つまり，架かっている橋の数が奇数ならば，その地区は経路の出発点か終点のどちらかになるはずだ．経路の出発点と終点はどちらも1か所ずつしかないので，架かる橋の数が奇数の地区が3つ以上あれば，すべてを通る経路はあり得ないことになる．

そうこうするうち，レッドクリフ橋を使ってレッドクリフ島に最終的に戻り，それから青いオストリッチ橋を渡ってスパイク島に行く．プリンスストリート橋を通ってフローティング港を渡り，それから下流へ進んでペロの橋とプールズワーフ橋を渡る．カンバーランドベイシン橋を通ってもう一度フローティング港を越え，スパイク島に戻る．島を横断して，イザムバード・キングダム・ブルネル*8 が設計した小さな鉄道橋であるエイヴォン橋に着く．渡り終えてから数分歩くと，ブリストルへの主要道路の1つであるブルネルウェイである．ブルネルウェイはプリムソル橋と呼ばれる巨大なスウィング橋を越えてエイヴォン川とフローティング港を渡る道路である．プリムソル橋の最初の弧形の部分を渡ってスパイク島に戻り，この橋の下にある2つの小さな橋を渡るためにちょっとだけ寄り道をする．それから，第二の弧形の部分を通ってもう一度フローティング港を渡り，ホットウェル地区に到着する．残念なことに，この次の橋は 5 マイルも離れている.

ケーニヒスベルクでは，4 つの地区すべてに奇数の橋が架かっていたので，オイラーの解によってすべてを一度ずつ渡る経路が存在しないことが示される．ブリストルでは，スパイク島と右岸には奇数の橋があるが，左岸とレッドクリフ島には偶数の橋がある．したがって，経路は存在し，出発するのはスパイク島か右岸でなければならない．わたしがこの経路の終点として右岸を選んだのは，こうすればブリストルの最も有名な橋で主要なランドマークでもあるブルネルのクリフトン吊橋を最後の橋にすることができるからである．昨年，ブリストルに新たな橋が建設されるまでは，この吊橋で橋歩きを終わらせることは不可能だった*9．メビウス橋という名の新しい橋が近く建設される予定で，それができればこの吊橋で歩き終えることはふたたび不可能になる．

数学者に向けてしばしば浴びせられる非難に，無意味で単純なパズルに浸って時間を空費しているというものがある．確かに，橋問題のオイラーのエレガントな解にはほとんど実用性がないと言ってもよい．にもかかわらず，オイラーの業績が広い分野で重要であると評価するのは大げさなことではない．橋問題の解法によって，ネットワークを数学的に研究するグラフ理論が誕生し，それは離散数学の誕生にもつながり，ネットワークの科学は最先端の研究テーマとなっている．そのおかげで，グーグル，フェイスブック，ツイッターを生み出し，そもそものインターネットじたいの土台となる一連の発見がもたらされたのである．おそらくさらに重要なことに，ネットワークは複雑系の研究における統一的テーマとなり，したがって生物学や医学や堅牢な技術システムの設計にとってとても重要であることが明らかになってきている．

そうこうするうち，シー・ミルズに着いた．ここで三度トライン川を渡る．ここからエイヴォン川の堤防に沿ってもう 4 マイル歩くと，この経路で最大の橋に着く．M5 高速道路をエイヴォン川に渡すエイヴォンマウス橋である．橋の全長はほとんど 1 マイルにもなり，橋の上からはブリストルとカーディフの両方の都市が一望でき，遥か向こうにはセヴァーン川を越える 2 本の巨大な高速道路橋を見ることができる*10．エイヴォンマウス橋を渡り終え，また上流に向かって歩く．最後の橋まで，あと 6 マイルである．

クリフトン吊橋に着いたときには太陽はすでに沈んでいた．川の堤防沿いの小さな歩道からは，この橋はエイヴォン渓谷の非常に高いところを横切る極端に細い帯のように見える．始めはこの橋の下を行き過ぎ，4 分の 1 マイル行った後で，200 フィート上にある橋の高さまで上る森の道を歩いて橋に戻る．すでに暗くなり，鋼鉄製のリンクケーブルにそってかけられた小さな白いランプで，吊橋は美しく光っている．最後の橋を渡り終えると，33 マイル歩いたことになる．疲れはしたが満ち足りた気持ちだった．

［***Solving the Bristol bridge problem*** by **Thilo Gross**: University of Bristol 准教授（工学数学）.］

訳　註

*1 イングランドの西部の港湾都市ブリストルの南西部にある 19 世紀初頭に建設された人工水路．ヴォクソール橋はそれに架かる歩行者用の橋の 1 つ．

*2 橋脚を中心に橋の一部が 90 度回転し，川の流れと平行になって，船の通行を可能にする．

*3 ベドミンスターはニューカット水路の左岸．ニューカット水路はこの図の右下から左上の河口へと流れている．もともと蛇行していたエイヴォン川を新しく短絡したのがニューカット水路である．エイヴォン川とフィーダー運河という 2 つの流れの間にスパイク島とレッドクリフ島がある．歩きはじめたのはこの図の中央下のスパイク島で，黒丸で示した場所．

*4 何を仮定した計算をしているのかわからないが，現在，宇宙の年齢は 138 億年前後くらいと推定されていて，ケーニヒスベルクの場合に引き合いに出されているマイクロ秒を基準にすれば，上の時間はほぼ 4×10^{54} である．コンピュータが 1 列を 1 マイクロ秒で処理できるとすると，1 年は約 3×10^{14} マイクロ秒だから，3 桁しかちがわない．

*5 この橋の名はミーズ・リーチ橋で，現代都市景観として素晴らしいもので，名前を書かなくてもイギリス中の人が知っているものなのだろうか．https://m-tec.uk.com/projects/meads-reach-bridge/には建築中の写真や，昼と夜の写真も掲載されている．

*6 これもアート的な鋼鉄製の橋で，全体は S 字形をしている．

*7 2017 年夏現在では，セントフィリップス橋とブリストル橋の間に新しい歩行者用のキャッスル橋がある．ほとんどが木製の落ち着いた景観の長細い S 字形の橋である．これが後述の建設予定のメビウス橋なのかどうかはわからない．

*8 鉄道の施設や車両，また大型の蒸気船を設計した技術者で，グレート・ウェスタン鉄道の創設者. 2002 年に BBC が実施した「100 名の最も偉大なイギリス人」投票で第 2 位となった．

*9 最新の橋であるミーズ・リーチ橋は右岸とレッドクリフ島を結ぶので，この橋ができることでその 2 地域の橋の数の偶奇が反転し，4 地域すべての橋の数が奇数になる．

*10 カーディフはウェールズにあり，セヴァーン川はイングランドとウェールズを分ける川で，そこにエイヴォン川が流れ込む．

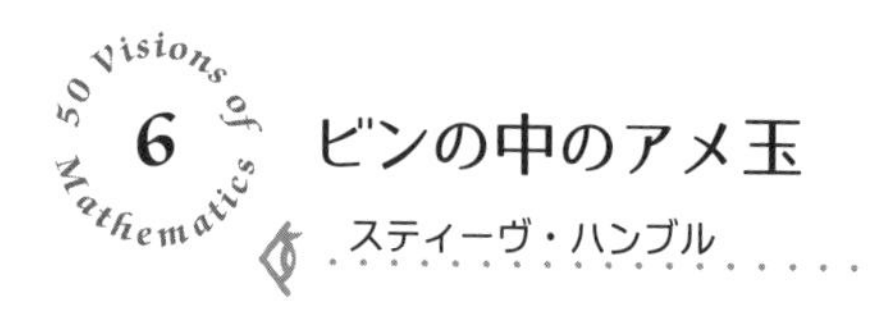

6 ビンの中のアメ玉

スティーヴ・ハンブル

大きな慈善事業の資金集めのために催された夏祭り会場をまわっていると，アメ玉を詰め込んだ大きなビンが展示された屋台を見かけることがある．ルールは単純で，1 ポンドを払ってゲームに参加し，ビンの中のアメ玉の数を予想する．終わりの時間になるとすべての予想が開示されて，アメ玉の実際の数に最も近い予想をした人が優勝である．商品はかわいいテディベアだ．ここで問題は，アメ玉がすべて同じ形(完全な球形)であるとして，ビンに入っているアメ玉の数を正確に推定できるような方法があるのかということである．もっと実際に役立つレベルの話で言えば，数学者は農家の人がサイロにどれだけの穀粒があるか調べるのを手伝ったり，棚の上にオレンジを積み重ねる方法を食料雑貨店の店員に教えたりできるか，ということである．

一定の大きさの容器にものをたくさん詰め込むという作業の根底には，深くかつ重要な数学が潜んでおり，ここから難しいけれども魅力的な問題がたくさん見つかる．集積回路の設計にも使われるし，意外なところでは，遠く離れたところに情報を伝送する際の誤り訂正符号の作成にも用いられる．化学者にとっては，結晶構造を維持するのに必要なエネルギーが最小となる分子の配置の仕方を調べるときなど，きわめて重要な問題である．また，狭い巣の中でひしめき合いながら生活している蜂や蟻などの社会性昆虫の研究者にも関心を寄せられている．

容器にものを詰め込む最も効率的な方法を見つけるという問題は 1606 年に初めてヨハネス・ケプラー(惑星運動のケプラーの法則で有名)によって研究された．それはほかならぬウォルター・ローリー卿(タバコとケープで有名)[*1] が船の甲板に砲弾を積み上げるやり方について尋ねたことがきっかけである[*2]．詰め込み方に関する数学の研究は，歴史を積み重ねていくにつれ，誰も想像できなかったほど難しいものであることがわかった．たとえば，オレンジ（もともとは砲弾の問題だったが）を箱の中に詰め込むとき，一番たくさん入れられるのはどのような方法であろうか？ オレンジのちょうど真上に次のオレンジを載せるようにして積むべきだろうか，それとも食料雑貨店でよくみられるように，ダイヤモンドの結晶に似た形に並べるやり方（面心立方格子という）がよいだろうか？ それともランダムにオレンジを投げ込むのが最も簡単で，しかも，よい方法だったりするのだろうか？ 驚くべきことに，この問題に解答するのは非常に難しいのである．

1611 年にケプラーは，食料雑貨店のやり方が正解であると予想したが，証明することはできなかった．この問題は，カール・フリードリヒ・ガウスをはじめほかの多くの有名な数学者によって研究された[*3]．謎は 1998 年になってようやくトーマス・C・ヘイルズによって解かれ，食料雑貨店の店員（とケプラー）が正しかったことがわかった[*4]．面心立方格子となるような詰め込み方は確かにオレンジを箱に一番多く詰め込む方法なのである．実際，このやり方で球形のオレンジ（やアメ玉）を箱にたくさん詰め込めば，容器の 74%の容積を占めることになる．正確な割合 P は

$$P = \pi/\sqrt{18}$$

である．数学の結果としては珍しく，このヘイルズによる解決はニューヨークタイムズに掲載されたのである！

この数学理論は，現在では**粉粒体**という名称で呼ばれる研究テーマに応用されている．産業においては，国内工業製品の梱包，穀物やペレット状の飼料の輸送といった幅広い工程が研究対象となっている．粉粒体がどのように動き，ねじれ，回り，砕けるかをより詳しく理解することは，生産工程におけるコスト削減の鍵となる．しかし，粉粒体の数学にはまだわかっていないことが多く，進展中の研究分野である．

この問題と誤り訂正符号との関係は見えにくいが，ずっと重要かもしれない．誤り訂正符号は，われわれの生活にいっときも欠かせないインターネットや他の情報伝達手段に必須なものである．人工衛星が撮影し

た遠く離れた惑星の写真を，途中で雑音や干渉のために画像劣化することがないよう，地球に送信したいとする．誤り訂正符号の働きは，メッセージ(たとえば画像ならば，各ピクセルの色を表す数値の列)を，破損に対する脆弱性がより小さいものに変換することである．つまり，受け取ったメッセージをデコードする際に，もとのメッセージに非常に近いものに復元できるチャンスが増えるようにするのである．

これには数学のさまざまなアイデアが使われている．なかでも重要なのは，メッセージから変換されたコードに含まれる要素がなるべく互いに異なるようなものにしておくことである．そうすることによって，破損した要素が他の要素と区別がつくようになるのだ．

では，このことがアメ玉とどのように関係しているのだろうか？ メッセージを表すコードをビンの中のアメ玉にたとえてみよう．1 個の球形のアメ玉の中心にある点は，コードに含まれる 1 つの要素を表しているとみなす．この要素は破損によって変化するが，点の位置の変化が同じアメ玉の内部にとどまるなら，もとの要素だと認識できる程度の変化だと考えるのである．ビンの体積はコンピュータのメモリ容量だとみなされる．アメ玉を詰め込む密度が高いほど(メッセージの要素の配置がよいほど)，同じ体積に詰められるアメ玉の数が多くなる．つまり，一定のメモリ容量を使用したメッセージでより多くの情報が送信できることになる．

ビンの中のアメ玉の数を数えるという最初の問題に戻るとしよう．そのために，アメ玉は同じ大きさの小さい球形をしていて，できるだけ多く詰め込まれるよう，ビンは振って混ぜてあるとする．アメ玉の半径を r とすると，アメ玉の体積は

$$V = \frac{4}{3}\pi r^3$$

で与えられる．今度は，ビンの容積を計算できるとしよう．ビンは円筒形だとみなすと，半径が R で，高さが H ならば，その容積は

$$J = \pi R^2 H$$

で与えられる．すると，ビンの中のアメ玉の数はケプラーの公式を使って

計算することができる．詰め込まれたアメ玉が占める体積は $0.74J$ であるから，ビンの中のアメ玉の数 N は

$$N = 0.74\frac{J}{V}$$

と予想できる．万歳！ さあ，賞品がもらえる．テディベアにヨハネスと名前をつけることにしよう．

［***Sweets in the jar*** by **Steve Humble**: Newcastle University 教育学部．**初出**イブニング・クロニクル*5 2012 年 2 月 10 日付けコラム（Dr Maths 名義）．］

訳　註

*1 ウォルター・ローリー卿（1552–1618）はエリザベス 1 世の寵臣で，探検家でもあり，新世界におけるイギリス植民地を最初に築き，タバコを旧世界にもたらした．エリザベス 1 世との間にはさまざまなエピソードがあるが，中でも有名なものに，女王が水たまりの前で先に進めないとき，羽織っていたケープをそこに敷き，女王はそれを踏んで進んだというものがある．

*2 ローリー卿がイギリス人の数学者・天文学者のトーマス・ハリオットに質問し，ハリオットが問題を示したケプラーへの手紙が 1606 年に書かれた．

*3 1831 年にガウスは，球が規則的配置をしている場合にケプラー予想を証明している．

*4 ヘイルズの証明は最終的にコンピュータに帰すので，しばらく正式に受け入れられなかったが，コンピュータによらない部分の証明が 2005 年に *Annals of Mathematics* に，2006 年には *Discrete & Computational Geometry* にファーガソンとの共著で予想の証明の構造が掲載され，また 2015 年に公開された，ヘイルズと 21 人の共同研究者による「ケプラー予想の形式的証明」という論文が *Forum of Mathematics* に掲載を受け入れられ，一般的には証明が受け入れられた状態にある．

*5 イギリス北東部ニューカッスル・アポン・タインで発行されている夕刊のタブロイド新聞．1858 年創刊．

50 Visions of Mathematics

7 宇宙に現れる黄金比

マリオ・リヴィオ

黄金比は数学をテーマとする読み物でよく取り上げられていて，ギリシャ文字 ϕ（ファイ）で表される．黄金比は，予想もできないところにひょっこり姿を表すという癖があり，さまざまな自然現象や芸術作品に登場する．黄金比 ϕ を小数で表すと，1.6180339887... で始まり，繰り返しがなく無限に続く．天文学や天体物理学ではこの無理数はどういったところに現れるのだろうか？ まずは，天体を象徴するおなじみのシンボルの中に，黄金比は現れる．図 1 の左側に示されているのは，星そのものを表すシンボルとして広く使われる五芒星，すなわち 5 つのとがった角がある星形である．この形は地球の大気のために瞬（またた）く星の姿を表している．五芒星の外側にある 5 つの合同な二等辺三角形に注目すると，等辺の底辺に対する比がちょうど ϕ に等しくなっている．ふたつ目は，プラトンが名著『ティマイオス』の中で宇宙全体を論じる際に，いわゆる 5 種類のプラトンの立体のひとつである正十二面体（図 1 右図参照）を，「神が天空に星座を刺繍するために用いた」形状として選んだことである．正十二面体にはいたるところに黄金比が現れる．正十二面体の稜の長さを 1 とすると，その体積と表面積は ϕ を使って簡単に表すことができるのである．

おもしろいことに，宇宙全体を記述するためにプラトンが正十二面体に特別な意味を持たせたという説は，現代になって甦（よみがえ）ろうとしている．2003 年に宇宙論のある研究グループが提唱した説によると，「天地創造の残光」，つまり宇宙マイクロ波背景放射の観測で見つかったある特徴は，宇宙が実際に有限（曲率が正）で，正十二面体のような形をしているなら説明できるかもしれないというのである！ 結局のところ，プラトンが正しかったということならなんと痛快なことではないだろうか．プラトンの考えていたこととはまったくちがった内容だったとしても，この

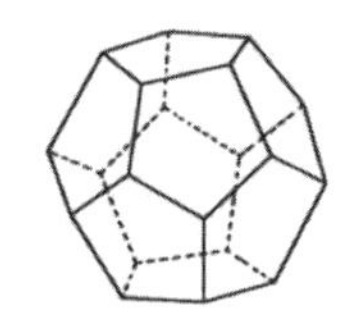

図 1　(左)五芒星, (右)正十二面体.

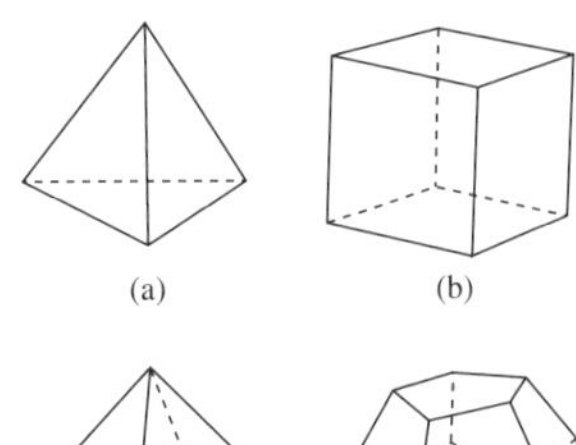

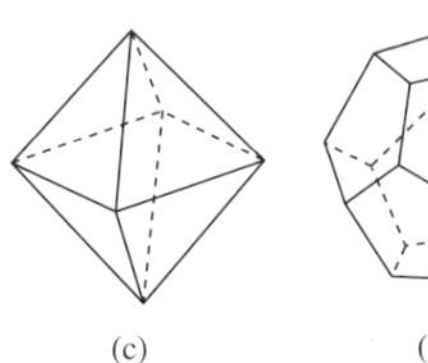

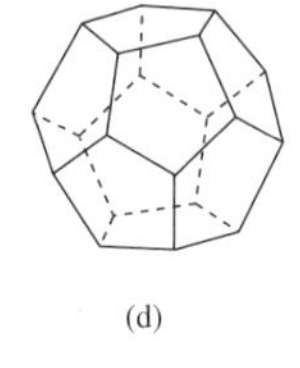

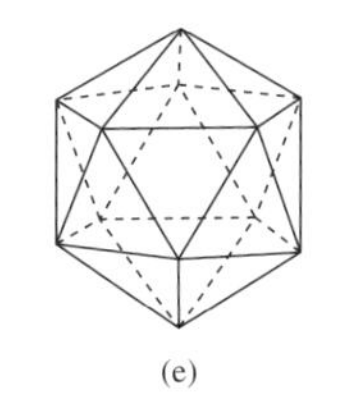

図 2　プラトンの立体.

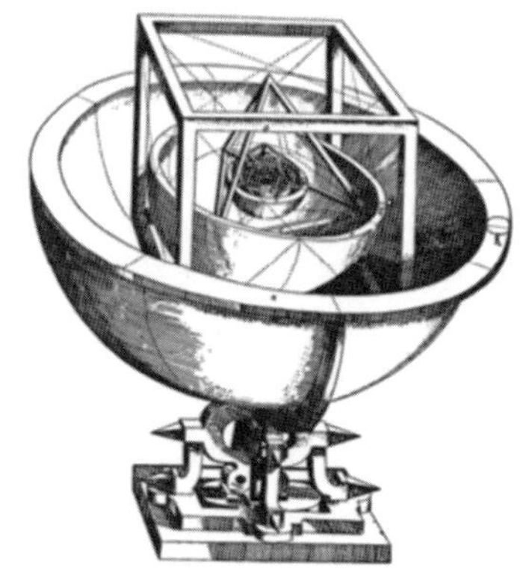

図 3　ケプラー著『宇宙の神秘』に描かれた太陽系のモデルを表す図.

新説は確かに驚くべきものである. しかしながら, ウィルキンソン・マイクロ波異方性探査機[*1] からのデータがより詳しく解析されたことからみると, どうやら宇宙は無限で幾何学的には平坦であるらしい.

図 2 に示されたプラトンの立体は, 天文学者ヨハネス・ケプラーが 1596 年に提唱した太陽系のモデルにおいてきわめて重要な役割を果たしている. ケプラーは惑星の数が 6 つなのはなぜだろうかという疑問を抱いた. 当時は惑星は 6 つしか知られていなかったのである. そしてそれぞれの惑星の軌道の間隔を決めているのは何だろうかと考えた. 幾何学的な図形についてのさまざまな計算の結果, ケプラーは惑星の数とその軌道は, プラトンの立体がちょうど 5 つある(正四面体, 立方体, 正八面体, 正十二面体, 正二十面体)という事実によって定まっているとの

結論を下した．図 3 で示されているように，5 つのプラトンの立体と，その外接球（および内接球）を入れ子にした構造を考え，6 つの球面の上にそれぞれの惑星の軌道があるとすると，これらの軌道の間隔が定まる．ケプラーは入れ子にする順番をうまく選ぶことによって，各軌道の半径の比が，実際の惑星軌道の半径の比に対して約 10%以内の誤差で一致することを示した．黄金比は正十二面体の性質だけでなく，その双対多面体である正二十面体でも中心的な役割を果たす．正十二面体の場合と同じように，稜の長さが 1 である正二十面体の表面積と体積は両方とも ϕ を使って簡単な形で表される．ケプラーのモデルは間違っていたが，それは幾何学の議論に欠陥があったためではない．ケプラーの説明がうまくいかなかった理由は，惑星の数にせよ，その軌道半径にせよ，どちらも基本法則から直接に説明できるような重要な物理量ではないことをケプラーが理解していないためだったのである．

宇宙物理学にはほかにも黄金比が予期せぬ姿を見せる興味ぶかいテーマがある．それはブラックホールである．ブラックホールは周辺の時空をゆがめ，アインシュタインの古典的な一般相対性理論によれば，ブラックホールからはどんなものも脱出することができない．光さえもである．しかしながら，量子力学的な効果を考慮すると，ベッケンシュタイン・ホーキング輻射という熱的放射によってブラックホールはエネルギーを失うことがありうる．宇宙物理学では，ブラックホールは質量と角運動量（回転の速さを示す量）という 2 つの物理学的特性によって特徴づけられる．回転しているブラックホールはニュージーランドの物理学者ロイ・カーにちなんで，**カー・ブラックホール**と呼ばれる．カー・ブラックホールは 2 つの状態をとりうる．エネルギーを失うとき，熱くなる（つまり比熱がマイナスの）状態と，冷える（比熱がプラスの）状態である．水が凍って氷になるのと同じように，ひとつの状態からもうひとつの状態へ相転移を起こすこともある．1989 年にイギリスの物理学者ポール・デイヴィスは，ブラックホールの質量の 2 乗がその回転の角運動量の 2 乗の ϕ 倍にちょうど等しいとき（質量と角運動量の単位は適切なものを選ばなければならないが，自然な選び方ができる），相転移が起こることを示した．この相転移に黄金比が出現することには特に神秘的なことは何もないと言っておくべきだろう．要するにそれは黄金比が 2 次方程式 $x^2 = x + 1$ の解のひとつであるという単純な事実に起因している．この方程式のもうひとつの解は ϕ^{-1} である．

最後に，電波望遠鏡を設計するとき**最適**なものをめざすと，黄金比が現れることがある．電波望遠鏡がめざすのは，大型のパラボラアンテナをたくさん設置して天球面からくまなく電波を集め，しかもそれぞれのアンテナの観測する空間がなるべくムダがないように，重複を避けるようにすることである．黄金比を使うのがこの課題を解くのに理想的であり，また，同様の例が，植物の茎についた葉の並び方でも数多く見出されている(この現象は葉序と呼ばれている)．植物の葉は，できる限り日光，空気，雨に多く触れるような位置関係を保って生長する傾向がある．これがどの葉に対しても最も具合よくなるのは，隣り合う葉の間の角がおよそ 137.5°，より正確に述べると，全周の 360° から 360°/ϕ を引いた角である**黄金角**に等しいときである．黄金角に応じて間隔を空けることによって，重なり合うことなく空間を最も効率的に満たせるということは，数学的に示すことができる．1 つの数がブラックホールとそれを観測する望遠鏡とを結びつけるとは，驚くべきことではないだろうか？

現象を説明するときに，予期せぬ形で黄金比が現れるような例をすべて調べると，たいていは 3 つのカテゴリのどれかに分類されることがわかる．1 番目は，黄金比が 5 重の対称性の根源に現れることである．つまり，正五角形では対角線の長さと辺の長さの比が ϕ となっている．2 番目は，ϕ が簡単な 2 次方程式 $x^2 = x + 1$ の解であるという事実に関係するものである．そして 3 番目のカテゴリはおそらく最も興味ぶかいものである．黄金比は，連分数に表したとき，最もゆっくりと収束するという意味で，すべての無理数の中でも「最も無理数的」である．このことは，その連分数が 1 だけからできていること，つまり

$$\phi = 1 + \cfrac{1}{1 + \cfrac{1}{1 + \cfrac{1}{1 + \cfrac{1}{1 + \cdots}}}}$$

と表されるという事実に由来する．結論は単純である．黄金比には特別な性質がたくさんあり，いろいろな分野に思いもかけず ϕ が現れるが，常にこれらのうちのひとつにさかのぼることができるということである[*2]．

［***The golden ratio in astronomy and astrophysics*** by **Mario Livio**: Space Telescope Science Institute（天体物理学）.］

訳　註

[*1] 2001 年に，宇宙マイクロ波背景放射の温度のゆらぎを全天にわたって観測するために NASA が打ち上げた探査機．打ち上げの 1 年後にこのミッションのメンバーだった天文学者デイヴィッド・ウィルキンソンが亡くなったため，現在はその名前をつけて呼ばれている．

[*2] 黄金比については日本語でもやさしく読むことができ，内容も豊富な本がいくつもある．ふたつだけ挙げておこう．

ハンス・ヴァルサー著，蟹江幸博訳『黄金分割』（日本評論社）

中村滋著『フィボナッチ数の小宇宙—フィボナッチ数，リュカ数，黄金分割』（日本評論社）

また，この章の筆者による本も日本語に翻訳されている．

マリオ・リヴィオ著，斉藤隆央訳『黄金比はすべてを美しくするか？—最も謎めいた「比率」をめぐる数学物語』（早川書房）

8 十種競技の得点の稼ぎ方

ジョン・D・バロー

十種競技は10種目のトラック競技とフィールド競技からなり，2日間にわたって繰り広げられる．アスリートにとって最も体力的に厳しい競技である．1日目には100メートル走，走り幅跳び，砲丸投げ，走り高跳び，400メートル走が競われる．2日目に競技者が挑むのは，110メートルハードル，円盤投げ，棒高跳び，やり投げ，最後に1500メートル走である．競技の種類はさまざまで，タイムを競うものがあれば，距離を競うものもある．総合成績を表すポイントの付け方が定められていて，各競技では，あらかじめ決められた表に従って，選手にポイントが与えられる．10種目すべての競技が終了したところで，各種目のポイントの合計が最も高い選手が優勝だ．

この十種競技に関して最も注目すべきことは，さまざまな成績に対するポイントの付け方がかなり気ままに決められたものだということである．1912年の昔に誰かがそれを決め，それ以降いろいろな機会に改定されてきた．明らかに重要なのは，走る，跳ぶ，投げるといった能力が最も公平に評価されるようにポイントを割り当てることであり，ポイントの割り当て方が競技全体の性格を本質的に決めることになる．イギリス人のデイリー・トンプソンが1984年のオリンピックで優勝したときのポイントは，十種競技の世界記録に1ポイントおよばなかったのだが，翌年にポイント表が改定されたおかげで，彼のポイントはほんの少し上がり，遡って彼は世界新記録保持者となったのである！

このエピソードが示唆するのは，数学が役に立つような重要な問題があるのではないか，ということである．ポイント表が変わったら何が起こるのだろうか？ どの種目のためにトレーニングを費やすことが最も効果的だろうか？ そして，十種競技で一番有利なアスリートは，どのような能力に秀でた人だろうか？ 脚の速さ，肩の強さ，ジャンプ力，のどれだろうか？

十種競技の種目はふたつのカテゴリーに分類される．最短のタイムを記録するのが目的のランニング系の種目と，最長の距離を記録するのが目的の投擲系とジャンプ系の種目である．これにポイントを与える最も単純な方法は，すべての投擲とジャンプの距離をメートルで測ったものを掛け合わせ，それからすべてのランニングタイムを秒で測ったものを掛け合わせて，投擲とジャンプの積をランニングタイムの積で割ることである．このようにして定めた本書特製の総合ポイント ST は

$$ST = \frac{LJ \times HJ \times PV \times JT \times DT \times SP}{T_{100\mathrm{m}} \times T_{400\mathrm{m}} \times T_{110\mathrm{mH}} \times T_{1500\mathrm{m}}}$$

となる．ここで，LJ は走り幅跳びの距離，HJ は走り高跳びの高さ，PV は棒高跳びの高さ，JT はやり投げの距離，DT は円盤投げの距離，SP は砲丸投げの距離であり[*1]，単位は

$$\frac{(\text{長さ})^6}{(\text{時間})^4} = \frac{\mathrm{m}^6}{\mathrm{s}^4}$$

である．十種競技のこれまでの最高成績はアシュトン・イートン(9039ポイント)[*2]，ロマン・セブルレ(9026 ポイント)，トマシュ・ドヴォルザーク(8994 ポイント)であり，それぞれが競技をしたときの 10 種目の記録を上の方式の総合ポイントで計算すると，

ドヴォルザーク(8994 ポイント)：　$ST = 2.40$,
セブルレ(9026 ポイント)：　$ST = 2.29$,
イートン(9039 ポイント)：　$ST = 1.92$

となる．面白いことに，3 位だったドヴォルザークがこの新しいポイントシステムでは 1 位になり，イートンは 3 位に陥落する．

実のところ，この新しいポイントシステムには不公平なところがある．種目によって距離の大きさとタイムは異なるから，同じ努力に対する ST への影響は種目により大きくちがってくる．100 メートル走で 10.6 秒を 10.5 秒にタイムを縮めることはかなりの努力を要するが，ST のポイントはあまり良くならない．それに反して，1500 メートル走で 10 秒減らせ

表1　十種競技のポイントシステムでの変数

種目	A	B	C
100 m 走	25.4347	18	1.81
走り幅跳び	0.14354	220	1.4
砲丸投げ	51.39	1.5	1.05
走り高跳び	0.8465	75	1.42
400 m 走	1.53775	82	1.81
110 m ハードル	5.74352	28.5	1.92
円盤投げ	12.91	4	1.1
棒高跳び	0.2797	100	1.35
やり投げ	10.14	7	1.08
1500 m 走	0.03768	480	1.85

表2　各種目の 900 ポイントに必要なタイムや距離と，イートンの世界記録達成時の各種目の成績

種目	900 ポイント	9039（イートンの世界記録）
100 m 走	10.83 s	10.21 s
走り幅跳び	7.36 m	8.23 m
砲丸投げ	16.79 m	14.20 m
走り高跳び	2.10 m	2.05 m
400 m 走	48.19 s	46.70 s
110 m ハードル	14.59 s	13.70 s
円盤投げ	51.4 m	42.81 m
棒高跳び	4.96 m	5.30 m
やり投げ	70.67 m	58.87 m
1500 m 走	247.42 s（= 4 min 07.4 s）	254.8 s（= 4 min 14.8 s）

ば大きな影響が出る．より大きな改善の余地のある種目が，総合ポイント ST により大きな影響を与えるのである．

実際に使われているポイント表の定め方は，この競技に適合するように長い期間にわたって改良されてきた．世界記録，トップランクのアスリートの標準的な記録，これまでの十種競技の結果が考慮されている．しかしながら，最終的には人間が決めることであり，異なる規準を選べば，アスリートの同じ成績に対し異なるポイントを与えることになり，オリンピックのメダリストも変わるかもしれない．2001 年の国際陸上競技連盟（International Association of Athletics Federations, IAAF）の

ポイント表は次のような単純な数式で与えられる．

各トラック種目で授与されるポイントは(小数点以下を避けるために四捨五入して整数にされる)，タイムが短いほど高ポイントになるという条件を満たすように，

$$A \times (B - T)^C$$

という式で与えられる．ここで，T はトラックでアスリートが記録したタイムであり，A, B, C は種目ごとに定められる定数で，ポイントが種目によって偏らないように調整するためのものである．B はカットオフタイムで，記録されたタイムがそれ以上のときのポイントは 0 であるとする．実際には T はいつも B より小さい．もちろん選手が転倒し，その後，はいつくばりながらゴールするということがない限りであるが．

ジャンプと投擲では，距離(D)が大きいほど高ポイントになるように，種目ごとのポイントの式は

$$A \times (D - B)^C$$

である．距離が B 以下のときのポイントは 0 であるとする．ここで，距離はすべてメートルで測られ，タイムは秒で測られる．3 つの数 A, B, C は，表 1 に示すように，10 の種目ごとに選ばれている．10 の種目ごとに獲得したポイントを足し合わせて，全体のポイントとする．

どの種目がポイントを稼ぎやすいかの感覚をつかむには表 2 を見るとよい．この表には，アシュトン・イートンが世界記録を打ち立てたときの記録とともに，オリンピックの金メダルレベルとなる総合ポイントの 9000 を達成するために，各種目で 900 ポイントを得るために必要な記録を示している．

距離とタイムをポイントに変換する，十種競技のポイント公式には興味ぶかいパターンがある(図 1 参照)．べキ指数 C はランニング種目に対しては大体 1.8 で(ハードルでは 1.9)，ジャンプ系の種目では 1.4 に近く，投擲系の種目は 1.1 に近い．女子の七種競技にも同じパターンがあり，C はランニング種目に対しては大体 1.8 で，ジャンプ系の種目では 1.75 で，投擲系の種目では 1.05 に近い．$C > 1$ であるということは，ポイン

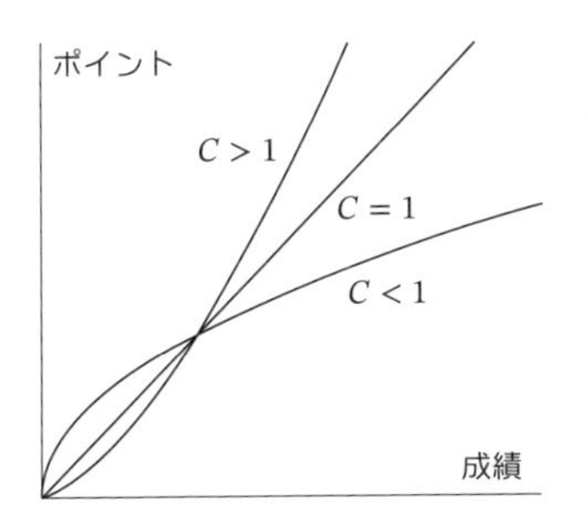

図 1　ポイントのつけ方が累進的($C > 1$)，中立的($C = 1$)，逆進的($C < 1$)のそれぞれの場合で，競技成績の向上に対するポイントの増加の様子．

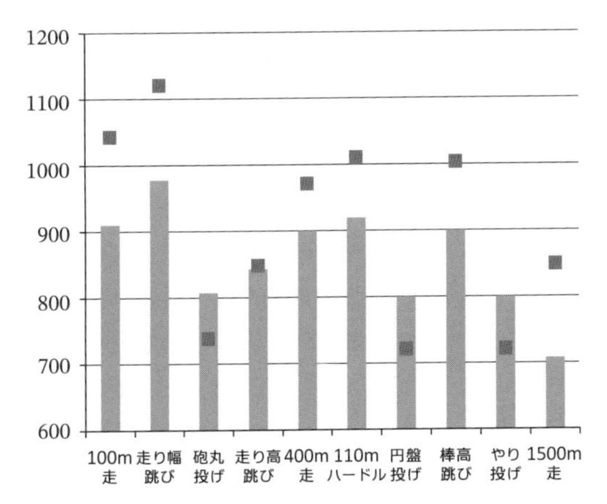

図 2　歴代 100 位までの記録について種目ごとの獲得ポイントの平均値を示す棒グラフ．種目によりかなりのちがいがある．世界記録を達成したときのアシュトン・イートンの獲得ポイントは濃い色の四角で示した．イートンの記録には異質なところがあり，ほとんどの種目で獲得ポイントは平均値から遠く離れていて，彼自身の 1 種目当たりの平均ポイント 903.9 ポイントからもかなり大きなばらつきがある．

ト獲得の設定が「累進的」，すなわち，タイムが短くなったり距離が増えたりすることによるポイント上昇曲線が下に凸なグラフになる．つまり，記録がよいほど，記録を改善するのに対してポイントが上がりやすくなる(図 1 参照)．これは現実的である．容易に理解できるように，どんな種目でも初心者のうちは速く上達するが，上級レベルになると同じペースで記録を向上させるのが難しくなるものである．これとは反対に，$C < 1$ の場合は「逆進的」なポイント獲得になり，成績が向上するほど獲得ポイントの増え方が小さくなるような曲線になる．$C = 1$ の場合は「中立的」なポイント獲得，つまり，グラフは直線になる．IAAF の表によれば，ランニング種目に対してはきわめて累進的であり，ジャンプ系の種目はやや累進的だが，投擲系の種目はほぼ中立的である．

図 2 は男子十種競技の歴代上位 100 位までのポイントの記録を調べ，種目ごとに何ポイント獲得したかの平均値を示している．

明らかに，走り幅跳びとハードルと短距離走（100 メートルと 400 メートル）で高ポイントが得られているというはっきりした偏りがある．これらの種目に共通しているのは，短い距離を全力疾走したときの速さと成績との間に高い相関があることである．逆に，1500 メートル走と投擲系の 3 種目は，ポイント獲得という点で，ほかの種目よりかなり劣っている．もし十種競技のコーチとして成功したいならば，ハードル走に秀でた選手を見出し，その後で，投擲の能力やテクニックを強化すべきである．1500 メートル走の練習に励んだり，どんな距離にも対応できるトレーニングを頼りにしようなどというような十種競技の選手はいない．図 2 の棒グラフで，種目のちがいによるばらつきが起こらないのが望ましい．現実には，ばらつきは大きく，このポイントシステムでは短距離走やジャンプ系の種目の方のポイントが高くなるような偏りがある．女子の七種競技でもポイント表には似たような偏りがあって，ジェシカ・エニス[*3] のような短距離走やジャンプの得意な選手が投擲の強い選手よりもずっと有利になっている．

すべての種目で $C = 2$ と定めたらどうなるだろうか？ これは極端に累進的なポイントシステムであり，（イートンのような）ある種目で突出して優秀な結果を残せる競技者に大いに有利になり，どの種目にも平均的に好成績を残すタイプの選手には不利になる．ただし，投擲の得意な選手が，ハードルの得意な選手よりも劇的に有利になる．なぜなら，現在，投擲に適用されている $C = 1.1$ の値から大きく増加するからである．

そして，このことはどんな種類のポイントシステムにも起こり得る，どのように選択しても主観的な要素が入り込むという本質的な困難さを示す例になっている.

［***Decathlon: The art of scoring points*** by **John D. Barrow**: 王立協会フェロー. University of Cambridge 教授（数理科学）, ミレニアム数学プロジェクト理事. **初出** *Maths and sport: Countdown to the games* 誌.］

訳　註

*1 記号の選択は対応する種目の英語名の頭文字である. 走り幅跳びは Long jump, 走り高跳びは High jump, 棒高跳びは Pole vault, やり投げは Javelin throw, 円盤投げは Discus throw, 砲丸投げは Shot put である. T は時間 time で, 添え字は走る長さ, 110mH は 110 メートル・ハードルである.

*2 これは原書出版時（2014 年）の記録であり, 訳書出版時では彼が出した 2015 年 8 月 29 日の 9045 ポイントが世界記録である.

*3 イギリスのトップ選手で, 2015 年時点では世界 5 位の記録がある.

9 サッカーボールの形と面の数

ケン・ブレイ

理想的なサッカーボールとはどんなものだろうか？ ボールは完全に丸く，かなり手荒な扱いを受けた後でも，形や内部の空気圧が保たれないといけない．弾まないといけないが，キックやヘディングの際には跳ねすぎてもいけない．また，水を吸収してはいけない．そして最後に，パスをすばやくまわせ，ゴールにシュートするときには観客に感動を与えるほどのスピードが出せないといけない．

最後の点は取るに足りないことのように思われる．ボールのスピードを上げるには強くキックすればよいだけのことだからだ．これはおおむね正しいが，キック直後の初速が空中でどのくらい維持されるかは，ボールの表面近くの空気の流れがどうなっているかに決定的に依存する．ボールのデザインを考える際は，何よりもこの要因が重要とされる．

流れの分離と抵抗激変

図１の画像は，風洞と呼ばれる人工的に風を起こす実験装置に置いたボールのモデルを示している．このボールは静止しているが，周囲の空気の速さを変えることによって，空中を飛ぶボールをシミュレーションすることができる．白い煙を気流に少し送り込むことによって，流れのパターンが見えるようになっている．

空気のスピードが非常に遅ければ，空気はボールの表面に沿って流れるが，スピードが増すにつれ，図１の左の画像のように，流れは(矢印で示した)**分離点**で表面から離れはじめる．分離が起こっているが，スピードがやや遅いときは，左の画像ではっきりと示されるようにボールの後ろ側に非常に大きな乱流の領域が現れることに注目しよう．乱流は空気抵抗の原因となり，ボールから運動エネルギーを奪う効果を発揮する．

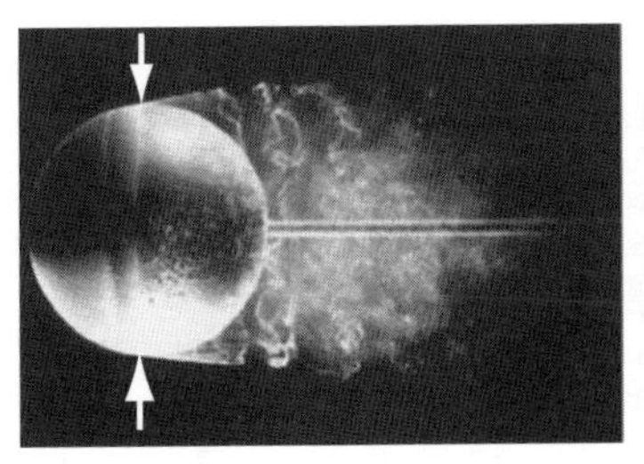
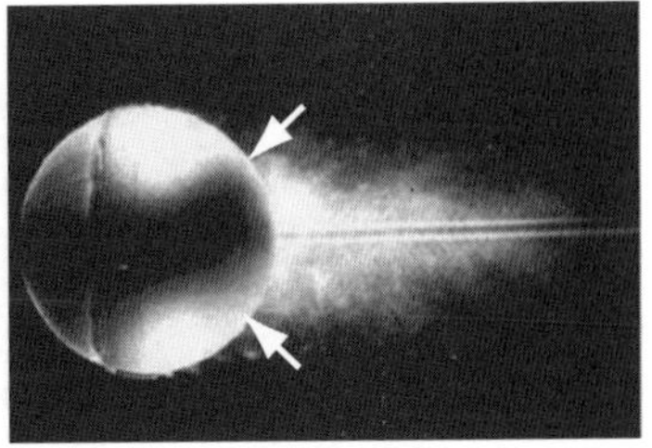

図 1　風洞の中に置かれたボールのモデルの流れの分離と遷移点．左の画像は早い分離と高い抵抗を示し，右の画像は遅い分離と低い抵抗を示す．写真はアンリ・ヴァーレによる．©ONERA（Office National d'Etudes et de Recherches Aérospatiales，フランス国立航空宇宙研究所）．

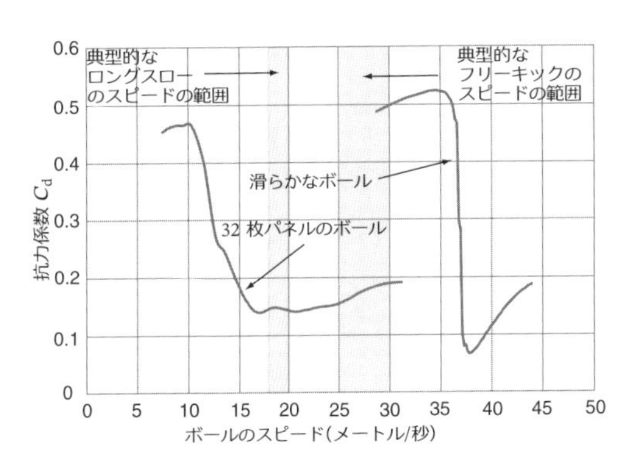

図 2　さまざまなボールのスピードに対する抗力係数 C_d の変動．長い距離のスローインやフリーキックでボールのスピードの範囲に影を付けてある．

切頂四面体

面 $F = 8$
稜 $E = 18$
頂点 $V = 12$

立方八面体

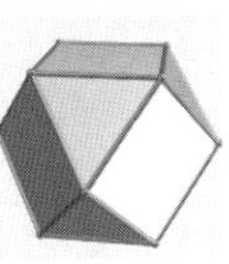

$F = 14$
$E = 24$
$V = 12$

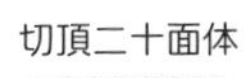

$F = 32$
$E = 90$
$V = 60$

変形十二面体

$F = 92$
$E = 150$
$V = 60$

図 3　アルキメデスの立体．ロバート・ウェブの Great Stella というソフトで作成．

しかしながら，スピードが速くなっていくと，驚くべきことが起こる．図 1 の右の画像のように，分離点はボールの後ろ側に回り込み，流れはまた表面に沿うようになるのだ．下流の乱気流はかなり収まっており，このことは空気抵抗が大幅に減っていることを意味する．このような変化はスピードが速くなっていく過程で突然に起こり，球技においては非常に重要である．この原因は表面の凹凸である．直観には真っ向から反するようだが，空気抵抗が小さいという点では，表面に少し凹凸がある方が滑らかなボールよりも優れているのだ．

空気抵抗の大きさは，実験装置に取りつけられた器具によって，高い精度で測定することができる．抵抗力 F は

$$F = \frac{1}{2} C_{\mathrm{d}} \rho A V^2$$

という簡単な数式で特徴づけられる．ここで，ρ は空気の密度，A はボールの断面積，V はボールのスピード（風洞実験の場合は気流のスピード）である．パラメータ C_{d} は**抗力係数**，つまり，スピードに応じて値が変動する数で，抵抗力の強さを増大もしくは縮小する．

スピードによって C_{d} がどのように変動するかを知ることはボールをデザインするのにとって非常に重要であり，その値を定めることもきわめて簡単である．つまり，F はさまざまなスピードに対して測定されているので，その値を上の数式に代入して C_{d} を計算すればよい．図 2 のグラフは，32 枚のパネルと呼ばれる皮革（12 枚の五角形と 20 枚の六角形）を縫い合わせた昔ながらのサッカーボールを使った日本の研究者の実験結果と，滑らかなボールを使ったドイツの研究者の実験結果を示している．

ボールのスピードが速くなっていくと，あるところで突然，C_{d} の値が高いところから低いところへ変化する．このような変化を抵抗激変（**ドラッグ・クライシス**）と呼ぶことがある．またこのグラフでは，32 枚パネルのボールに対する抵抗激変は秒速 12 メートルくらいで生じている．このスピードは，滑らかなボールで抵抗激変が生じる秒速 37 メートルよりもずっと低いことに注意しよう．これは非常に運がいい．長い距離のスローインや，コーナーキック，フリーキックのようにサッカーでは重要

なプレーのほとんどが，この抵抗激変が生じた後の抵抗力の小さい領域に収まるのだから．

すでに述べたように，表面の凹凸がこの重要な抵抗激変の原因になっているのだが，パネルとパネルの間の縫い目による凹凸が，このようにほどよい空気抵抗の要因となっていたことは，長いあいだ認識されてこなかった．サッカーの試合でボールのスピードが，完全に滑らかなボールでの抵抗激変が起こるスピードよりも速くなることは非常にまれなことなので，物理学的な観点からすれば，大きな抵抗力を受ける完全に滑らかなボールは公式試合での使用には堪えられないものだろう．

古典的な数学から見る現代のサッカーボール

したがって，縫い目とパネルは重要である．最新のサッカーボールに縫い目がいくつあるかを正確に知り，またボールのパネルをどのように組み合わせるとより改良されるかがわかれば役に立つだろう．昔ながらのサッカーボールにある 32 枚のパネルは，六角形や五角形の各辺で隣のパネルと縫い合わされている．そこですべての六角形と五角形の辺の数を計算して 2 で割る．六角形のパネルが 20 枚で五角形のパネルが 12 枚あるので，$6 \times 20 + 5 \times 12 = 180$ だけの辺があり，2 で割ると 90 の縫い目があることになる．ボールの縫い目全部の長さ L はちょうど

$$L = 90s$$

となる．ここで，s は六角形と五角形の各辺の長さである．ボールをルールに定められた空気圧になるまで膨らませて s を測ることにする．10 本の縫い目を選んで慎重に測定した値を平均すると 4.57 センチになったとしたら，縫い目の長さは合計で $L = 90s = 4.12$ メートルになる．

現実のボールを測らなくても，s の値を近似計算するというやり方もできる．ボールの半径を R とすると（公式の規格では 11 センチである），ボールの表面積は五角形（面積は $A_\mathrm{p} = \frac{\sqrt{25+10\sqrt{5}}}{4}s^2$）と六角形（面積は $A_\mathrm{h} = \frac{3\sqrt{3}}{2}s^2$）の和として近似することができて，

$$20A_{\mathrm{h}} + 12A_{\mathrm{p}} = 4\pi R^2$$

を満たす．これは s に対する方程式になっており，方程式を解けば，$s = 4.58$ センチであることがわかる．この解は現実のボールの実測値に近い値になっている．

縫い目がもっと多くなるようなパネルの組み合わせ方はあるだろうか？ その答えは，スイスの数学者レオンハルト・オイラーによって発見された有名な公式から得られる．ボールの表面の曲がりを無視すると，32 枚のパネルのボールは，昔から**アルキメデスの立体**として知られる 13 種類の立体のうちの 1 つである**切頂二十面体**とみなすことができる(図 3 参照)．アルキメデスの立体の面はすべて，三角形，正方形，五角形，六角形のような正多角形である．アルキメデスの立体に対して，オイラーの公式 $V + F - E = 2$ が成り立つ．ここで，E は立体の稜(辺)の数，F は面の数であり，V は**頂点**と呼ばれる角(かど)の数である．

オイラーの公式から，縫い目をもっと長くするためには，**変形十二面体**という名の奇妙な立体を使えばよい，ということがわかる．変形十二面体の面(80 個の三角形と 12 個の六角形)と頂点(60)を数えると，オイラーの公式から稜の数が 150 であることがわかる．すると，上に述べた 32 枚のパネルのボールに対してしたのと同様の計算を使って，変形十二面体のサッカーボールでは縫い目の長さがおよそ 9.5 メートルになることがわかる．もちろん，こんなボールは作ろうとするメーカーなどないだろう．92 枚のパネルを正確に縫い合わせるのはあまりにも手間のかかる工程であり，そもそも，32 枚のパネルのボールが申し分ない働きをしているのだから．

凹凸か，さもなくば変化球か？

逆に，パネルの数を減らそうとすると，表面の凹凸の影響は無視できなくなってくる．ボールの表面がより滑らかになると，通常のゲームよりもはるかに高速度にならないと抵抗力が激減する抵抗激変が効いてこないので，ボールの改良デザインとしては優れているとは言えない．にもかかわらず 2006 年以来，ボールのデザインはこの方向に進んでいる．2006 年のワールドカップではパネルの数は 32 枚から 14 枚に減り，2010 年の南アフリカでのワールドカップではたった 8 枚にまでなっている．

2006 年のワールドカップのゴールキーパーたちは，**チームガイスト**（ドイツ語でチームスピリットという意味）と呼ばれた公式ボールの予測不能な動きにひどく不満を口にしている．ほとんどスピンをかけずにボールを高速でキックすると，それぞれの継ぎ目が気流の中で回転していくにつれ，（図 1 の画像で風洞の中で示されたように）流れの分離点が位置を変え，ボールは不規則に揺れる．この動きは野球では「ナックル」と呼ばれ，ピッチャーがほとんどスピンをかけないで投げる変化球の動きに相当する．

野球のボールのように（2 枚のパネルと 1 つの継ぎ目という）継ぎ目が非常に少ない構造では，空気力学的な理由により，実際のボールの動きが不安定になることがわかる．ナックルボールの予測しがたい動きは野球のバッターにとって，打つのが非常に難しいボールとなっている．

この問題を解決するためにパネルの表面に凹凸をつけることになり，2010 年のワールドカップで使用された公式球（ズールー語で「祝杯」を意味する）**ジャブラニ**が採用された．ジャブラニにはパネルが 8 枚しかなく，パネルの表面に凹凸をつけることが必須となり，非常に複雑で精妙な模様が刻まれている．ジャブラニはチームガイストよりも安定な飛び方をするように見えるが，はっきり言えることがふたつある．まず，大きなトーナメントでは以前のパネルの枚数が多いボールに戻ることはない．2014 年のワールドカップで使われた公式球「ブラズーカ」には 6 枚のパネルしか使われておらず，さらにパネルの数が少なくなる可能性もある[*1]．その結果として失われる縫い目を補うために，表面の入念に凹凸を施す工程が必要になるということである．

［***Dimples, grooves, and knuckleballs*** by **Ken Bray**: University of Bath 機械工学科上級客員フェロー（理論物理学）．**初出** *Plus Magazine*, 2011 年 9 月 15 日．］

訳　註

[*1] 2018 年ワールドカップ公式球「テルスター 18」もパネル数は 6 枚である．

50 Visions of Mathematics

10 数学者モリアーティ教授

デレク・E・モールトン，アラン・ゴリアティ

7, 2–9, 2–6, 0 15, 0–10, 2–5, 0 10, 9–10, 1–9, 3_5, 0–7, 3–7, 2 7, 2–3, 0–6, 2 13, 2–8, 1–4, 0_12, 18–6, 0–1, 0 15, 4–7, 0–5, 0 6, 0–5, 0–6, 1
［この暗号を解読したら筆者に連絡してください（連絡先は筆者のウェブ上に）．最初に解いた人には賞品が待っています*1．］

「世界にあるのは明白なものだらけだ．たまたま誰も観察しようとしなかっただけなのだ．」
シャーロック・ホームズ

2010年の夏に，オックスフォード応用数学共同研究センター（the Oxford Centre for Collaborative Applied Mathematics, OCCAM）に，アメリカのワーナー・ブラザーズ社から一本の電話がかかってきた．わたしたちに依頼されたミッションというのは，『シャーロック・ホームズ シャドウ ゲーム』という新作映画の数学的な側面について，ワーナー・ブラザーズ社にアドバイスすることだった．この映画で，シャーロック・ホームズの宿敵となるのは数学者ジェイムズ・モリアーティ教授なのである．最初の仕事はモリアーティの研究室にある巨大な黒板に書かれるべき方程式をデザインすることだった．それは（1890年ころという）時代考証に堪え，しかもモリアーティの邪悪な計画をひそかに暗示するものでなければいけなかった．注文はどんどん増えていき，わたしたちの仕事は方程式のデザインだけでなく，秘密の暗号を考案し，ヨーロッパ旅行中のモリアーティの講義内容を決め，モリアーティが陰謀を実行するためにどのように数学を利用するのか，そしてその後，どのようにしてホームズが暗号を解読するかを提案することにまで膨れ上がってしまった．驚くべきことではないが，数学は大きなスクリーンのほんの小さな部分にしか現れてこない．それでも，どこを見ればいいか知っていれば，完成した映画にはところどころに興味ぶかい数学が見つけられる．特に，モリ

アーティの巨大な黒板をじっと眺めてみれば，数学の物語の全体像が見えてくる．この章でそれを解読していくことにしよう．

コナン・ドイルはモリアーティについては実際にはほとんど何の情報も明らかにしていない．ホームズがモリアーティを「数学の天才」，「犯罪のナポレオン」などと呼んでいるくらいである．学問的な側面では，モリアーティが二項定理に関する論文を書いたことと，「その論文のおかげで，ある小さな大学の数学講座の教授職を得た」(『最後の事件』におけるホームズの言葉）ことがわかっている．モリアーティはまた『小惑星の力学』を執筆したとも言われている．ホームズはその論文を「純粋数学のまれなほどの高みにのぼっているので，科学を論評する報道でも誰も批判できないと言われているほどである」と述べている．これらを手がかりとして，わたしたちはモリアーティの数学的才能と，20 世紀に移ろうとする時代における魅力的な数学を掘り下げていった．

暗　号

黒板に書かれる数式で最も大事なものであり，モリアーティの邪悪な計画を示す鍵となるものは，秘密の暗号である．全世界におよぶモリアーティの帝国に関する情報が暗号化されており，部下たちとの通信にも使われているものだ．モリアーティが二項定理に熱中していたことからみて，わたしたちはパスカルの三角形（図 1 参照）に基づいた暗号を考案することにした．暗号は公開鍵，メッセージを暗号化する式，暗号文という 3 つの要素からなっている．情報を暗号化するために，モリアーティはまず，研究室にある 1 冊の園芸の本の中から単語を拾い集めメッセージを作成する（この本は実在しない．現代では暗号文を作成するときには古典的な書物を用いる）．メッセージに使われる単語は，その語が出てくるページ，行数，何語目かという 3 つの数で指定される．このプロセスを通して，伝えるべきメッセージは 3 つの数を組にした数列に変換される．これを「書籍数列」と呼ぶことにしよう．モリアーティは書籍数列からさらに，パスカルの三角形を使って暗号化する．

メッセージには公開鍵である整数 p が必要となる．この p から，フィボナッチ p 数と呼ばれる数列を作ることができる．これを F_p と表す．この数列は，$F_p(n) = F_p(n-1) + F_p(n-p-1)$ と，初期値 $F_p(1) = 1$ かつ $F_p(n) = 1\,(1-p \leq n \leq 0)$ によって定義される．これはまたパスカルの三角形の傾き p の対角線を足し上げることによっても作ることができる*2．$p = 0$（パスカルの三角形の各水平線の和である）に対しては 2 のべキが再現し，$p = 1$（パスカルの三角形の傾き 1 の対角線の和をとる）には古典的なフィボナッチ数列が対応する*3．

p を選んでしまうと，どんな整数 N も，なるべく大きなフィボナッチ p 数と整数との和に 1 通りに分解することができる．つまり，$N = F_p(n) + \phi$，$\phi < F_p(n-p)$ と表す仕方は一意的である．このようにして，N は n, ϕ と暗号化される．モリアーティはこのようにして書籍数列を完璧に暗号化された新たな数列に変換するのである．

暗号を受け取った部下がメッセージを解読するときにどのフィボナッチ数列を使うのかを知らせるために公開鍵 p を渡さなければならない．モリアーティは講義中に，大事なところで，特別な変数の値をわざと間違えることによって，この数を知らせることにするのだ．

暗号の解読

ホームズはモリアーティの研究室の黒板に書き残されていたパスカルの三角形とフィボナッチ p 数に関する記述を観察する．その後，ホームズはモリアーティの講義で述べられたささいな誤りに気づき，ある整数の鍵が部下に伝達されたということに思い至り，その鍵がフィボナッチ p 数の p に対応することを理解する．モリアーティの研究室にある花が枯れているという事実から，そこで発見した園芸の本が暗号に用いるために使用されているものとホームズは推測する．ホームズの力強い知性が残るすべての謎を解明することになったのだ．わたしたちは，枯れた花をヒマワリにすべきだと提案したが，残念ながら却下された．フィボナッチ数と葉序（茎の上の葉の並び方）との間には，もうひとつの美しい

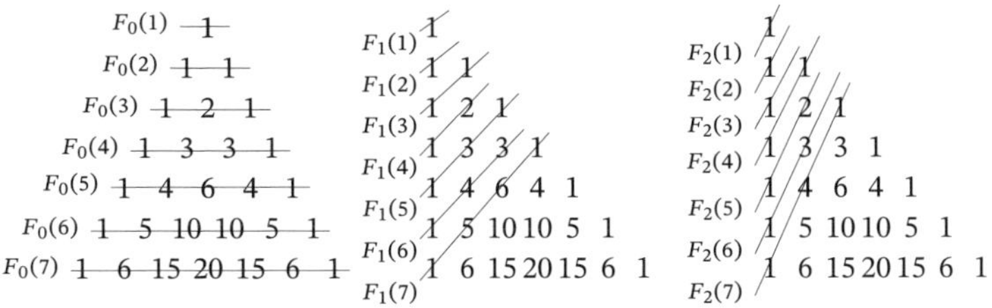

$F_0(1)$ 1
$F_0(2)$ 1 1
$F_0(3)$ 1 2 1
$F_0(4)$ 1 3 3 1
$F_0(5)$ 1 4 6 4 1
$F_0(6)$ 1 5 10 10 5 1
$F_0(7)$ 1 6 15 20 15 6 1

$F_1(1)$, $F_1(2)$, $F_1(3)$, $F_1(4)$, $F_1(5)$, $F_1(6)$, $F_1(7)$

1
1 1
1 2 1
1 3 3 1
1 4 6 4 1
1 5 10 10 5 1
1 6 15 20 15 6 1

$F_2(1)$, $F_2(2)$, $F_2(3)$, $F_2(4)$, $F_2(5)$, $F_2(6)$, $F_2(7)$

1
1 1
1 2 1
1 3 3 1
1 4 6 4 1
1 5 10 10 5 1
1 6 15 20 15 6 1

図 1　パスカルの三角形とフィボナッチ p 数.

関係があるからなのだが.

講　義

物語の中でもうひとつの重要な数学的要素はモリアーティの旅先での講義である. わたしたちの目標は, 1895 年ころにモリアーティによるものだとしても不自然ではない講義内容を考案することであり, しかもそれが小惑星の力学に関する彼の業績にもうまくあてはまる内容で, わざわざヨーロッパ中を旅してまわるほど重要な講義にしたかったのである. この講義の表向きの目的は, モリアーティが自らの悪の帝国を監督し組織化することであるが, それだけでなく, この講義じたいが危険きわまりなく, モリアーティの悪人ぶりを際立たせ, 犯罪の動機を特徴づけるものであるという設定にしようと, わたしたちは考えた.

わたしたちは 19 世紀末の天体力学のふたつの主要な研究に目を向けた. ひとつ目はいわゆる n 体問題(最初は三体問題として知られたもの)に関するアンリ・ポアンカレの業績である. n 体問題は, 相互に作用し合う n 個の質点に対するニュートンの万有引力の方程式を解くという問題である. つまり, 質点をたとえば惑星と考え, 互いに重力を及ぼし合うときに, 時間の経過とともに惑星の運動にどのような影響があるのかという問題である. この問題はその当時あまりにも重要だったので, スウェーデンとノルウェーの王であったオスカル II 世は問題を解決できた数学者に特別な賞金を出すと宣言した. 受賞したのはアンリ・ポアンカレであった．このテーマに関するポアンカレの研究は1892年に出版された三部作『天体力学の新しい方法』で展開された．この三部作は20世紀初頭における最も影響力のある研究とみなされ，これから力学系の幾何解析，カオス，漸近展開のような重要な数学の概念が生まれたと考えられている．

モリアーティの講義に大きく関係しそうな研究のふたつ目は，ポール・パンルヴェの研究である．1895年にパンルヴェはストックホルムに(またしてもオスカルII世によって)招待され，自分の研究について何度か講演をおこなった．このイベントはオスカルII世自身が最初の講演に出席したほど重要なものとみなされていた．モリアーティの講義と関連しそうなのは，惑星の衝突に関する研究である．パンルヴェは重力が相互作用する条件下で質点どうしが衝突する可能性に着目し，ポアンカレの仕事を補完する基本的な結果を証明したのである．

特に，パンルヴェはニュートンの方程式の解が有限時間で無限大になる(**有限時間特異点**と呼ばれる)かどうかを議論した．たとえば，パンルヴェは

$$\frac{\mathrm{d}^2x}{\mathrm{d}t^2}=\frac{(y-x)}{(x^2+y^2)},\qquad \frac{\mathrm{d}^2y}{\mathrm{d}t^2}=\frac{(-y-x)}{(x^2+y^2)},\qquad \frac{\mathrm{d}^2z}{\mathrm{d}t^2}=\frac{(x-py)}{(x^2+y^2)^2}$$

という連立方程式を考えた．$p=3$ という特別な場合には，この力学系は時刻 t_* で有限時間特異点を持つ．ここで，t_* は $x=(t_*-t)\sin[\log(t_*-t)]$, $y=(t_*-t)\cos[\log(t_*-t)]$, $z=(t_*-t)^{-1}\sin[\log(t_*-t)]$ で与えられる(この力学系の相空間において速度と位置がプロットされているグラフがモリアーティの黒板に描かれている)．パンルヴェはこの例を手がかりに，どの物体も互いに衝突しなければ，三体問題には特異解が存在しないと考え，その証明までしている．また歴史上重要なことはパンルヴェが第一次世界大戦中フランスの陸軍大臣および首相になったという事実である．モリアーティの武器に対する執念との関係もまた興味ぶかい．いろいろな意味で，パンルヴェこそモリアーティがそうなれたかもしれない人物，つまり，モリアーティがその能力にふさわしい扱いを受け，「最も悪魔的な遺伝的性向」を発展させなかったときの姿を体現した人

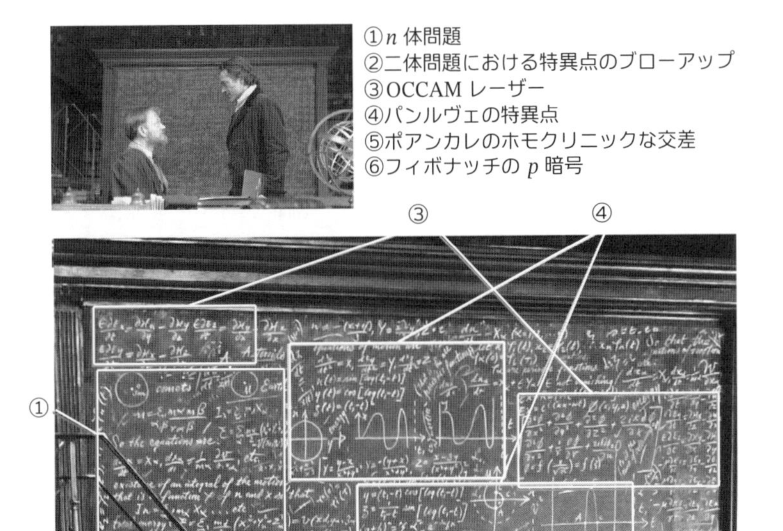

図 2　映画の中で使われた黒板の写真．本文の中で述べた数学的な要素がたくさん見つかる．武器という意味で，レーザーの方程式を OCCAM の研究者がマクスウェル方程式から考案したものも書き込まれている．

物であると言えるだろう．

わたしたちの頭の中にモリアーティの悪人像と彼の数学がしっかりと組み立てられ，リアリティのある講義資料，秘密の暗号，邪悪なたくらみが何ページにもわたって練り上げられた．そしてホームズが論理的な推論によってそれをすべて解明すれば完成である．

エピローグ

2010年12月にわたしたちは，研究室のシーンの撮影のためにロンドン近くのハットフィールド・ハウス*4 に作られたセットの見学に招待された．わたしたちにとって，最も重要な出演者は黒板であった(図2)．その日はイギリスの冬の日中ならではの寒さのせいで，とても悲惨であった．何時間も忍耐強く待った後，ついに黒板を見ることができた．それは美しく堂々としていたが，間違いだらけであった．わたしたちは計り知れないほどの時間を費やし，黒板の文字を作成する映画スタッフの間違いを直す手助けをし，添え字や偏微分記号といった細かい点まで指導した．しかしその日の終わりには，わたしたちは人生における単純なふたつの事実を理解することになった．ひとつは，ハリウッドのトーテムポールでは数学者はその最下層の地位にいて，おかげで気楽にしていられることである．もうひとつは撮影準備のため，長時間も何もすることがなく待たされたおかげで，わたしたちの研究室がいかに快適で心地よいかを実感したことである．研究にまさるビジネスなどないということだ．

1年後に映画が完成し，わたしたちはロンドンでの上映に招待された．映画は長時間にわたり暴力的なものだった(ハリウッドなら，息もつかせぬアクション映画とでも言うのだろう)．明らかにこの新しいシャーロック・ホームズはこれまでのホームズ像とは異なり，筋骨たくましい武闘派であった．ホームズの最終的な勝利は，ホームズらしい演繹的な推理能力だけでなく，偶然に起こったさまざまなできごとを結びつけ，根拠もなく未来を予知できる(このようなシーンはすべてスローモーションで描かれている)という，ありえない能力の結果として得られていた．これは非常に残念なことである．時代を超越するホームズの特質は，敵の繰り出すパンチがどこに来るのか，その動きをすべて予測するという人間離れした神秘的な力などでは断じてない．ホームズの本当の力は，知的なパズルを解くためにバラバラの情報をひとつのイメージに忍耐強くまとめていく際に発揮される，広汎な科学的知識を駆使する能力であり，論理的な頭脳なのである．ホームズが優秀な応用数学者になれたことは間違いのないところである.

［***Mathematicians at the movies: Sherlock Holmes vs Professor Moriarty*** by **Alain Goriely**: University of Oxford 教授（数理モデル），Oxford Centre for Collaborative Applied Mathematics（OCCAM）所長. **Derek E. Moulton**: University of Oxford 数学研究所講師. **初出** *SIAM News*, Vol. 45(3), April 2012, pp. 1–2.］

訳　註

*1 2020 年 7 月現在，まだ解けた人はいないようだ．ヒントは筆者モールトンのホームページにあるとのこと．

*2 パスカルの三角形を左側の端線を垂直になるように並べ直して傾きを考える．

*3 定義に従えば，$F_0(n) = F_0(n-1) + F_0(n-1) = 2F_0(n-1)$ であり，$F_1(n) = F_1(n-1) + F_1(n-2)$ である．初期値も対応している．

*4 イングランド，ハートフォードシャー（ロンドンの北に隣接）にある貴族の館．15 世紀末に高位聖職者によって建てられ，ヘンリー 8 世の宗教改革のときに王家に没収され，宮殿のひとつとして使用される．現在の主館は 17 世紀に初代ソールズベリー伯爵が自邸として改築したもの．現在は子孫の第 7 代ソールズベリー侯爵が所有しているが，一般に公開されている．多くの映画のロケ地となっている．

50 Visions of Mathematics

11 なぜ世界は数学で理解できるのか？

フィル・ウィルソン

最近あるパーティでわたしはひとりのゲストに，偏頭痛のカギとして数学を使っているという話をした．その人は，わたしが偏頭痛の患者に，症状を緩和するため暗算をするよう勧めているのだと受け取った．もちろん，わたしが実際にやっているのは，偏頭痛の原因を生物学的に理解するために数学を使うことである．

そのような研究が可能であるのは，見落とされがちな事実，つまり，世界は数学によって理解できるという事実のおかげなのである．このパーティのゲストの誤解はこの事実がわかりきったことではないのを思い出させてくれる．この章の中では「なぜ世界を記述するのに数学を使うことができるのか？」という大きな問題を論じてみたい．もしくは，より大胆に，「応用数学というものはなぜ存在しうるのか？」という問題を考えよう．そのためには，数学の哲学の一般論，つまり大まかに「メタ数学」と呼ばれているものの長い歴史を振り返ってみる必要がある．

先に進む前に，応用数学という言葉が何を意味するのかをはっきりさせておくべきだろう．20 世紀と 21 世紀の重要な応用数学者であり，ケンブリッジ大学で流体力学の G. I. テイラー教授職にあるティム・ペドリーによって与えられた定義を借用しよう．2004 年の数学と応用研究所（IMA）の所長就任演説において，彼は「数学を応用するとは，数学の外から提起された問題の答えを導くために数学の手法を用いることである」と述べている．この定義は，お釣り（チェンジ）を数えることから気象の変化（チェンジ）まで，あらゆることを含むように，あえて広く考えられたものである．そのような広い定義の可能性こそがいま議論しようとしている謎の一部なのである．

数学がなぜ応用できるのかという問いはおそらく，数学の本性に関するあらゆる疑問の中で最も重要なものだろう．第一に，応用数学は**数学**

であるので，メタ数学で以前からあるのと同じ問題が発生する．第二に，応用数学は**応用される**のだから，科学哲学で扱われているような問題も生じることになる．しかしひとまず，話題をメタ数学の歴史に転じよう．数学そのものについて，数学の本性について，そして，数学の応用可能性についてどのように語られてきたのであろうか？

メタ数学

数学の命題が真であることは，どうしたら証明できるのだろうか？ そのような数学の基礎づけにかかわる問題に関心を持つメタ数学者は一般的に 4 つにグループ分けされている．

ダーフィト・ヒルベルトのような**形式主義者**は，数学を，集合論と論理学に基礎づけられているものと見ている．数学とは，ある定められた規則に従って記号を並べ替えるという本質的には意味のない行為だとみなしている，とまで言ってもよいだろう．

論理主義者は，数学を論理学の拡張であると見ている．大論理学者のバートランド・ラッセルとアルフレッド・ノース・ホワイトヘッドは，1 足す 1 が 2 であることを（論理的に）証明するために数百ページを費やしたことがよく知られている．

直観主義者の代表的人物は，（ドナルド・クヌースによれば）「窓から外を見るまでは雨が降っているか，降っていないかのどちらかであることも信じないだろう」と言われている L. E. J. ブラウエルである．この言葉は，**排中律**を拒絶するという，直観主義の中心的な考え方を皮肉っている．排中律は一般には受け入れられていて，「雨が降っている」といった命題は，たとえ真か偽かがわかっていなくても，そのどちらか一方ではある，という法則である．それと反対に，直観主義者が信じるのは，その命題が決定的に証明されるか反例が挙げられるまでは，その命題には客観的な真理値がない，ということである．

さらに，直観主義者は，自分たちの受け入れる無限という概念には厳格な制限を課すのである．直観主義者が信じるところによれば，数学は人間精神の所産にほかならず，無限は，アルゴリズムのように 1, 2, 3 と進んでいくプロセスの拡張としてのみ把握できるとみなしている．結果として，直観主義者は，**列挙可能な操作**，つまり自然数を使って記述することができるような操作しか証明として認めない．

最後に，4 つのグループの中で最も古くからある**プラトン主義者**は，数などの数学の対象が外的現実として存在することを信じる．クルト・ゲーデルのようなプラトン主義者にとっては，人間精神がなくとも，またおそらくは物理的宇宙がなくても数学は実在し，しかも人間の精神世界と，数学というプラトン的な「界」との間には神秘的なつながりがある，ということになる．

この 4 つの異なる考え方のうち，どれが数学の基礎づけとなるのか（どれか 1 つでもそうなるとして）が議論の焦点である．このような高尚な議論は数学の応用可能性の問題には無関係であるように見えるかもしれないが，数学の基礎づけがこのようにはっきりとしないために，数学を応用する際に影響を与えてきたという見方もできる．モーリス・クラインは 1980 年にその著『不確実性の数学—数学の世界の夢と現実』[*1] において，「健全な数学とは何かという問題をめぐる対立のために，哲学，政治学，倫理学，美学などのさまざまな文化に数学の方法論を適用することが妨げられてしまった．（中略）「理性の時代」[*2] は終わってしまった」と書いている．ありがたいことに，数学はいまやここに挙げられた分野にも応用されはじめているのだが，学ぶべき重要な歴史的な教訓が得られた．それは，数学を応用するかどうかの選択の場面では，メタ数学的な問題に敏感に影響される社会学的な側面も重要なのである．

応用可能性は数学の基礎について何を語るのか？

論理的には，メタ数学者にとって問うべき次のステップは，数学の基礎に関するこの 4 つの見解それぞれの立場から，「なぜ世界を記述するのに数学を使うことができるのか」という本章の主題である大きな問題についてどのように答えるのか，である．ここでは，このステップの「論理」

を逆にして，異なるやり方をしてみよう．「数学が応用可能であることから，数学の基礎について何が言えるのか」と問うのである．

それでは，形式主義者は数学が応用可能な理由を何か説明できるのだろうか？ もし数学が本当に数学の記号を並べ替えるだけのものにすぎないならば，なぜ数学が世界を記述するのだろうか？数学というゲームだけに，ほかのゲームにはない，世界を記述できる特権が与えられるのはなぜなのだろうか？形式主義者は形式主義的世界観の枠の中で答えなければならないことを思い出してほしい．数学のより深い意味だとか物理世界との隠された関係だとかいったプラトン主義的なものに頼ることは許されないのだ．同じような理由から，論理主義者も苦境に立たされる．というのは，論理主義者が「そうだな，おそらく宇宙は論理を具現化したものだろう」と言おうものなら，論理学者は暗黙の裡に，具現化することのできる論理というプラトン的な「界」の存在を仮定していることになるからである．こうして，形式主義者と非プラトン主義的な論理主義者の双方にとって，応用可能な数学の存在そのものが彼らの立ち位置に対して明らかに致命的な問題を提起することになる．

対照的に，数学の基礎づけをする第3のグループである直観主義の中心的な考え方は，この世界の現象が数えられるプロセスであるという観点からすると，現実から導くことができそうなものである．物理世界は，少なくとも人間が認識できる範囲では，数えられるものから成り立っているように見え，無限は，数えるというプロセスを拡張した結果としてのみ人間の前に現れるにすぎない．このように，直観主義は現実，つまり高々可算無限であろう物理世界から導き出せそうなので，直観主義は数学の応用可能性の問題にすっきりした解答を提供するように見える．「この世界」から導き出されたものなのだから応用可能なのだ，ということである．

しかしながら，この解答はより詳しく調べていくと破綻しかねないのだ．そもそも，現代の数理物理学には量子論をはじめとして，可算を超える無限の概念が必要な理論がたくさんある．したがって，物理学のこのような側面は，直観主義的数学の説明能力を超えたまま，永遠に存在するかもしれない.

しかしより根本的な問題は，直観主義が，なぜ非直観主義的数学も応用可能なのかという問いに答えられていないということである．非直観主義的数学の定理は直観主義的な立場からの証明が存在するときにのみ自然界に応用できる，という可能性もあるが，これはまだ立証されてはいない．さらに，直観主義的数学は実世界から導き出されたかのように見えるものの，人間精神の対象が物理世界の対象を忠実に表現する必然性があるかは明らかではない．人間精神の表現能力は進化の過程で選択されてきたが，それは自然を表現する忠実さのためではなく，生存闘争や配偶者を得る闘争で祖先に有利に働いたためである.

形式主義と論理主義は本章のテーマである大問題に答えることができていないし，直観主義が答えているかの審判は下されていない．では，プラトン主義はどうだろうか？

プラトン主義者は，物理世界は数学的な対象の作る「界」(そしておそらくは真や美のような概念も)の不完全な影であると信じている．物理世界はプラトン的な「界」から，何かしら，生み出され，そこに根ざしているので，物理世界の対象物や，対象物どうしの関係は，プラトン的な「界」の対応物の影である．世界が数学によって記述されるという事実は，公理となるのだから，謎であることを止める.

しかしそのとき，さらに大きな問題が生じる．なぜ物理的な「界」は，プラトン的な「界」から生まれ，そこに根ざすのか，である．なぜ精神世界は物理的な「界」から生まれるべきなのか？ なぜ精神的な「界」がプラトン的な「界」に何らかの直接的なつながりがなくてはならないのか？ そして，以上の問いには，神や巨人の死骸から世界が生まれたという古代の神話や，自然に生きるすべてのものに仏性が宿るという仏教の考え方や，旧約聖書の「神は神に似せて人間を創造した」というアブラハム的な考え方にまつわる問いと，何かちがいがあるのだろうか？

われわれは神が創造した宇宙に住み，数学と科学を研究することによって神の御心を知る研究に従事しているのだ，という信念はおそらく，ピュタゴラスから，ニュートン，さらに現代に至るまでの長い間，多くの科学者が理性的な思考をしようとする動機づけとなった．この意味の「神」は，世界の中にある対象でもなく，物理世界における対象の全体でもなく，おそらくはプラトン的な「界」全体というべきものである．したがって，先述したプラトン主義者の直面した困難の多くは，ユダヤ教，キリスト教，そのほかの宗教あるいは宗教に似た体系の神学者が直面した困難と同じなのである．

世俗主義の偶像とみなされるガリレオは，「宇宙という書物」は数学の「言葉」で書かれていると信じていた．これは間違いなく，答えをどこかに探し求めよう（質問して答えを求めようとしているのではないとしても）というプラトン主義的な信条である．信仰を持たない今日の数理科学者でさえ，研究の結果たどりついたものがプラトン的な「界」であるかのように感じ，畏敬や驚きの念を抱いたと告白することはまれではなく，自らの数学を「発明した」ではなくて，「発見した」と言うのである．

宇宙の数学的構造と物理的性質，そしてその両方を研究する精神的な活動が，「神」の精神，存在，実体のどこかの一部分であるという仮説は，数学の基礎づけと応用可能性の問いに対する解答としては，ここまで述べてきたどの解答よりもずっと整然としたものになっている．そのような考え方をする仮設は，仮設という扱いを受けることこそめったにないが，過去数千年にわたって，多種多様な宗教的，文化的，科学的な体系において見つかる．しかしながら，哲学者や科学者にとってそのような見解を（受け入れたくとも）心からは受け入れられないのも無理はない．というのは，この仮設を受け入れることにより，謎を覆い隠すヴェールが引きはがされるのではなく，謎のままにしてしまう傾向に拍車をかけるからである．

数学の基礎づけとして提起された4つのどれも，数学が応用可能かという問いに明確な対応ができないという袋小路に陥ったようで，気が滅入りそうだ．しかしその代わりに，このことが信じられないほど良い知らせであるとも考えられる，と述べることでこの章を終えたい．なぜ応用数学が存在するのかという大きな問題に含まれる意味合いを汲み取ることは将来の課題である．その課題を考察することによって，数学および物理的宇宙の本性，そしてその両方が具現化され，意味づけられ，パターンの見つかる秩序として内在するわれわれの住む世界の本性に，いずれは深い洞察が得られるかもしれない．

［***The philosophy of applied mathematics*** by **Phil Wilson**: University of Canterbury 上級講師（数学）．**初出** *Plus Magazine*，2011 年 6 月 24 日．］

訳　註

*[1] 邦訳：三村護・入江晴栄訳，紀伊國屋書店．

*[2] トマス・ペイン（1737–1809）の著書の書名．アメリカ独立期を精神的に支えた人．

50 Visions of Mathematics

12 数学は間違いやすい

アダム・ジャスコ

わたしは少年のころから，実験をして興味ぶかい発見をすることに夢中になる性分で，それは現在でもそうだ．すでに知っていることであっても，自分で確かめるのは楽しいものだった．科学は手を汚さずにはできない．具体的には，さまざまな化学物質を混ぜて反応を観察したり，ジャムの壜で栽培したインゲン豆を食器棚に置いた場合と日光の当たるところに置いた場合とで生長を比較したり，坂の上からトロッコを転がして重力による加速度を求める，といったような実験だ．実験好きが高じれば，家庭ではできないような実験，たとえば人体の複雑な組織の画像を撮影したりヒッグス・ボソンを見つけてやろうとしたりというように進んでいく．こうした大がかりな実験にはMRIスキャナーやCERN（セルン）[*1]の大型ハドロン衝突型加速器のような非常に高価で，しかもときには巨大な装置が必要となる．一方，数学ならば，手が汚れるのはボールペンのインクがつくことくらいしかない．

科学では，原子は陽子と中性子と電子からできているとか，細胞にはすべての遺伝情報を暗号化する二重らせん構造があるなどと先生に教われば，素直に信じてしまうものである．しかしながら数学では，先生の言葉を文字どおりに受け入れる必要はない．三角法の公式であれ大きな数を足すのであれ，答えが信じられなければ，自分で確かめることができる．数学が魅力的なのは，ひとつにはほとんどどんなところでもできるからであり，また，必要な道具がペンと紙だけだからでもある．

数学が他の科学と異なるもうひとつの点は，いったん証明されたことは，改めてチェックする必要がないということである．科学の理論はたえず精査されており，新たに観測された事実が十分に説明できなくなり，より適切な別の理論に置き換えられるというのはよく起こることである．しかしながら，数学の真理が時とともに変わるということはない．

もちろんこの数学的に真理であるという保証を得るためには，最初の推論が正しいことを確認する必要がある．下の証明を見てみよう．a と b を任意の数とする．

$a = b$	もとの仮定
$a^2 = ab$	両辺に a を掛ける
$2a^2 = a^2 + ab$	両辺に a^2 を足す
$2a^2 - 2ab = a^2 - ab$	両辺から $2ab$ を引く
$2(a^2 - ab) = 1(a^2 - ab)$	左辺を 2 でくくる
$2 = 1$	公約数を消す

これを見て本当に 2 が 1 に等しいという結論にとびつく人がいるかもしれないが(実際，わたしはこの議論を使って，ある友人に数学が疑わしいものであると思わせることに成功したことがある)，これがまったく証明になっていないことはすぐにわかる．ちょっと調べてみれば，最後の段階で，0 で割るという間違いを犯したことがはっきりする．こんな単純なトリックでさえ，人をだますことが可能なのである．

上のものよりもはるかに巧妙で，間違いが見つけにくい証明があるが，誤りが生じていないことはどうやったら確かめることができるのだろうか？ それに一言で答えるなら，「できない」となってしまう．証明を発表した後で欠陥が見つかってしまった数学者は大勢いる．ずいぶん後になってから欠陥が見つかるようなこともある．学問の世界では，科学の理論の正しさを確かめるのに検証が重要なように，数学の定理の正しさを確かめるのにも検証は重要なのだ．

大きな問題点のひとつは証明が膨大な長さになることである．定理の中にはあまりにも証明が長くて，証明をきちんとたどるのが困難なものもある．その例としてうってつけなのが分類定理である．ここでは詳しい説明はしないが，**有限単純群**(**群論**と呼ばれる数学の分野における基本的な構成要素というべきもの)をすべて見つけ，それ以外にはないことを主張する定理である．この証明には半世紀以上もの時がかかり，およそ 500 篇ほどの膨大な数の論文をつないで示された．証明に使われた数学は相当に複雑で，数万ページもの証明を読み通せる人が非常に少ないことも考慮すれば，その証明が本当に正しいのかどうか，疑問の念を抱く人がいたとしても無理はない．

こうした疑いには正当な理由もある．1983 年に証明は完成したと発表されたのだが，すぐ後に間違いが見つかったのである．この間違いは結局のところ修正されたのだが，論文の修正版が出版されたのは 2008 年になってからだった．今日でさえ疑わしさが残っていないとは言えない．マイケル・アッシュバッチャー(定理の最終的な修正の責任者のひとり)は「分類定理の証明に誤りがある確率は事実上 1 である．しかし，どんな誤りがあったとしてもそれを簡単に修正できない確率は事実上 0 である．証明は有限なのだから，定理が正しくない確率はほぼ 0 である」と述べている．

もちろん厳密に原理的な議論をすれば，どんなに多くの数学者が目を皿のようにして入念に証明をチェックしたとしても，誰もが見逃してしまった小さな間違いが絶対にないとは断言できないだろう．そうだとするとピュタゴラスの定理にさえ，まだ誰も気がついていない欠陥があるかもしれない，ということにもなるだろう．だが，少しでも真実を求めたいと願うのであれば，このような考え方は何も生み出さない．こうした思いつきの議論は脇におくとしても，数学の真実性と完全性にはなお重要な問題がある．

1931 年に発表されたクルト・ゲーデルの(第 1)**不完全性定理**によって証明と数学の体系についての洞察が深められることになった．この定理によれば，すべての十分強力な**公理系**は**不完全**であるか**矛盾を含んでいる**かのどちらかである．ここで公理系とは公理(自明の真理)の集合と論理的推論をおこなうための規則とで構成される体系である．つまり，ゲーデルの不完全性定理が述べているのは，公理系が自然数の算術を表せるほど十分強力で矛盾を含まないならば，その公理系の中で真とも偽とも証明することができない命題を提示することができる，ということである(詳細は第 20 章参照)．

これはかなり衝撃的な結果で，ゲーデルの定理のせいで数学が崩壊してしまうのではないかと不思議に思うかもしれない．その答えは，論理学者がこれまで発見した証明不能な命題は日常的に出合う普通の数学とはかけ離れたものであるということである．証明不能な命題は，学校の宿題にも航空機の翼を設計するための数学にも現れることは決してないだろう．大多数の数学者はこうした論理のすき間を探ることは論理学者と哲学者に任せて，自分の研究を続けているのである．

技術革新とともに，数学の発展は予想外の道を進むことになった．膨大な数値計算を可能にしたコンピュータは証明においても一役買うようになってきたのだ．特に知られているのが**四色問題**の証明である．四色問題は昔から知られている問題で，どんな地図でも 4 色あれば，国境を接する国が同じ色にならないように塗り分けられるかというものである．間違った証明が数多く発表された後に，最終的には四色定理となった．つまり実際に 4 色で十分であるということが証明されたのだった．しかし，その証明は膨大な数の地図のパターンに対してチェックするというものであって，コンピュータに頼らないではできず，このような手法には異議が唱えられている．コンピュータの計算を手計算で確かめることは不可能だからである．そのため，数学者の中にはコンピュータに強く依存した証明を疑問視する人もいる．

要するに，スーパーコンピュータ上で実行するような複雑で（しかもたいてい未公開の）プログラムによる証明と，紙とペンによる証明とでは，とっつきやすさという点では雲泥の差がある．興味を抱いたアマチュアの方にとってはなおさらだろう．証明の長さや専門性のゆえに検証が困難な定理はほかにもあり，数学者でさえ間違いを犯す可能性がある．したがって数学では間違いのない真理というものに到達することは理論的には可能ではあるが，数学の理論を検証するのに必要なスキル，時間，理解力，そしてときには計算能力，といったことが大型ハドロン衝突型加速器並みに近づきがたく，手にできないこともありうる．だがピュタゴラスの定理については心配しなくてもよい．ペンと紙できわめて容易に証明できる．ピュタゴラスの定理だけは大丈夫，というものである．

［***The fallibility of mathematics*** by **Adam Jasko**: Nottingham University 数学科学部学生．**初出** *Plus Magazine* コンテスト優秀作．］

参考文献

[1]　Keith Devlin (1998). *Mathematics: A new golden age*. Penguin (2nd edition).
邦訳：キース・デブリン著，新美吉彦・後恵子訳『数学—新しい黄金時代』(森北出版).

[2]　Douglas Hofstadter (1980). *Gödel, Escher, Bach: An eternal golden braid*. Penguin.
邦訳：ダグラス・R・ホフスタッター著，野崎昭弘・はやしはじめ・柳瀬尚紀訳『ゲーデル，エッシャー，バッハ—あるいは不思議の環』(白揚社).

訳　註

*1 欧州原子核研究機構のことで，世界最大規模の素粒子物理学の実験施設を持つ研究所だが，その開設のための組織 Conseil Européen pour la Recherche Nucléaire (核研究欧州理事会) の頭文字が現在でも愛称として使われている.

13 非ユークリッド幾何学の大発見

キャロライン・シリーズ

1823 年に若きハンガリー数学者のヤーノシュ・ボヤイは父親に手紙を書いた.「僕は心を奪われてしまうほど魅惑的なことを思いつきました…僕は無から奇妙な新しい世界を創ったのです.」ボヤイの発見は何だったのだろうか，そしてその奇妙な新しい世界はどうなっていったのだろうか？

1820〜1830 年ころ，カール・フリードリヒ・ガウスとニコライ・ロバチェフスキーとヤーノシュ・ボヤイはそれぞれ独立に研究し，幾何学は必ずしも，幾何学の創始者であるギリシャ人ユークリッドが定めた規則に従わなくてもよいことに気がついたのである．三人が興味を抱いたのは，与えられた直線上にない点を通って，与えられた直線とは交わることのない直線をちょうど 1 本だけ引くことができるという，ユークリッドの平行線の公理を仮定しないとしたら，何が起こるだろうかということであった. そのような直線が 1 本より多く存在するという仮定からは，いくつかの奇妙な結論が得られる．三角形の内角の和は 180° より小さくなり(図 1 参照)，また，2 つの三角形の対応する角がみな等しいとき，相似であるだけでなく合同にもなり，対応する辺の長さも同じになる. しかし，矛盾は生ぜず，三人の数学者はこの新しい幾何学が正しいものだと確信した.

この新しい非ユークリッド幾何学(**双曲幾何**と呼ばれることが多い)を理解するひとつの方法は，あらゆる点で鞍の形になっているような曲面上の幾何学であると考えることである．これが何を意味するかを見るためには，かぎ針を使い，連続した輪を付け加えていく円編みでマットを作る方法を考えるとよい．そして，一周するたびに正しい数だけの編み目を加えていけばマットは平らになってくれる．編み目が少なすぎると周の長さが短くなり，できあがりはスカルキャップになってしまう．編み目

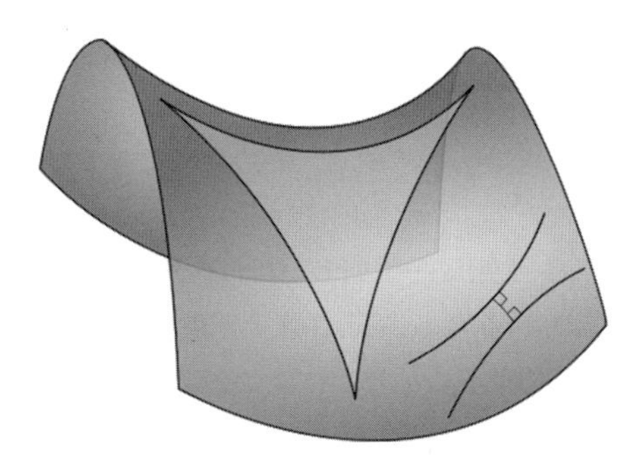

図 1　双曲三角形の内角の和は 180° より小さい.

が多すぎると周が余ってしまうので，ケールの葉のように縁が波うってしまう. このケールの葉の表面のようなものが典型的な双曲幾何である.

1860 年までに若きベルンハルト・リーマンは双曲幾何のアイデアを一般化して任意の次元の曲面を記述した. この新しいが危険なアイデアを哲学者が躍起になって否定したにもかかわらず，1880 年代には数学者たちはその正しさを確信するようになっていた. 幾何学は本質的にユークリッド幾何に限られると考える必要はもはやなくなっていたが，非ユークリッド幾何学の有効性と物理的な意味についての議論はその後も何年も続けられた.

ほどなくして，双曲幾何学は意外なところで応用されることになった. アインシュタインが 1905 年に特殊相対性理論を展開したとき必要とした数学的な操作はまさに**双曲**幾何学における対称性だったのだ. 後になってアインシュタインは，リーマンの幾何こそが，空間が大きな質量によってほんとうに曲げられることを示す一般相対性理論を解き明かすために必要なものにほかならないことに気づいた.

1920〜1930 年ころになって数学者は，摩擦のない曲面上における物体の運動の研究に双曲幾何学を使うことができるかもしれないと考えるようになった. 曲面が球面やドーナツ形でなければ，双曲幾何学によってさまざまな物体の経路を理論的に予測することができるが，観測者にとってはコイン投げのようにランダムな動きに見える. 1960 年代までに，双曲幾何の曲面上を滑る運動についての考察が，現在カオスと呼ばれているものの原型となったのである.

曲面には 2 次元の幾何が使われる. 1890 年代にアンリ・ポアンカレは 3 次元の双曲幾何がどのようなものになるかを説明する美しい公式を書き下した. すぐに，3 次元双曲幾何の対称性を備えた抽象的な結晶構造が見つかった. その後 60 年もの間，3 次元双曲幾何の構造はたったひとつしかない珍しいものであると考えられてきた. そして 1970 年代になって，ビル・サーストンはこの幾何構造が実は特殊なものではないという主張をするようになった. この幾何構造は **3 次元多様体**のすべてのタイプを理解するためのカギとなるというのである.

3 次元多様体とは，複雑な穴やトンネルが開けられた金属製のブロックのような 3 次元の剛体と思ってよい. サーストンは，曲面と同じように，3 次元多様体にも自然に幾何学が備わっており，そしてその多くの場合が双曲幾何となることを発見した. このことから**サーストンの幾何化予想**と呼ばれる，3 次元多様体のすべてを分類する方法が導かれた. サーストンのこの発見によって，新しい数学の研究テーマが誕生し，数学者はおおいに楽しむことになった. たとえば，3 次元球面から，結び目のある閉じたループを削りだすと，残った 3 次元多様体は必ず双曲的になる. このことから，双曲幾何と結び目との間には密接な関係があることが示される.

多様体を理解するひとつの方法は，多様体がどんな閉じたループを含むかを調べることである. 2002 年にグレゴリー・ペレリマンが解決したことで知られるポアンカレ予想の内容は，もし 3 次元多様体の中のあらゆるループが，それを多様体から持ち上げることなく一点に収縮することができるならば，その多様体は 3 次元球面であるというものである. ペレリマンの証明は 21 世紀初頭におけるきわめて偉大な数学的業績であり，サーストンの幾何化予想の証明にもつながるものである.

双曲幾何学はいまだに進化を続けている. 最近の研究の中でもたいへん魅力的なものに，才気あふれるロシアの数学者ミハイル・グロモフの成果がある. グロモフは双曲幾何学を巧妙なやり方で近似し，これがインターネットやフェイスブックのような巨大なネットワークをモデル化する良い方法になるかもしれないというのである．さしあたっておこなわれたのは，メッセージの送信経路の決定と伝送速度に関する計算であるが，このネットワークのモデルの方が従来の方法に比べて実際のデータにより適合することが示されている．広大なネットワークでより効率的に研究成果が得られるのであれば，データマイニングや脳の研究といった分野に対する影響も広範囲におよぶことになるだろう．ボヤイもきっと驚くにちがいない．

［***Milestones on a non-Euclidean journey*** by **Caroline Series**: University of Warwick 教授（数学）.］

50 Visions of Mathematics

14 数学, それは宇宙の言葉

マーカス・デュ・ソートイ

数学はしばしば不可解で, 深遠で, この世のものでない無関係なものと見られているようだ. このように役立たずの数学は, 世界各国の政府が検討している科学予算の厳しい削減の対象にやすやすとなってしまいかねない. しかしその大なたが振るわれる前に, 17 世紀の偉大な科学者であるガリレオ・ガリレイがかつて次のように宣言したことを思い出してみてもよいだろう.「宇宙は, その言葉を学び, そこに書かれている文字に慣れるまでは読み解くことができない. 宇宙は数学の言葉で書かれており, その文字は三角形や円などの幾何的な図形であり, それなくしてひとつの言葉も理解することは人間にはできないのである.」

CERN(セルン)の科学者たちはきっとガリレオに同意するだろう. 大型ハドロン衝突型加速器の内部で観察できると期待される粒子を予測することが可能となった理由はまったくもって数学のおかげである. 加速器内部での高エネルギー衝突で見られる多様で風変わりな粒子を操縦する助けになるのは, 三角形や円ではなく, 高次元空間の奇妙で対称的な対象, つまり数学者の心の目の中だけにある図形である. ひも状のたんぱく質の 3 次元形状を理解しようとしている生化学者たちもまたガリレオの気持ちに共鳴するだろう. たんぱく質は, 有機化合物がひも状につながっており, その化合物のひとつひとつが書物に書かれた文字のようなものである. しかし, この言葉を読んで, 1 次元のひもが 3 次元空間の中で折りたたまれて, どのような構造になるかを予測するためには, 数学という辞書が必要となる. ある種の神経変性疾患は, たんぱく質のひもの折りたたみにエラーが起きた結果であり, たんぱく質のひもの折りたたみの研究が, それを理解する鍵となる.

現代の天文学者が夜空を理解するために数学を使うのは, ちょうどガリレオが人間の目の届く範囲を超えるものを見るために望遠鏡を使った

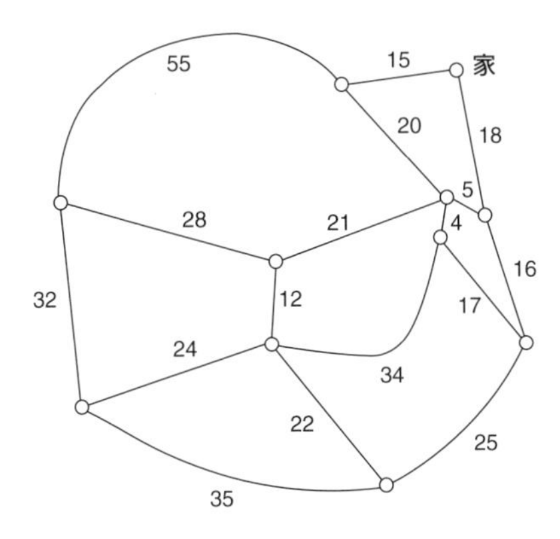

図1　巡回セールスマン問題.

のと同じである．無秩序に散らばったわずかな星からライオンや熊の形を描く代わりに，数学は星の光を数に変えてみせることによって，宇宙がどこから来たのか，そして究極的には宇宙の未来がどうなるのかを予測することができるようになるのである．

数学が科学のために，宇宙を探求する際の導きとなる素晴らしい案内役となったとはいえ，依然として多くのテーマが謎のままであるのは驚くべきことである．どれほど多くの数学物語が結末を見ないままであり，どれほど多くの数学の言葉がいまだ解読されていないのだろうか？

数学の原子というべき素数を取り上げてみよう．7 や 17 のようにこれ以上割り切れない数はすべての数の素材である．なぜなら，あらゆる数がこれら素数を掛け合わせて作られるからである．素数は数学世界における水素や酸素のようなものである．メンデレーエフは自分が発見した化学元素の中の数学的パターンを使って，化学において最も基本的な道具となった周期表を作った．このパターンはとても強力で，化学者が周期表の中にない新しい元素の存在を予測する助けになった．しかし，数学者はいまだにメンデレーエフと同様の発見の瞬間が訪れるのを待たなければならない．素数の位置を予測する助けになるかもしれない，素数の背後にあるパターンはまだ発見されていない．素数のリストをすべて読み上げることはヒエログリフを見つめ続けるようなものだ．われわれは進歩を遂げ，素数のロゼッタ・ストーンと言うべきものを発掘するところまでは来た．しかし，それの解読には至っていない．

数学者たちは 2000 年もの間素数の神秘と格闘してきた．しかし，ごく最近になって現れた数学の大問題もある．少し前に，P 対 NP 問題が解決されたようだということで，大きな興奮がまきおこったことがある．この問題は 1970 年代に初めて提起されたもので，複雑性に関する問題である．問題の述べ方はいろいろあるが，古典的には**巡回セールスマン問題**という形で述べられる．

たとえば次のような難題が持ち上がったとしよう．あなたはセールスマンであり，それぞれ別の町に住む 11 人の顧客を訪問しなければならなくなった．町は図 1 の地図で示されるような道路でつながっているが，あなたの車には 238 マイルの走行ができるだけのガソリンしか残っていないとする．

図中の数字は，町と町とを結ぶ道路の長さを示している．11 人の顧客すべてを訪問し，ガソリン切れを起こさずに家に戻る経路を見つけることができるだろうか？ 答えは最後に示そう．数学的に重要な問題は，どんな地図に対しても最短経路を作り出す一般的なアルゴリズムやコンピュータ・プログラムを見つけ，しかもそれがすべての経路を探索して距離を計算する方法よりもはるかに速く答えを出せるかどうかということである（このパズルのもうひとつのバージョンでは，どの道も 1 回は通り，しかも 1 回しか通ってはいけないというもっと厳しい条件がつく．第 5 章参照）．都市の数を増やせば可能な経路の数は指数関数的に増大するので，経路すべてを探索することは実際上すぐに不可能になる．数学者の間の一般的な感覚では，この種の問題には複雑性が内在して，解答を見つけるうまい方法がなさそうに見える．しかし，何かが存在しないということを証明するのはいつもとても難しい．この問題が解かれたという当時の興奮はその後は泡となって消えてしまい，この問題は依然として数学だけでなく，書物に書かれたあらゆる謎の中で最も難しいままだ．

しかし，数学という書物に現れるこの上なく魅力的な難問であったポアンカレ予想が最近になって解決されたことで，解決の目途が立たない問題であっても乗り越えることができるという希望が湧いてくる．ポアンカレ予想は空間図形の性質の根源に関わる問題である．3 次元空間を包み込むことができる図形をすべて示せというもので，数学者を悩ませ続けてきた難問だった．2003 年にロシアの数学者グリゴリー・ペレリマンが，図形の周期表というべきものを作り，その表から他のすべての図形を作り上げることができることを示すことによって解決したのである．

こうした数学の根源的な問題は，数学者にだけ関心のある単なる難解なパズルではない．われわれが 3 次元空間の世界に住んでいることを考えると，ポアンカレ予想は究極的には，われわれの宇宙がどんな形状であるかを説明するものである．生物学や化学の多くの問題は，多くの可能性すべてから最も効率的な解を見つけるという巡回セールスマン問題を変形したものに帰着することができる．したがって，P 対 NP 問題が解決できれば，現実世界に重大な影響をおよぼすだろう．

現代のインターネットの暗号は素数の性質に依存している．だから，素数に関する研究が大きく進展したと発表されれば，純粋数学者だけでなく IT 関連企業や政府の安全保障の担当者の関心をひきつけることになる．商業的利益を生むかどうかも，実用性があるかどうかもわからない研究が十把一からげにコスト削減の脅威にさらされるような時代にあっては，ガリレオが数学の言葉に関して「それなくてはわれわれはみな暗い迷宮の中をさまようばかりである」と締めくくっていることを忘れないでほしいものである．

巡回セールスマン問題の解

$$15 + 55 + 28 + 12 + 24 + 35 + 25 + 17 + 4 + 5 + 18 = 238.$$

［***Mathematics: The language of the universe*** by **Marcus du Sautoy**: University of Oxford シモニー教授（サイエンスコミュニケーション）．**初出** *The New Statesman*, 2010 年 10 月 14 日.］

50 Visions of Mathematics

15

弦は世界を統一するか？

デイヴィッド・バーマン

統一する力

弦理論のアイデアと目的を理解するには，ニュートンの時代から今日まで物理学がどのように発展してきたかを振り返ることが役に立つ．ニュートンの時代以来，物理学を中心的に牽引してきたのは**統一理論**をめざすという思想であった．つまり，見た目には異なる現象を，1 つの包括的な概念によって説明しようという試みである．おそらくその最初の例というのはニュートン自身であって，1687 年の著書『プリンキピア・マテマティカ』において，太陽系における惑星の運動，地球のまわりの月の運動，われわれを地球に拘束する力がすべて同じ 1 つのもの，つまり重力によるものであると説明した．今ではこの説明を当たり前に思っているが，ニュートンより前は，落下するリンゴと月の軌道との間に関係があるのが明らかであるとは言い難く，きわめて驚くべきことであった．

次の鍵となる統一に関する発見は，ニュートンから 180 年ほど後，ジェイムズ・クラーク・マクスウェルによってなされた．マクスウェルは，一見，似ているようには思えない静電気と磁気が，電磁気と呼ばれるあるひとつのものの異なる様相にすぎないことを示した．その過程で，マクスウェルは電磁波を発見し，実は光もまた電磁波の一種であることを示した．電気と磁気を統一することで，もうひとつの見た目には異なる現象の説明までしてしまったのである．

さらに 120 年ほど経った 1984 年に，アブドゥス・サラムとスティーヴン・ワインバーグは，電磁力と，放射性崩壊を引き起こす弱い核力とが，ともに電弱力と呼ばれるひとつの力の異なる様相にすぎないことを示した．

これで自然界に存在する基本的な力は，重力と電弱力と，陽子を結びつける強い核力の 3 つになった.

物質を統一する

ここまでは力の話だったが，物質の方はどうなのだろうか？ 物質がこれ以上分割できない有限個の要素からできているというのは，ギリシャ人から始まった古くからある考え方である. これが原子のアイデアで，それは現代物理学によって確認されている. ジュネーヴのCERN（セルン）でおこなわれた実験で，物質を構成する基本的な要素がちょうど 12 であることが示された. これらは**素粒子**として知られているものである. ここであれ，遠い宇宙であれ，どんな実験においても見つかるあらゆるものがこの 12 の素粒子だけから作られているのである.

全宇宙の物質とその運動が，たった 3 つの力と 12 の基本的な要素によって説明されるというのはとても印象的なことである. だが，もっとうまくできないだろうか. できれば，さらに統一的な説明を考えたい. これが弦理論の第一歩である. しかし，それを理解するには，もうひとつの話をしなければならない.

量子重力

20 世紀物理学には大きなブレイクスルーが 2 回起こった. おそらくアインシュタインの一般相対性理論の方がよく知られているだろうが，量子力学も同じくらい素晴らしい理論である.

一般相対性理論，それ自身も統一理論である. アインシュタインは空間と時間が，彼が**時空**と呼んだある 1 つのものの異なる様相にすぎないことを見抜いた. 惑星のような大きな質量の物体によって時空はゆがみ，引力として説明されている重力は実はこのゆがみの結果，生じるのである. トランポリンの上にビリヤードの玉を置くと，くぼみができ，周りにあるビー玉がそこに転がり込むのと同じように，惑星のような大きな物体は空間をゆがめ，近くのものをそこに引きつけるのである．

一般相対性理論によってなされる予言はみごとに正確である．実は，ほとんどの人は知らないうちに，一般相対性理論を実証する実験に参加しているのだ．つまり，もし一般相対性理論が間違っていれば，GPS（global positioning systems，全地球測位システム）による位置の測定は1日に50メートルほどもずれてしまうことになる．GPSの精度が10年で5メートル以内の誤差であるという事実は一般相対性理論の精確さを示している．

20世紀のもうひとつの大きなブレイクスルーは量子力学だった．この理論の鍵になるアイデアは，世界を見るスケールが小さくなればなるほど，ものごとがランダムになるということである．このことの最も有名な例がハイゼンベルクの不確定性原理である．不確定性原理の意味するところは，原子核の周りをまわる電子のように，動いている粒子を考えるとき，その位置と運動量をともに精確に測ることは決してできないということである．微小なスケールで空間を見るなら非常に精確に位置を測定することはできるのだが，そのとき運動量については正確さが損なわれてしまう．これは測定器の不完全さが原因であるわけではない．運動量には「真の」値が存在しないからなのである．運動量の取り得る値は範囲でしかわからず，そして，その範囲にある確率がわかるだけなのである．これがランダムだということの意味である．十分小さいスケールで粒子を見るときにはこのランダム性が現れる．細かく見れば見るほど，ものごとはランダムになる！

ランダム性が自然の構造そのものの一部であるという考え方は革命的だった．それ以前は，物理法則がものの大きさに関係しないということが当然とされてきたのだ．しかし量子力学では，ものの大きさが関係するのである．自然を見るスケールが小さくなればなるほど日常的な世界の見方とは異なっていき，小さいスケールの世界は，ランダム性が支配するのである．

この量子力学の理論もまた実験で非常にうまく確かめられている．量子力学から生まれた技術にはレーザーや，あらゆるコンピュータや携帯電話に搭載されているマイクロチップが含まれている．

しかし，量子力学と相対性理論を結びつけると何が起こるのだろうか？相対性理論によれば，時空は引き伸ばしたり曲げたりできるものである．量子力学によれば，小さいスケールではものごとはランダムになる．このふたつのアイデアを一緒にすると，非常に小さいスケールでは時空はそれ自身ランダムになってしまい，伸びたり引っ張られたりして，しまいには分解してしまうことになる．

時空がここに存在するのは確かなことで，分解など起こっていないのだから，相対性理論と量子力学をこのように結びつけることには何か間違いがあるはずである．しかし，何がおかしかったのだろうか？ この理論はふたつとも**きわめて厳密に**テストされていて，正しいと信じられている．もしかしたら，何か，誤った仮定が隠れているのだろうか？

実際，そのとおりであったのだ．その仮定とは，時空自身がバラバラになる点までいくらでも小さくできるとしたことである．われわれの心の奥には，これ以上分割できない基本的な構成要素というものが点のようなものであるイメージを持っているが，これが必ずしも真実ではないかもしれないのである．

弦が救いのアイデア

この状況を救うべく，弦理論が登場する．弦理論が提唱するのは，世界を見るときには最小のスケールがあるということであり，その小ささまでは到達できるがそれより小さくはならないということである．弦理論の主張によれば，自然の基本的な構成要素は点のようなものではなく，弦のようなものであるということである．弦とは伸びた紐のようなもので，言い換えれば，長さがある．そしてその長さが，世界を見ることができる最小のスケールを決定するということである．

弦理論にはどんな有利な点があるのだろうか？弦は振動することができるというのが，その答えである．実際，弦の振動には無限のバリエーションがある．これは音楽では自然な考え方である．ひとつひとつの音がそれぞれ異なる楽器によって奏でられているとは考えない．豊かで変化に富む音を含む曲が，たったひとつのヴァイオリンによって演奏できることをだれもが知っている．弦理論は同じアイデアに基づいている．さまざまな粒子と力は，基本的な弦によるさまざまな振動の結果にすぎないというのである．

弦理論の根底にある数学は長大で複雑だが，詳細に解明されている．しかし，そのような弦を見た人がいるのだろうか？ 正直に答えるならば「ノー」である．現在，このような弦の大きさはおよそ 10^{-34} メートルと推定されていて，CERN（セルン）においてさえ，観測できる長さよりはるかに小さい．それでも弦理論は今のところ，重力と量子力学を結びつける方法としては唯一の理論であり，その理論が数学的にエレガントであることは，多くの科学者にとって研究に値すると考えるべき十分な理由となっている．

理論の予言

弦理論がほんとうに時空の精確なモデルであるならば，ほかにどんなことが示されるのだろうか？

その最も驚くべきで，かつ重要な予言のひとつは時空が 4 次元ではなくて 10 次元だということである．弦理論がうまく成り立つのは 10 次元の時空においてだけである．ならば，残りの 6 次元はどこにあるのだろうか？ 実は，隠れた次元のアイデアは，弦理論が現れる何年も前に，ドイツの数学者テオドール・カルツァとスウェーデンの物理学者オスカル・クラインによってすでに提唱されていたのである．

アインシュタインが一般相対性理論で曲がった空間について述べたすぐ後に，カルツァとクラインはもし空間のある次元が丸まり自分自身とくっついて円周になったら，何が起こるだろうかと考えた．円の大きさが非常に小さければ，もしかすると見えないくらい小さくなることも可能かもしれない．すると，そういう次元は見えないように隠れているかもしれない．カルツァとクラインは，そのようなことが起こっても，隠れた次元がわれわれの知覚できる世界に影響をおよぼすことが可能であることを示した．電磁気力は隠れた円周の結果であり，隠れた次元での運動が電荷となるというのである．隠れた次元はありうるし，われわれに見える次元における力を生み出すことができる．

弦理論はカルツァとクラインのアイデアを取り入れたもので，現在，隠れた次元を観測するために，さまざまな実験が考案されている．有望なアイデアとして，余分な次元はビッグバンの名残の輻射である宇宙マイクロ波背景輻射に痕跡を残しているという可能性が考えられており，この輻射の詳細な研究によって明らかにすることができるかもしれない．もっと直接的な実験も考えられている．重力は次元の値に必ず依存するので，短い距離に働く重力を調べることによってニュートンの法則からのずれを検知し，余分の次元の存在を発見できるという期待もある．

数学と物理学はいつも互いに影響をおよぼしあってきた．自然を記述するために新しい数学が発明され，古い数学は新しく発見された物理現象を完璧に記述するために使われる．弦理論もそれと異なるところはなく，多くの数学者がそれに触発されたアイデアに取り組んでいる．中には，隠れた次元のある空間で可能な幾何学，最小距離がある場合の幾何の基本的アイデア，弦の結合や分割，現実世界での粒子との関係づけ，といった問題がある．

弦理論の提示した自然の姿は，丸まって隠れた次元のある空間において非常に小さい弦が振動するというもので，研究者にとって実に刺激的である．このアイデアから何が導かれるかということは，まだすべてが解明されているわけではない．弦理論は活発な研究テーマであり，理論をうまく組み合わせてわれわれのまわりの世界の姿を提示しようと，多くの人々が研究に従事している．これからの 50 年でどのように発展していくかを考えると，まことに胸を躍らせるような思いがしてくる！

[***Can strings tie things together?*** by **David Berman**: Queen Mary, University of London 准教授(理論物理). **初出** *Plus Magazine*, 2007 年 12 月 1 日.]

50 Visions of Mathematics

16 ディドー女王が解いた数学の問題

グレッグ・ベイスン

紀元前 814 年，フェニキアの王女であったディドーは地中海をわたって逃亡中であった．兄がディドーの夫を殺し，テュロスの王座をディドーとわかち合うことを拒んだのだ*1．ディドーが北アフリカの海岸に着いたとき，その地の王がディドーに一頭の雄牛の皮で囲まれた土地を分与してくれることになった．賢い王女はその皮を細長く切り裂き，それを結び合わせて円を作るように命じた．というのは，円形が最大の面積の土地を与えることを彼女は知っていたからである．この小さい居留地は年々大きくなって，カルタゴという大商業都市となった．

伝説はこうなっている．しかし，ほとんどの建国神話と同じく，事実だったという証拠は何もない．それでも，この物語は**最大化**問題(図 1 参照)を記した最古の記録だ．今日では**ディドー女王の問題**と呼ばれているこの問題は，別の解釈をすることもできる．「与えられた面積 A を囲む曲線をすべて考え，周長を最小にするものを選べ.」この解もまた円周になるのだが，今度は**最小化**問題になる．ある量を最大化もしくは最小化するという数学者が興味を抱くこの問題を**極値問題**という．

ディドーの問題の解は直観的には円周である．しかしながら，解が円周であることを**証明する**ための正しい手段を数学者が開発するまでには，カルタゴの建国から非常に長い時が過ぎたのである．

この発展を理解するためには，17 世紀のヨーロッパにまで，2500 年の時を進める必要がある．ピエール・ド・フェルマーは，昼はフランスの法律家であり，夜は輝きを放つ数学者であった．今では，フェルマーのことは整数論の父と考えられることが多く，358 年ものあいだ未解決だったフェルマーの**最終定理**が有名である．この極値問題でフェルマーが重要であるのは，彼が曲線上の極大値と極小値の位置(図 2 の左図参照)を特定する方法を発見したことによる．フェルマーの方法は導関数とい

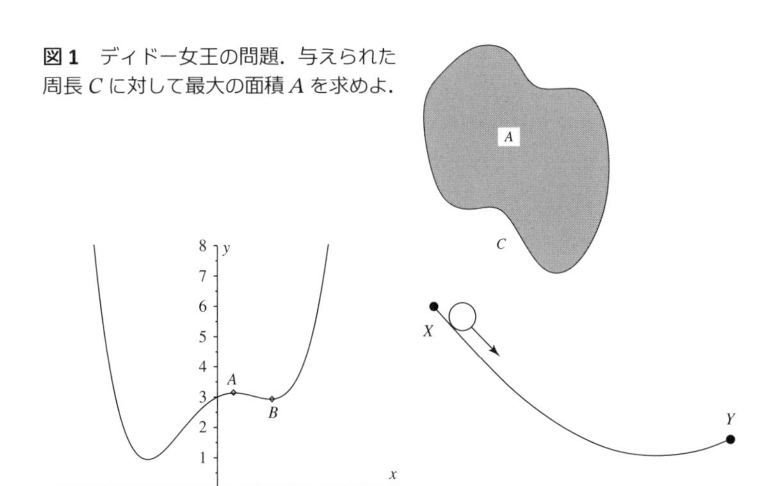

図 1　ディドー女王の問題．与えられた周長 C に対して最大の面積 A を求めよ．

図 2　(左図)曲線 $y = x^4 - 2x^2 + x + 3$ は A で極大値，B で極小値をとる．(右図)最速降下線問題：X と Y を結ぶ曲線の中で，それに沿って粒子が落下する時間が最小になるものを求めよ．

う考え方に**ほぼ近い**ものだったので，フェルマーは**微積分法**の初期の発展に貢献した数学者としても記憶されている．微積分法は後にアイザック・ニュートンとゴットフリート・ライプニッツによって定式化された(微積分法の発展におけるもうひとりの忘れられた英雄については第 25 章を参照のこと)．実際，ニュートンの有名な言葉に「わたしに遠くが見えたというのなら，それは巨人たちの肩に乗っているからである」というものがあるが，確かにニュートンは微積分法を展開するときフェルマーのアイデアを使っていたのである．

図 2 の左図をもう一度見てほしい．曲線の勾配は点の位置によって変わっていく．たとえば，点 A の近くで勾配は 0 に近いが，曲線の右の方に行けば勾配はずっと大きくなる．極大値と極小値は勾配が 0 になる点で起こる．そうなる点を突き止めるためにはあらゆる点 x における勾配を正確に計算する方法を知らなければならない．古い時代ではそのよ

うな極値問題を解くために主として**幾何的な**手法が使われていた．しかしながら，微積分法の発明により，それに代わるきわめて強力な**代数的な**アプローチが可能になった．代数方程式を作って解くということは今では世界中の大学生が学んでおり，これ以上の説明はしないでおく．それでも先に進む前に，この方法の力を軽視すべきでないことを注意しておこう．つまり，勾配のことを，1 つの量の変化に応じてもう 1 つの量がどのように変化するかを示す量であるとみなすことにより，微積分法のおかげで，変化するどんな現象もモデル化できるようになるのである．

ディドー女王の問題の解が確かに円周であることを最終的に示すためには，数学者はこの微積分法をさらに一般化する必要があった．注意しなくてはならないのは，ディドーの問題が単に曲線の極大値や極小値を求めるよりも難しく，ただ 1 つの数 x を変化させて調べるだけでなく，ある領域を囲む曲線という無限の可能性に対して，その最大面積を求めなくてはならないということである(図 1 参照)．これは，**変分法**として知られている分野の例になっている．

この分野のもうひとつの有名な問題は**最速降下線**である．鉛直方向に延びる平面に曲線を描き，高いところにある点 X から低いところにある点 Y を結ぶ曲線に沿って，ビーズが摩擦なく滑り落ちるとする(図 2 右図参照)．最速降下線問題とは，ビーズが滑り落ちる時間を最短にする曲線を見つけるというものである．

最速降下線を表す英語のbrachistochrone(ブラキストクローネ)という言葉は，ギリシャ語の「最短」を意味するbrachistos(ブラキストス)と，「時間」を意味するchronos(クロノス)からきている．またしても，この問題を解くには，1 つの変数ではなく，X と Y を結ぶ曲線全体の集合を考えねばならない．最速降下線問題は，1696 年にヨハン・ベルヌーイにより，数学コミュニティに難問として出されたものであるが，確執のあった兄である数学者ヤーコプに対抗する手段としたものだろう．最速降下曲線は直線でもなければ円弧でもなく，読者をさらなる探求へと誘うものとなる．

最速降下線問題はベルヌーイと同時代の何人かによって解かれたが，残念ながら，彼らの方法は他の問題に一般化することが容易にはできないものだった．しかし，1744 年に大きな進展があった．科学者として最も多くの論文を出版したスイスの天才レオンハルト・オイラーが変分法問題を解くための体系的なアプローチを作り出したのである．オイラーのアイデアのいくつかは偉大なジョセフ＝ルイ・ラグランジュによって定式化され，変分法の鍵となる方程式は，二人に敬意を表して，**オイラー–ラグランジュ方程式**という名で呼ばれている．

最速降下線問題では降下時間を最短にする関数が必要であり，ディドー女王の問題では面積を最大化する関数が必要となる．こうして，数学者はその両方を見つける方法を手に入れたのである．

カルタゴの建国からほぼ 3000 年の時を経て，数学者はディドーの問題を解く方法を発展させ，ある数学的な定式化をしたのち，カール・ワイエルシュトラスが 1880 年頃ついに最初の完全な証明を与えた．しかし，数学者はある 1 つの問題を解いただけではない．さまざまな複雑な問題を解決するために現在ではひろく使われている非常に強力な技術を開発したのだった．変分法を使っているのは，たとえば，天気予報や気候変動による影響の予測をおこなう気象学者，建築物の設計をする工学者，素粒子の相互作用を考える物理学者，癌の増殖の研究をする医学者，投資のリターンや市場の安定性をモデル化する経済学者などである．

［***Queen Dido and the mathematics of the extreme*** by **Greg Bason**: Abingdon and Witney College 講師（数学）．**初出** *Mathematics Today* 共同コンテスト優秀作．］

参考文献

［1］ Paul Nahin (2007). *When least is best: How mathematicians discovered many clever ways to make things as small (or as large) as possible*. Princeton University Press. 邦訳：ポール・J・ナーイン著，細川尋史訳『最大値と最小値の数学』（丸善出版）．

［2］ Phil Wilson (2007). Frugal nature: Euler and the calculus of variations. *Plus Magazine*, ⟨http://plus.maths.org/content/frugal-nature-euler-and-calculus-variations⟩.

［3］ Jason Bardi (2007). *The calculus wars: Newton, Leibniz, and the greatest mathematical clash of all time*. Avalon.

訳　註

*1 テュロスは現在のレバノン南西部にあった都市国家で，紀元前 1000 年ころから海洋民族フェニキア人全体の首都となっていた．

50 Visions of Mathematics

17 2次方程式は何の役に立つ？

クリス・バッド，クリス・サングィン

2003年に，イギリスの全国教員組合の大会で2次方程式は，疑うことを知らないかわいそうな生徒に対して数学者が課す残酷な拷問の例としてやり玉に挙げられた．これはイギリス国内で議会を巻き込むほどの議論を呼び起こし，2次方程式，さらには数学が役に立たないと決めつける主張まで現れた．誰も数学の勉強をしたがらないし，何のために苦しまなければならないのかというのである．それでは，2次方程式は本当に死んだも同然なのだろうか？ そうかもしれない．だが，それは2次方程式に責任があるわけではない．実際，2次方程式は人類の文明を通じて重要な役割を果たしたし，人間の命を救ってきたのである．

始まりは紀元前3000年頃のバビロニア人だった．バビロニア人の数多い発明の中に（忌まわしき）徴税人というものがあって，彼らこそが2次方程式を解く必要性を与えたのだった．バビロニアの農夫が正方形の農地を持っていたと考えよう（与えられた周長に対して面積が最大となる図形は正方形ではない．第16章参照）．そこでどれくらいの作物が育つだろうか？ 農地の1辺を2倍にすると，**4倍**の作物が育つことになる．この理由は作物の育つ量は農地の**面積**に比例するからであり，したがって1辺の長さの**2乗**に比例することになる．数式で表すと，農地の1辺の長さをx，1辺が単位の長さの正方形の農地で育つ作物の量をa，この農地で育つ作物の量をcとすると，

$$c = ax^2$$

となる．徴税人がやってきて，農夫ににこやかに「あなたの農地の税としてcだけの作物を渡してください」と言ったとしよう．今度は農夫の問題である．その量の作物を育てるのにどれくらいの広さの農地が必要だろうか？ この問題には簡単に答えることができる．実際，

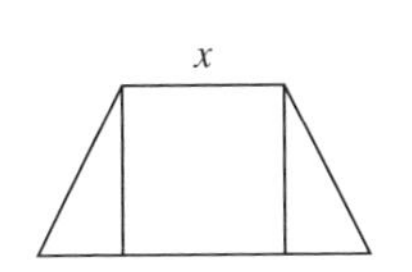

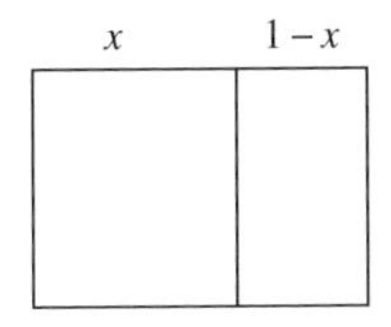

図 1　(左図)バビロニアの長方形でない広場，(右図)辺の比が黄金比の長方形.

$$x = \sqrt{\frac{c}{a}}$$

となる.

さて，すべての農地の形が正方形であるわけではない．農夫が持っている農地がもっと変な形で，2 つの三角形の区画がついているとしよう(図 1 の左図参照)．a と b の値を適切に定めてやれば，農夫が収穫できる作物の量は

$$c = ax^2 + bx$$

で与えられる．これはずっと一般的な 2 次方程式らしくなり，徴税人の目にも，ずっと難しく見えるだろう．それでもまた，バビロニア人たちは答えにたどり着いた．まず両辺を a で割って，$b^2/4a^2$ を足すと，

$$\left(x + \frac{b}{2a}\right)^2 = \frac{c}{a} + \frac{b^2}{4a^2}$$

となる．この方程式は平方根をとれば解くことができ，その結果は有名な「2 次方程式の解の公式」

$$x = -\frac{b}{2a} \pm \sqrt{\frac{c}{a} + \frac{b^2}{4a^2}} \quad \text{または} \quad x = \frac{-b \pm \sqrt{b^2 + 4ac}}{2a}$$

となる．平方根をとるとき正の量をとるか負の量をとるかで，2 次方程式には解が **2** つあるという注目すべき結果がもたらされる.

さて，ふつう学校では 2 次方程式をここまでしか教えない．つまり，**公式**まで到達するのが目標で，数学者にインタヴューするジャーナリストも公式を教えてもらえば満足というものである．a, b, c の値を変えた無数の問題に対して，(2 つの)答えを求めることができるようになった．し

かしこれが数学の目的であるなどというものではないのである．公式を見つけることはそれはとてもすばらしいことだが，大切なことは，公式が何を**意味する**かを考えることなのである．公式があるということは本当に重要なことなのだろうか？

一気に，古代ギリシャ人まで1000年，時間を進めてみよう．彼らは優れた数学者であり，発見したものの多くは今日でも使われている．ギリシャ人が解こうとした方程式の1つは（単純な）2次方程式 $x^2 = 2$ であった．彼らはこの方程式に解があることを知っていた．実際，それは，直角二等辺三角形の，短い辺の長さを1としたときの斜辺の長さである．

それでは，この x とは何なのだろうか？ つまり，ギリシャ人が疑問に思ったのは，それはどんな**種類**の数なのだろうか，ということである．なぜこれが重要な問題だったのかという理由は，ギリシャ人の**調和**[*1]の感覚にある．ギリシャ人はすべての数が互いに調和している，つまり，すべての数は2つの整数の比として書くことができると信じていた．それゆえ，$\sqrt{2}$ にそのような比があるべきだというのは，けだし当然のことであった．しかしながら，そうはなっていない．実際，

$$\sqrt{2} = 1.4142135623730950488\ldots$$

であり，$\sqrt{2}$ を小数点以下，どこまで求めていっても，決まったパターンはまったく見つからない．$\sqrt{2}$ は最初に見つかった**無理数**（整数の比として書くことが不可能な数）である．ほかの例に $\sqrt{3}$, π, e などがあり，さらに「ほとんどの」数が無理数なのである．無理数の発見は，発見者が自殺してしまう[*2]までもの，大きな騒ぎと衝撃を引き起こした（数学に熱中することへの厳しい警告！）．こうしてギリシャ人は代数を諦め，幾何に向かったのである．

実際は，われわれは $\sqrt{2}$ には日常的に出合っているのである．ヨーロッパでは紙の大きさはAサイズで測られる．最大はA0紙で，面積がちょうど $1\ \mathrm{m}^2$ である．A紙どうしには特別な関係がある．1枚のA0紙を，（長い方の辺で）半分に折ると，A1紙が得られる．これをもう一度半分に折ると，A2紙が得られる，などとなっている．その上，Aの紙はすべて

縦と横の辺の長さが同じ比率になるようにデザインされている．つまり，どの紙も同じ形をしているのである．

これはどんな比率なのだろうか？紙の辺の長さを x と y とし，長い方を x としよう．これを半分にして得られる紙の辺の長さは y と $x/2$ で．今度は y の方が長い．もとの紙の辺の比率は x/y であり，追って得られた紙では $y/(x/2)$，つまり $2y/x$ である．この 2 つの比率が等しくなるので，

$$\frac{x}{y} = \frac{2y}{x} \quad \text{つまり} \quad \left(\frac{x}{y}\right)^2 = 2$$

となる．また，2 次方程式である！幸いなことに，これは始めに登場した方程式と同じ形をしている．解けば

$$\frac{x}{y} = \sqrt{2}$$

となる．この結果は容易に確かめられる．A4 紙を 1 枚とって辺を測ればよい．各サイズの A 紙について辺の長さを求めることもできる．A0 紙の**面積** A は

$$A = xy = x\left(\frac{x}{\sqrt{2}}\right) = \frac{x^2}{\sqrt{2}}$$

で与えられる．しかし，先に述べたように $A = 1\ \mathrm{m}^2$ なので，A0 紙の長い方の辺の長さ x に対する 2 次方程式が得られて

$$x^2 = \sqrt{2}\ \mathrm{m}^2 \quad \text{つまり} \quad x = \sqrt{\sqrt{2}}\ \mathrm{m} = 1.189207115\ldots\ \mathrm{m}$$

となる．これから，A2 紙の長い辺は $x/2 = 59.46$ cm となり，A4 紙の長い辺は $x/4 = 29.7$ cm となる．お手元に紙があれば，確かめてみてほしい．

アメリカ合衆国で使われている用紙はこれと異なり，8.5 インチと 13.5 インチという比率で，**フールスキャップ・フォリオ**と呼ばれている[*3]．このようにさまざまな規格がある理由を知るために，ギリシャ人の話に戻ろう．あの災いの後，2 次方程式は理想的な比率を探索するために再び登場した．理想的な比率は今日でも映画のスクリーンの形をより良くするために探し求め続けられている．

長方形から始めよう．そこから，長方形の短い方の辺と同じ長さの辺を持つ正方形を取り除く(図1の右図参照)．長辺の長さを1，短辺の長さを x とすると，正方形の辺の長さは x である．それを取り去ると，長辺が x で短辺が $1-x$ の小さい長方形が得られる．ここまでは抽象的な話である．しかし，ギリシャ人は，このように構成した大小の長方形が同じ比率になるのが最も美しい長方形であると信じていた．このことが成り立つためには

$$\frac{x}{1}=\frac{1-x}{x} \quad \text{つまり} \quad x^2+x=1$$

となっていなければならない．もうひとつの2次方程式が得られたわけである．その(正の)解は

$$x=\frac{\sqrt{5}-1}{2}=0.61803\ldots$$

である．この数 x は**黄金比**と呼ばれ．しばしばギリシャ文字 ϕ (「ファイ」と発音する)で表される．この ϕ が最も無理数的な数(分数で近似するのが非常に難しいという意味)であるというのは確かに正しく，大いに興味ぶかいことである．また，聞くところによると，ϕ は美というものを理解するのに重要であるということだが，それが本当かどうかは，たいていのものがそうであるように，結局は見る人によるのかもしれない．

悪名高い異端審問の対決にいたるまで，ガリレオ・ガリレイは人生の多くを運動の研究，特に力学を理解することに捧げた．これは，車を運転しているときにいつブレーキをかけるべきかを知るというような重要な日常的な行動に大きな関連がある．力学で中心となる概念は**加速度**の考え方で，それから直接に2次方程式が導かれる．

ある方向に運動している物体に作用する力がなければ，その物体は一定の速度でその方向に動き続ける．この速度を v としよう．物体が点 $x=0$ を出発して時刻 t まで動くならば，その位置は $x=vt$ で与えられる．しかし物体には通常，何かしらの力が働いている．たとえば，空中に発射された物体には重力が働き，車にブレーキをかけたときには摩擦力が働く．ニュートンの時代にわかったことを先どりすると，一定の力

は一定の加速度 a を生む効果をもたらす．もし出発時の速度が u であれば，時間 t の後の速度 v は $v = u + at$ によって与えられる．ガリレオは，この式から物体の位置を計算することができることに気づいた．具体的には，もし物体が位置 $x = 0$ から出発すれば，時刻 t における位置 s は

$$s = ut + \frac{1}{2}at^2$$

によって与えられる．これは位置と時間を結びつける 2 次方程式で，これから多くの重要なことがわかる．たとえば，ブレーキの力によって，車がどれくらい減速するかがわかる．この公式によって，ブレーキをかけてから時間 t でどれだけ進んでしまうか，または逆に，t を解いて，ある距離まで進むのにどれくらい時間がかかるかを計算することができる．また，この公式から，速度 u で進む車の**制動距離**が直ちに求められる．制動距離とは，ブレーキをかけてから，止まるまでに車がどれくらい進むかという距離のことである．一定の**減速度** $-a$ で，車は速度 u から 0 まで減速するので，$0 = u - at$ を t について解いて，その値を s に代入すれば，制動距離 $s = u^2/2a$ が得られる．

この結果の 2 次式から，スピードが 2 倍であれば制動距離は 4 倍になると予測できる．また，スピードを少し減らしただけで制動距離がずっと短くなることがわかり，これは都市部ではなぜスピードを遅くしなければならないかを示す紛れもない証拠になっている．2 次方程式を正しく解くことは，まったく文字どおり，あなたの，あるいはほかの誰かの命を救うことになるのである！

［***What's the use of a quadratic equation?*** by **Chris Budd**: University of Bath, Royal Institution of Great Britain 教授（数学）．**Chris Sangwin**: Loughborough University 数学教育センター上級講師．**初出** *Plus Magazine*，2004 年 3 月 1 日．］

訳　註

*1 この調和は比率と言い換えた方がわかりやすいが，ギリシャ人が世界の調和をそのように考えていたということをこの著者は問題にしているのである．

*2 秘密結社だったらしいピュタゴラス学派の内部の問題で，自殺以外のいろいろな噂や伝説が伝えられている．

*3 字義どおりには「道化師の帽子」という意味だが，この紙が使われはじめたころに，道化師帽子の透かし模様が漉き込まれていたことによるらしい．もちろんこの規格も，半分ずつに折っていったものも使われている．

50 Visions of Mathematics

18 ほんものの数学の醍醐味

デイヴィッド・アチェソン

どうして，数学にある種の問題を抱える人がこんなに多いのだろうか？

わたしが見る限りでは，本当のところはそういう人のほとんどが一度も数学に触れる機会に恵まれなかったからではないだろうか．多くの人が数学を無意味な計算だと考えていて，さまざまな発見や心躍る体験に満ちたものと想像もしていない．特に，絶品の数学に特有の驚きという醍醐味を体験したことがないのだ．けれど，わたしはほんの 10 歳のときに，大きな数学的な驚きを初めて味わっている．それは 1956 年のことだったが，当時のわたしは奇術に熱中していて，ある本の中で次のような読心術のトリックに出くわした(図 1 参照)．

3 桁の数を考える．1 の位の数字と 100 の位の数字の差が 2 以上であればどんな数でもよい．そこで，桁をひっくり返した 2 つの数のうち，大きい方から小さい方を引く．次に，この計算で得られた数と，その数の桁をひっくり返した数とを足す．すると最終的な答えは，始めの数が何であっても，いつでも 1089 になる！ これはあまり高級な数学とは言えないが，10 歳の子どものときに初めてこの 1089 のパズルを見たらきっとたまげるにちがいない(さらに巧みな数のパズルについては第 1 章を参照のこと)．

幾何から始めようか？

これまで何年もの間，学校の放課後によくおこなわれるいわゆる教養講座の中で，わたしが数学で味わってきた驚きの経験をわかち合いたいと努めてきた．参加者の年齢は実に幅広く，非常に幼い子どもたちからその祖父母の世代までいる．参加者の数学的素養といっても，計算が得意な人がせいぜいひとりくらいいるという程度である．

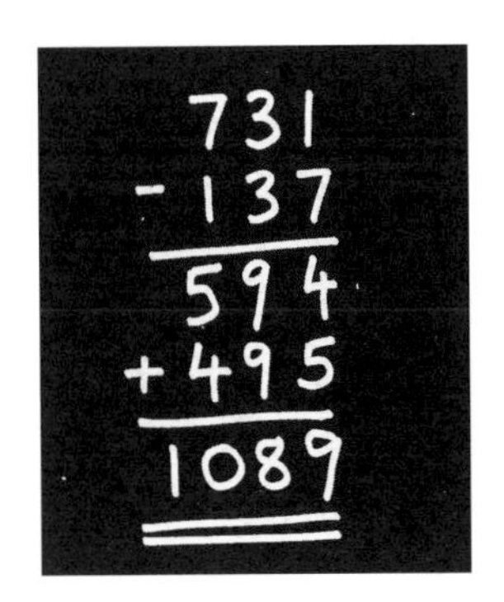

図 1　1089 のトリック.

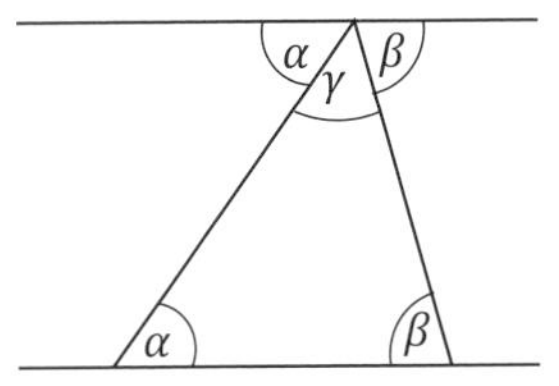

図 2　三角形の内角の和が 180° であることの幾何的な証明.

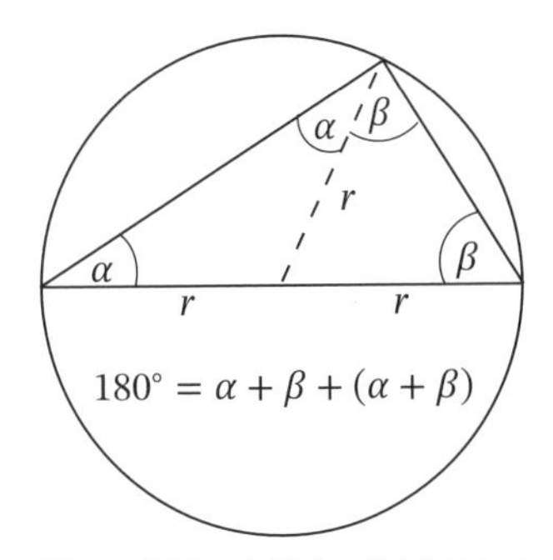

図 3　半円に内接する角が 90° であることの証明.

図 4　ピザによる証明.

数学の醍醐味を，特に非常に若い人に伝えるのにいちばん手っ取りばやいのは，幾何を教えることのようである．そしてたまたま，ハートフォードシャー州*1 のある小学校で，8 歳児の小人数のグループに対して，教師の助けを借りて，幾何を教える機会があった．平行線から始めて，それを使って三角形の内角の和が 180° であることを証明した．どうやったかは，図 2 をジッと見つめればわかるだろう．

次に，二等辺三角形の底角が等しいことを述べ，これはほぼ明らかであるということにした(時間に限りがあるので)．それから，みんなで実際に少し実験して，半円の円周角が常に 90° になるらしいことを見つけた．ちょっとした騒ぎになって，参加者のひとりは驚きの叫びをあげさえした．最後に，三角形についての先の 2 つの結果を使ってこのことを証明した．それは図 3 に再現したものである．

ほとんど何もないところから，幾何学で最初の大定理といってよいものまでたどり着いた飛び切りの旅は，確か，ちょうど 30 分くらいしかかからなかった．そして，難しいからと，誰も泣き出すことはなかった．

ピザによる証明

少し年上のグループに対して，

$$1/4 + 1/16 + 1/64 + \cdots = 1/3$$

のような無限級数のアイデアを話したとき，さまざまな可能性が見えてきた．多くの人々はこのような級数が有限の和になり得ることを知って，本当に驚く．そして，わたしの経験では，わたしが**ピザによる証明**と呼ぶ，風変わりなやり方でこの結果を導き出した証明の鮮やかさにさらなる驚きをおぼえるようだ．

正方形の形をしたピザを考えよう．1 辺は単位の長さ(たとえば 1 フィート*2)とする．すると面積は 1 である．それを 4 つの等しいピースに切り分けて，その 3 つを，図 4(a) のように縦に並べる．残った 1 ピースを 4 等分して，その 3 つを同じように，図 4(b) のように縦に並べる．そして，これを永遠に続ける．こうして(チーズのかけらが落ちるなんてことは気にしないなら)，3 つの同じ行(横の列)が得られる．各行は，面積で言えば，上の無限級数と同等である．面積全体は 1 なのだから，各級数の和は 1/3 になる．それからピザ (c) を食べ終われば，証明が完結する．

これは実際には証明と言えないが，異なるテーマの間に**予期せぬ関連**を見つけるという，数学の醍醐味を楽しむ小さな第一歩にはなることだ

$$\frac{\pi}{4} = 1 - \frac{1}{3} + \frac{1}{5} - \frac{1}{7} + \cdots$$

図 5　グレゴリー–ライプニッツ級数.

図 6　スティーヴ・ベルが描くオックスフォード大学のわたしの研究室の様子.

図 7　オイラーの公式.

ろう. この目的のためにうってつけなのは, 図 5 に示したグレゴリー–ライプニッツ級数(実際にはインドで最初に発見されたものだが)だろう. というのも, 誰もが奇数とは何かを知っているし, π が円と大きな関係のある数だと考えている. それなのに, このふたつのアイデアの間に関係があって, それがこんなにも単純で美しい関係であることが, どうやったら思いつけるのだろうか？

インドのロープ・マジックではあるまいし

数学の大きな役割だと確かに言えるのは，世界の仕組みを理解し，特に，物理的直観では理解できないことを解明することである．この数学の働きを実感した，忘れがたい経験をお話ししたいと思う．それは 1992 年 11 月のジメジメした風の強い日の午後のことであった．その前の数週間，多重振り子のコンピュータ・モデルを調べていて奇妙な現象が起こっていることに気がつき，一般的な定理を発見し証明しようとして，とうとうわたしは一枚の白紙を持って座り込んでしまった．

そしてちょうど 45 分後に導かれたものは，直観に逆らい，あらゆる既成概念を否定するものだった．N 個のつながった振り子の鎖を考える．その一番下の振り子の下端が，十分に高い振動数でほんの少し上下に振動すると，振り子の鎖全体は重力に逆らって**逆立ち**した状態で安定することが導かれたのだ．その様子は，インドのロープ・マジックに似ていた．図 6 の，ギターを弾いているペンギンの後ろの黒板に，振り子の絵が見えるだろう．このペンギンはどうもわたしということらしい．

そして，同僚のトム・マランがこの予想を実験的に確かめたとき起こったことといえば，世間の想像力を掻き立てて，ついには新聞記事になり，国営テレビで放映されることになった．さて，この定理は，世界の未来のために何かしら大きな意義を持つというにはあまりにも風変わりなものに思えるのだが，それでもわたしの数学生活の中で最もエキサイティングな 45 分であったし，若い人たちにこの午後のことを話すたびに，彼らを少しは励ますことになると思いたい．

実なのか虚なのか？

数年前のこと，一般向けの数学の本を執筆した．虚数について述べた最終章を図 7 に示した漫画で始めた．テレビ画面に表示されている等式はオイラーによるものだが，数学全分野の中でもこの上なく知られた式である．というのも，π と数 $e = 2.7182818\ldots$（自然対数の底）と，虚数全体の中で「最も簡単な」数である i, つまり, -1 の平方根との間にある実に不可思議な関連性を与えてくれるからである.

このようなテレビのシーンの漫画を掲載したのは, そういうシーンがいつの日か実現するかもしれないということを実際に考えているからである. 漫画の登場人物やテレビの画面がそのとおりに再現するということはないにしても, しかし….

これは希望的観測にすぎるという人もいるだろうし, オックスフォード大学の数学者エドワード・ティッチマーシュもそう言うだろう. なぜかと言えば, 彼は 1959 年の古典となった著書『一般向けの数学』の中で,「わたしは以前, マイナス 1 の平方根の存在を信じるなんてとんでもなく, マイナス 1 の存在すら信じてないんだという人に会ったことがある」と言っているからである.

しかしわたしは楽観主義者である. あるとき, 北ロンドンのわたしの教養講座の中で, ピザによる証明をしている最中に, 受講者の中に 10 歳くらいの男の子がいるのに気がついた. そして, 証明の結末を話したほんの一瞬の後, その子の頭に突然ヒラメキの「電灯」がついて, 深いアイデアをほぼ理解し, 興奮のあまり椅子からずり落ちたのをわたしは実際にこの目で見たのだ.

そして, 考えようによっては, その束の間の瞬間こそすべてを語っていると言えるだろう.

［***What's the problem with mathematics?*** by **David Acheson**: University of Oxford ジーザスカレッジ名誉フェロー.］

参考文献

［1］ David Acheson (2010). *1089 and all that: A journey into mathematics*. Oxford University Press (paperback edition). 邦訳： デイヴィッド・アチェソン著, 伊藤文英訳『数学はインドのロープ魔術を解く―楽しさ本位の数学世界ガイド』(早川書房).
［2］ David Acheson and Tom Mullin (1993). Upside-down pendulums. *Nature*, vol. 366, pp. 215–216.
［3］ Edward Titchmarsh (1981). *Mathematics for the general reader*. Dover Publications.

訳　註

*1 ロンドンの北隣にある東イングランドの地域.
*2 英語圏で使われる長さの単位で, 約 30.48 cm.

50 Visions of Mathematics

19 黒いカラスのパラドクス

デイヴィッド・ハンド

あなたは 100 万ポンドを獲得できるテレビのショー番組で最後まで勝ち残ったところだとしよう．モンティ・ホールという名の司会者が 3 つの閉じた扉を示している．その中の 1 つの後ろには人生を変えるほどの賞金がある．残りの 2 つのどちらを選んだとしても，何ももらえない．スタジオのライトの中で，あなたは額に汗が流れるのを感じている．あなたの心臓の音を掻き消すのはクライマックスまで高まったバックグラウンドで流れる音楽だけだ．しかしそのとき，音楽が止まった．モンティ・ホールはあなたに向き直り，扉を選ぶように促す．選んだ扉の番号を告げるしかないが，やっとのことで唇から 1 番の扉という言葉を絞り出した．モンティ・ホールは微笑む．これはテレビなので，彼はあなたを不幸から救いだすつもりはない．少なくともまだこのときは．

そのかわりに，3 つの扉それぞれの後ろに何があるかを知っているモンティは 2 番の扉を開くように言う．扉の後ろには何もなかった．100 万ポンドは最初から 1 番か 3 番の扉の後ろにあったわけだ．モンティはにこやかに，選択を変えないか，それとも変えて 3 番の扉にするかを尋ねた．選択肢は 2 つとなり，その中の 1 つの後ろには大金があって，自分でそれを選べるのだ．直観的には五分五分の選択である．決心を変えて間違っていたとしたら，見ている何百万もの人から愚か者と思われるだろうし，その上，どちらの扉の後ろに金が隠れているかの確率は同じなのなら，切り替えても何の得にもならない．あなたは自分の意見を守って，1 番の扉を最終の答えと確定することにした．モンティは微笑むけれど，今度は少し悲しそうだ．扉が開かれ，あなたは負けた．テレビ画面上では番組のクレジットが流れていく中，警備スタッフが 3 番の扉の後ろにあった 100 万ポンドを片づけるために登場する．あなたのものになったかもしれないのに．

表 1

年度	男性	全患者	男性の比率
1970	343	739	0.464
1975	238	515	0.462

表 2

年度	年齢層	男性	全患者	男性の比率
1970	65 歳未満	255	429	0.594
	65 歳以上	88	310	0.284
1975	65 歳未満	156	258	0.605
	65 歳以上	82	257	0.319

賞金が残りの 2 つの扉のどちらかに隠されている確率が五分五分だったというあなたの直観は正しくなかったのだ(信じられないのなら，シミュレーションをして確かめていただきたい)．確率を考える基本的なところで，あなたは間違った仮定に基づいていたのである．実際には，あなたが最初に正しい扉を選んでいた確率は 1/3 で，残りの 2 つの扉の後ろに金が隠されていた確率は 2/3 だった．司会者が 2 つのはずれの扉のうちの 1 つを消した後，選択する扉を変更したとしたら，あなたが賞金を得るのは最初の推測が間違っていた場合であり，その確率は 2/3 だったのである．最初の選択にこだわれば勝つ確率は 1/3 なのだから，選択を変えるべきだったのだ．

モンティ・ホール問題は多くの論争を巻き起こし，それについて一冊の本 [2] まで書かれた．偉大な数学者であるポール・エルデシュでさえ，初めてこの問題に出合ったときは答えを間違えてしまった．たとえば，司会者が 2 つの扉からランダムに 1 つを選んで，その扉を開けたら何もなかったという設定であるなら，答えはちがってくる．この場合，あなたの選んだ扉と開いていないもうひとつの扉の後ろに金が隠されている確率は同じである．問題の厳密な設定が何であるか，あいまいに理解しているのが混乱のもとだった．このあいまいさはまた数学の力の源でもある．

数学は，問題と議論の本質を明らかにして，あいまいさをはぎとるのである．

確率が直観に反することがあるというなら，統計はさらにこの直観との乖離に苦労するというのが一般的なイメージであるにちがいない．ディズレーリのよく知られた金言は実際には「嘘と大嘘」と，「統計」によって明らかにされる真実とを対比させているのだろうが，広く流布されている解釈はそれとは異なり，ほとんどの人は，ディズレーリが統計を第三の嘘，しかもとてつもない種類の嘘と分類したと考えているらしい*1．

直観に反する統計の考え方の一例に**シンプソンのパラドクス**として知られているものがある．この問題の一番単純なものは，2 つのグループそれぞれ内部での関係と，2 つのグループを組み合わせたときの関係とを比較することから生じる．たとえば，1977 年に精神科医のドナル・アーリーとマイケル・ニコラスは精神病院の患者数の変動を調査した（表 1）．

すると，男性患者の比率は，1970 年の 0.464 から 1975 年の 0.462 までごくわずかではあるが明らかに減っていることがわかった．このわずかの減少が主に，若年層の患者での比率の低下によるものか，高齢層の患者でのものによるのかを見るために，2 つのグループに分け，60 歳未満と 60 歳以上で男性の比率がどのように変わったかを調べることにした（表 2）．

奇妙なことに，若年層でも高齢層でも（65 歳未満は 0.594 から 0.605 に，65 歳以上は 0.284 から 0.319 に）**ともに**増えている．「減少に貢献したのは主に，若年層と高齢層のどちらの変化なのか？」という疑問に対する答えは「どちらでもない．両方とも増加に貢献している」となった．なぜこんなことが起こるのだろうか？

もう一度，注意ぶかく調べると何が問題なのかが明らかになる．謎が生じたのは，両方の年齢層を合わせて集計した場合の男性の比率が，2 つに分けた年齢層それぞれの男性の比率の平均になると直観的に予測したためである．しかしこれは真実の半分にすぎない．全体での男性の比率は確かに平均になるのだが，それは重みつきの平均であって，その重みとは 2 つの年齢層の人数の比のことなのである．そして，2 つの年齢層は

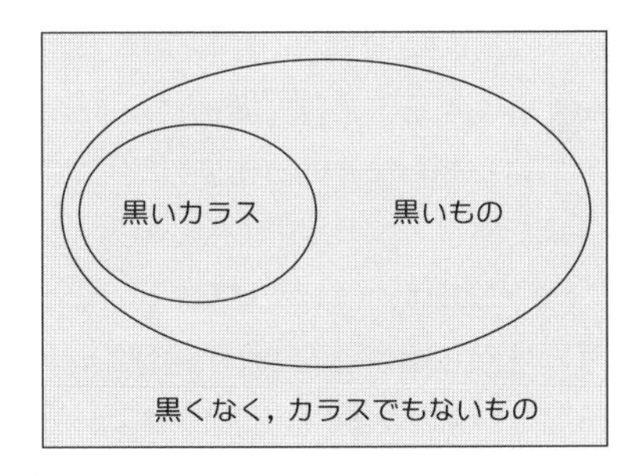

図 1　カラスのパラドクス．ベン図．

1970 年と 1975 年とでは重みが異なっている．

全体における男性の比率は

$$
\begin{aligned}
&(\text{若年層の人数の比率}) \times (\text{若年層の中の男性の比率}) \\
&+ (\text{高齢層の人数の比率}) \times (\text{高齢層の中の男性の比率})
\end{aligned}
$$

である．1970 年ではこれは

$$343/739 = (429/739) \times (255/429) + (310/739) \times (88/310)$$

となって，

$$0.464 = 0.581 \times 0.594 + 0.419 \times 0.284$$

となる．一方，1975 年では

$$238/515 = (258/515) \times (156/258) + (257/515) \times (82/257)$$

となって，

$$0.462 = 0.501 \times 0.605 + 0.499 \times 0.319$$

となる．どちらの年齢層も 1970 年より 1975 年の方が男性の比率が高いが，1975 年の全体での男性の比率を計算するときは，2 つの年齢層の人数は(重みが 0.501 と 0.499 で)バランスがとれている．一方，1970 年の計算では若年層には高齢層よりもずっと高い重み(0.581 と 0.419)がつく．したがって，1970 年の全体の男性の比率は 1975 年よりも大きくなる．ここでも，結論に達するのに関係した仮定と議論の各段階を注意ぶかく解明することで，直観に反するパラドクスが説明される．

最後に挙げる例は，あまり知られていないヘンペルの**カラスのパラドクス**である．これは，「すべてのカラスは黒い」という主張と「すべての黒くないものはカラスではない」という主張とが論理的に同値であるという真理から始まる．これが論理的に同値であることを確かめる必要があるなら，ベン図(図 1)を描けばよい．最初の主張は，カラスの集合が黒いものの集合の中に含まれるというように表される．

さて，黒いカラスを見つけたら「すべてのカラスは黒い」という主張を支持する証拠となる，ということは一般に受け入れられているだろう．そこでさらに確信を深めたいというなら，千羽，百万羽，十億羽と多くのカラスを観察して，すべてが黒いことを確認すればいいわけだ．確かに，観察数が積み重なっていけば，すべてのカラスは黒いという主張に対する信頼性は増していくことになる．このことは，新しく黒いカラスを観察するたびに支持する証拠が加わることを意味している．

まったく同じ形の議論によって，カラスでもなく，黒くもないものを観察すれば「すべての黒くないものはカラスでない」という主張が支持されることも示される．しかし，ふたつの主張は論理的に同値なので，この観察は「すべてのカラスは黒い」という主張を支持する証拠にもなっている．しかし，これは一見すると正しくはないようである．たとえば赤いボールや緑のペンを観察することが「すべてのカラスは黒い」という主張を支持する証拠になるというのだから．一般論として，ボールやペンを見ることによってカラスの性質を学ぶことができることになってしまう．

このパラドクスを解決するため，哲学の分野でも深く考察されるなど，多くの試みがなされてきた．しかし，ほんの少し統計を理解していれば，特に標本理論に基づいて非常に簡単に解決することができる．カラスでなく黒くもないものを観察するふたつのやり方を考える．最初のやり方は，カラスでない集合から標本を採り，それが黒くないことを観察するというものである．これからはカラスの母集団についての情報は得られない．得られる情報はカラスでないものの母集団についてだけに限定される．ふたつ目のやり方は，黒くないものの集合から標本を選んで，それがカラスでないことを観察するというものである．これにはカラスについての情報が含まれている．この情報を確かめるために，何度も繰り返すことを想像してみよう．黒くないものを取り出してそれがカラスでないことを何十億回と観察した後になってようやく，黒くないものの中にはもしかするとカラスがいないかもしれない，つまり，すべてのカラスは黒いという可能性があるかもしれないと言える程度でしかない．

以上が数学的議論と統計的議論の力なのである．数学と統計によって，混乱する現実世界のあいまいさの中から問題を抽象して，現実世界の問題の重要な特徴を再現する人工的な世界に焦点を当てる．このとき，創り上げた人工的世界の前提と特性をはっきりさせなくてはならない．そうすることで，抽象世界の範囲内での挙動についての正しい結論を引き出すことができるようになる．そして，抽象世界に何かが欠けているときにだけ，確率と統計は直観に反するのである*2．

［***All ravens are black: Puzzles and paradoxes in probability and statistics*** by **David Hand**: Imperial College London 名誉教授（数学）．］

参考文献

［1］ D. F. Early and M. Nicholas (1977). Dissolution of the mental hospital: Fifteen years on. *British Journal of Psychiatry*, vol. 130, pp. 117–122.

［2］ Jason Rosenhouse (2009). *The Monty Hall problem: The remarkable story of math's most contentious brainteaser*. Oxford University Press. 邦訳：ジェイソン・ローゼンハウス著，松浦俊輔訳『モンティ・ホール問題―テレビ番組から生まれた史上最も議論を呼んだ確率問題の紹介と解説』（青土社）．

訳　註

*1 1906 年にマーク・トウェインは，19 世紀のイギリスの首相ベンジャミン・ディズレーリが言ったこととして，「嘘には三種類ある．嘘，まっかな嘘，そして統計」という言葉を挙げている．この言葉遣いには，「原級，比較級，最上級」といったニュアンスがあり，統計が最上級の嘘であるという受け取り方がされるといっているようである．なお，ディズレーリの著作にはこの言葉は見当たらない．

*2 本稿は非常にシンプルでかつ正確な内容なので，じっくりと考えれば，類書にある説明よりも理解しやすいとも言えるが，補足的な説明があるとよりわかりやすいという場合もあるだろう．モンティ・ホール問題の場合は，拙著『なぜか惹かれる　ふしぎな数学』（実務教育出版）の第 2 部第 5 節に，シンプソンのパラドクスの場合は，ナーイン著の『確率で読み解く日常の不思議―あなたが 10 年後に生きている可能性は？』（共立出版）の序章第 9 節に少し角度を変えた説明とシミュレーション例があるので，ご覧いただければ幸いである．

ヘンペルのパラドクスは，数学以外のあらゆる法則に対して，法則の正しさをどのように確認することができるかという，非常に深遠で深刻な問題を正面から取り上げたものになっていて，単なるパズルとしては考えることのできない，むしろパズルと考えてはいけない種類の問題である．数学セミナーの 2001 年 5 月号に「論理・論証」に，「バラは赤い」という主張をめぐって考えてみたことがある．そのときは言い訳をしながら，全数検査が可能な状況を設定したが，設定すればそれは抽象世界の話になる．実際の法則は全数帰納法を許さないかもしれない状況でこそ意味を持つわけで，本稿のように統計を基礎に置いて議論するべきであったかもしれない．いつかゆっくりと考え直してみたいと思っている．

50 Visions of Mathematics

20 矛盾があっても数学？

マーテン・マッカバー＝ジョルデンス

擬整合的な数学とは矛盾に意味を与える数学理論である*1．そのような理論では，主張 A とその否定である非 A の両方が真であることが何の問題もなく可能なのである．どうしてこんなことができるのか，一貫性はあるのだろうか？ いったいどんな意味があるのだろうか？ さらになぜ，矛盾を許容する擬整合的な数学を研究すべきだというのだろうか？ この最後の疑問を最初に見ていこう．数学の歴史を簡単に振り返ることから始める．

ヒルベルトのプログラムとゲーデルの定理

20 世紀初頭，数学者ダーフィト・ヒルベルトは，数学はすべて，エレガントで自明ないくつかの真理，すなわち**公理**を基礎とすべきであると提案した．つまり，論理的推論の規則を使って，数学におけるすべての真なる主張はこれらの公理から直接的に証明できなければならない．得られる理論は**健全**（真である主張のみが証明される），**整合的**（無矛盾），**完全**（どんな主張も証明か反証かのどちらかができる）である，というものである．

しかしながら，論理学者クルト・ゲーデルは，少なくとも当時の数学者が思っていたような意味では，このことが不可能であることを証明した．彼の**不完全性定理**は，大まかにいえば，次のようになる．

> 算術を含み，矛盾のないどんな形式的理論にも，その理論の中で真であるか偽であるかを証明することが不可能な主張が存在する．

たとえば，ある公理の集まりに基づいた数学の体系である，形式理論 T を考える．そこで次の主張 G を考えよう．

G は理論 T の中では証明できない.

もしこの主張が真であれば, T の中に少なくともひとつ証明不能な文章(G 自身)があることになり, T が完全ではなくなる. 一方, 文章 G が T の中で証明できるのであれば, 矛盾となる. つまり, G は証明可能であるが, その主張の内容のおかげで, 証明できないことにもなるのだ. ゲーデルは, 算術が実行できるような十分に強い理論ならば, G のような文章を作ることができることを示した. このため, 数学は不完全であるか, または矛盾を含むかのどちらかでなければいけないことになる.

古典的な立場をとる数学者なら, 数学が矛盾を含むことより不完全である方を受け入れるにちがいない. 彼らは矛盾を忌み嫌う. しかしながら, 矛盾を少しだけ受け入れても, 体系全体が矛盾だらけになるというわけではない. 矛盾を許容する立場が古典的な立場よりもよりエレガントな解決をもたらすようなふたつのケースを考えることにしよう. ラッセルのパラドクスと嘘つきのパラドクスである.

嘘つきのパラドクス

何千年もの間, 哲学者たちは次のような(悪)名高い嘘つきのパラドクスについて考察してきた.

この主張は偽である.

真であるならこの主張は偽でなければならないし, 逆に偽ならば真になってしまう. 何人もの優れた知性の持ち主がこの問題に悩まされ続け, 万人に受け入れられる単一の解決策は存在しない. しかし, おそらく一番よく知られた(少なくとも哲学者の間での)解決法は, 論理学者アルフレッド・タルスキにちなんで名づけられた**タルスキの階層**だろう.

一言でいえば, タルスキの階層は(真や偽などの)意味論的な概念にレベルを割り当てるものである. ある主張が真であるかどうかを議論するには, より高いレベルの言語に切り替えねばならない. 主張ではなく, 主

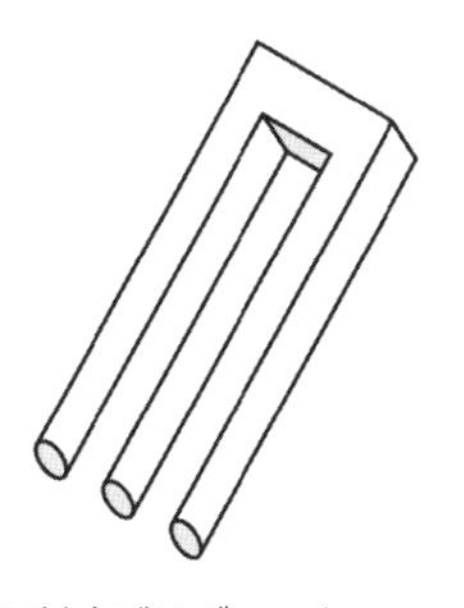

図 1　(左)ペンローズの三角形,(右)ブリヴェット.

張についての主張を議論するというのである．言語は，より低いレベルの意味論的な概念についてのみ有意味に語ることができる．つまり，嘘つきのパラドクスのような文は有意味でないということにすぎない．

しかしながら直感的には，嘘つきの文は有意味であるべきであるように思われる．書き下すことができ，文法的には正しく，そこに出てくる概念は理解できるものだからである．古典的な立場では，矛盾を避けるために，意味の性質の規則について，その場しのぎで議論の余地があるものを採用せざるを得なくなったように思われる．

ラッセルのパラドクス

数学の論理的な基礎を確立する試みの中で，バートランド・ラッセルは**ラッセルのパラドクス**を発見した．それは数学で扱われる集合についてのパラドクスである．集合とは，大まかに言えば，ある対象(要素)を集めたものである．集合はその要素として別の集合を含むことができる．たとえば，すべての三角形からなる集合とすべての正方形からなる集合を要素とする集合が考えられる．集合は自分自身を要素として含むことさえありうる．たとえば，三角形でないすべてのものを含む集合 T がそうである．T は三角形でないので，自分自身を含んでいる．ラッセルのパラドクスとは次のようなものである．

> R（ラッセル集合）は自分自身を要素として含まないような集合すべてからなる集合であるとする．R は R の要素だろうか？

R 自身の要素であるためには，R は自分自身の要素でないことが要求される．すなわち，R が R に属すなら，R は R に属さないことになる．逆もまた成り立つ．

古典的な集合論ではラッセルのパラドクスに対処するには不十分であった．矛盾を避けるために，数学者は**ツェルメロ–フレンケルの集合論**（ZF）と呼ばれる，まったく新しい形の集合論を開発することを余儀なくされた．ZF では，タルスキの階層を連想させる階層構造をとることによって，ラッセルのパラドクスを確実に回避することができる．しかしながら，これには代償が必要であった．ZF を構築するための基礎となる公理をどのように選んだのかについての理由を説明するのが難しく，その場しのぎで選んだものであるという非難を受けかねない．さらに，ZF は扱いにくい体系である．ラッセルとホワイトヘッドは，1910 年に出版した『プリンキピア・マテマティカ』の中で，ZF と緊密に関連した体系を使って $1 + 1 = 2$ を証明するのに，379 ページも要したのである[*2]．

爆発的な論理

これらのパラドクスに対して矛盾を許容する立場からどのように考えるのかと言えば，こうしたパラドクスは解決すべき問題ではなく，研究すべき興味ある事実だと捉えるというものである．擬整合というのは，局所的に現れた矛盾から，すべての命題が真になってしまうという事態が必ず生じるというわけではない，ということである．このことは古典的な観点とどのように異なるのだろうか？古典的な立場では，矛盾があることが何がどう悪いのだろうか？

古典的な立場では，数学者は古典論理を使って推論をする．そして，古典論理は**爆発的**である[*3]．爆発的な論理では，矛盾からはどんなことでも結論できてしまう．もしも A と非 A とがともに真であれば，クレオパトラが現在の国連総会事務総長であることも，あなたが今読んでいるこのページが，たとえどのように見えていようと，ニンジンであるということも成り立つのである．

では，なぜ古典論理は爆発的なのだろうか？ それは，**帰謬法**（reductio ad absurdum，不合理に帰着するという意味[*4]）という議論の形式を受け入れたからである．本質的には，何かが真であると仮定することから，「不合理な」状態，つまり矛盾に導かれるならば，最初の仮定が間違っていたとする考え方である．

このことは日常の状況では問題なく機能するようである．しかしながら，矛盾が真であることができるのなら，たとえば，ラッセル集合が自分自身の要素であり，かつ自分自身の要素でないこともあるのなら，ラッセル集合を認めるような理論ではどんな命題でも推論することができることになる．推論で導きたい命題の否定を仮定し，矛盾を指摘する（このことは古典論理の規則を形式的に使うことによっておこなうことができる）ことによって仮定が「不合理である」ことを証明するだけでよいことになる．だから，古典的な立場では，数学者にとって，矛盾が見つかるということは受け入れられないどころか，まったくもって破滅的なのである．古典論理では，不整合性（矛盾が起こること）と不一貫性（任意の命題が証明できること）との間にはちがいがないのである．

しかしながら，帰謬法からは関連性についての問題が生じる．ラッセル集合が自分自身の要素になっていること，かつ要素になっていないことを証明したとする．このことからなぜわたしの寝室でロバが大声でいななくことが証明されることになるのだろうか？ この問題は長いあいだ古典論理において悩みの種であった．

擬整合的な数学

矛盾を許容する擬整合的な論理には代替手段がある．この論理は爆発的な論理を認めず，成り立ちもしない．考え方はこうである．自分の周りに見える多くのものに意味を与えるというすばらしい理論があるとする．また，その理論には，どこかに矛盾が隠れているとしよう．擬整合的な論理学者は，この矛盾の存在が何でも証明できてしまうことには(必ずしも)ならないと主張する．推論する際は，非常に注意ぶかくなければならないことを意味するだけだというのである．たいていの場合，嘘つきのパラドクスの文が実際に真と偽の両方であったとしても，われわれには何のちがいも生じない．擬整合的な論理の考え方は，そのような見方を反映するものである．

擬整合的な数学では，帰謬法による証明はもはや許されない．なぜなら，結論が真となる矛盾，つまり，理論の中に存在し，論理によって許容されたという矛盾がありうるからである．この観点に立てば，すべての矛盾が必ずしも不合理というわけではない．しかしながら，この立場でも，正真正銘の不合理な命題を排除することを可能にするため，ある形の帰謬法を捨てずに残している．帰謬法をこのように扱うのは，自明な理論(あらゆる命題が真になる理論)に帰着してしまうのを排除するためである．

すべての命題が証明可能になることを避けつつ，矛盾を許すことで，それまで数学者が立ち入らなかった数学のさまざまな分野が開拓されることになる．そのような分野のひとつに不整合な幾何学がある．**ペンローズの三角形**(図 1 左図)はよく知られた例である．各辺は互いに直交しているようにも，正三角形をなすようにも見える．ブリヴェット(図 1 右図)もまたよく知られている．細長い直方体が 2 つあるようにも見えるし，別の見方をすると，3 本の円柱からなるようにも見える．どちらの図形も(第 50 章の錯視の図形とは反対に)矛盾を含む図形であるが，同時に一貫性はある．つまり，紙の上に描くことはできるのだから，確かに一貫性はあると言ってよい．擬整合的な数学ならば，こうした図形をよりよく理解する役に立つかもしれない．

擬整合性はゲーデルの不完全性定理のようなテーマにも新たな考え方をもたらす可能性がある．ゲーデルが明らかにしたのは，数学が不完全か不整合(矛盾を含む)かのどちらかでなければならないということだが，擬整合的な論理によって，このうちの第二の選択肢を本当に選び取ることができるようになる．古典的な立場ならば，算術の無矛盾性を仮定するので，数学は不完全でなければならないという結論になる．擬整合的な観点では，矛盾を含み，かつ一貫性があり，しかも完全な算術を見つけられるということは十分にありうることである．このことからヒルベルトのプログラム，つまり，数学を有限個の公理の集まりによって基礎づけるというプロジェクトを復活させることができるかもしれない．つまり，無矛盾であるという要請を棚上げすれば，そのような集まりを見つけることができるかもしれない．

擬整合的な数学は興味ぶかく，将来有望な分野であり，さらに研究を深めるに値すると言えるだろう．

［***This is not a carrot: Paraconsistent mathematics*** by **Maarten McKubre-Jordens**: University of Canterbury 講師（数学）．**初出** *Plus Magazine*，2011 年 8 月 24 日．］

参考文献

［1］ Chris Mortensen (1996). *Inconsistent mathematics*. Stanford Encyclopedia of Philosophy. ⟨http://plato.stanford.edu/entries/mathematics-inconsistent/⟩（2020 年 5 月閲覧）

［2］ Graham Priest (2006). *In contradiction*. Oxford University Press.

［3］ Zach Weber (2009). *Inconsistent mathematics*. Internet Encyclopedia of Philosophy. ⟨https://www.iep.utm.edu/math-inc/⟩（2020 年 5 月閲覧）

訳　註

*1「擬整合的」は paraconsistent の訳語である．consistent は数学では通常「無矛盾」という訳語が採用されているためか，paraconsistent logic には「矛盾許容論理」という訳語も使われている．para という接頭辞には種々の意味があるが，参考文献［1］によれば，paraconsistent という語を初めて用いた Miró Quesada は「quasi（擬似，準）」という意味で考えていたが，その後のこの理論の研究者は「beyond（超）」の意味で用いている，ということらしい．矛盾を許容するというより，むしろ帰謬法が使えない数学というように思ってもらった方がいいかもしれない．

*2 読者にはこの著『Principia Mathematica』を手にして，この証明を見つけようとすることはお勧めできない．この著書は 3 巻に分かれ，本文だけでもそれぞれ，674 ページ，742 ページ，491 ページもある．実は算術の和が定義されているのは第 2 巻の中ごろになってからであり，その第 2 巻には 2 という数字は出てこない．その記述はほとんどが論理的数式の羅列で，その展開を追うことのできる人は世界中に数人いるかどうかという程度ではないだろうか．残念ながら，訳者にはそれを追うだけの時間も力量もない．19 世紀終わりから 20 世紀初頭にかけての数学の危機に関する議論の中で，何となく一般にこれ以上考えるのをやめておこうという気持ちにさせるのには役に立っていると言えるかもしれない．

*3 擬整合的な論理は矛盾を許容することが定義ではなく，論理の爆発性を排除するものである．古典論理では爆発してしまうので，古典論理の推論のうち何かを捨てねばな

らない．帰謬法を捨てると二重否定によってもとの命題が回復することも言えなくなるが，それだけを捨てても爆発性はなくならないようである．何を捨てるべきかについてまだ確定的な提言がなされておらず，今後の課題であるようである．

*4 ある命題を示すのに，その否定命題を仮定して不合理を導くことにより，もとの命題が正しいことを示すという論理的方法を意味する．

21 チューリングの見た生物の複雑さ

トーマス・ウーリー

1954 年 6 月 7 日に，世界は最上級の知能を失った．同性愛のゆえに迫害を受け，防衛に身を捧げた祖国に裏切られたアラン・マチソン・チューリング，OBE（大英帝国勲章受章者）にして FRS（王立協会のフェロー）でもあった彼は，青酸化合物入りのリンゴを食べて自殺をしたと伝えられている．41 歳で亡くなるまでに，チューリングは論理学，コンピュータ，数学，暗号解析の分野に革命を起こした．チューリングがもう 20 年か 30 年長生きをしたなら，さらにどんな理論が生まれていたかは想像するしかない．

悲しい物語ではあったが，この章の目的はチューリングの生涯を感傷的に振り返ることではなく，チューリングに有罪を宣告した社会や政府を糾弾することでもない．その代わり，チューリングの業績への賛辞として，チューリングの理論の中ではあまり知られていない生物学的複雑性に焦点を当てることにしよう．この研究はあまりにも時代の先を進んでいたので，完全に理解されるまでに 30 年から 40 年もかかり，今日でさえ依然として新しい研究の道筋を提供している．

チューリングのアイデア

チューリングは自然界に見られるパターンや構造がどのようにして形成されるのかに興味を抱いていた．特に関心を引いたのは，そのようなパターンが一様な状態から生まれるように見えるからであった．たとえば，木の幹の断面を見ると対称的な円形をしている．しかし，木の枝が外向きに伸びていけばその対称性は壊れてしまう．このような対称性の自発的な破れはどのように起こるのだろうか？ チューリングは，成長ホルモンが何らかの理由により非対称的に分布したならば，成長ホルモンがより多く集中する部位が生じ，そこでは特に大きく成長するのだろうという説を提唱した．この非対称性をもたらすメカニズムとして，チューリングは直観には反するが，真に独創的な理論を思いついたのである．

パターンを作り出すためにチューリングは，個別にはパターンを作ることのない 2 つの要素を組み合わせた．まず，2 種類の化学物質が安定した系をなす場合を考える．2 種類の化学物質は，小さい容器に入れられると反応し，最終的に系は一様な密度となり，どんなパターンも生じなかった．次にこの系に拡散のメカニズムを付け加える．これは化学物質が動きうることを意味する．信じられないことに，2 種類の化学物質をより大きな容器に入れるなら，拡散によって平衡状態が不安定になり，空間的に一様でないパターンが生じることをチューリングは示したのだ．この拡散の過程は現在，**拡散誘導不安定性**があると呼ばれている．

このアイデアがどんなに思いもよらないものであるかを見るために，水の中にインクを一滴たらし，かき混ぜないでおく．インクは水全体に拡散し，最終的に溶液は一色に染まるだろう．ほかのところよりも濃かったり薄かったりするような斑点はできない．しかしながら，チューリングの考えたメカニズムならば，拡散によってパターンが形成されることになる．系にこのような現象が起きることを**自己組織化**と言い，自己組織化によってできたパターンは**創発特性**を有すると言う．この点に関してチューリングはずいぶん時代の先を進んでいた．チューリングが示したのは，系を構成する要素を総合的に理解することが，各要素を見分けるのと同じくらい（それ以上ではないとしても）重要だということである．

チューリングは彼の構想におけるこの化学物質を**モルフォゲン**と名づけ，個々のモルフォゲン濃度がある閾値（いきち）を超えると，細胞はある定められた姿になるという仮説を立てた．つまり，モルフォゲンが空間的に分布し，その濃度のなすパターンが前触れになって，細胞が同様のパターンに従って分化をするのだろう，ということである．1 次元と 2 次元での典型的なパターンを図 1 に示した．

この直観に反する概念を説明するために，チューリング自身が用いた（少し帝国主義的な）たとえ話をしてみよう．このたとえ話にはある島に

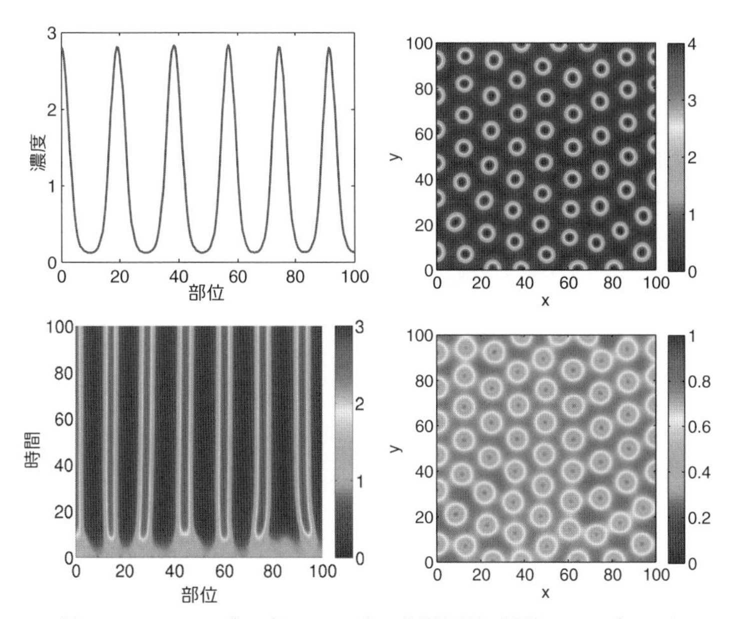

図 1　チューリングのパターンを生む化学物質の拡散のコンピュータ・シミュレーション．左図：1 次元のシミュレーション(縞になる)．上の画像は化学物質のうち 1 種類の最終的な定常状態，下の画像はその化学物質の時間変化を表す．右図：2 次元のシミュレーション(斑点になる)．上の画像は化学物質のうち 1 種類の最終的な定常状態，下の画像はもう 1 種類の最終的な定常状態を表す．

住む食人族と宣教師が登場する．食人族は子どもを作り，周囲に宣教師がいなければ改宗せず，人口は自然に増えていく．宣教師は独身ではあるが，食人族を改宗させることによって宣教師の数を増やすことができる．島が十分に小さければ，食人族と宣教師の人口が安定している状況が生まれ得る．

しかしながら，島がもっと大きいとし，宣教師が自転車を使って島を巡り，食人族よりも速く「拡散する」と仮定しよう．このようにすると，均衡状態が不安定になる可能性がある．最初の設定では，ある地域で食人族の人口が少し増えたら，食人族が子をなすにつれ，この人口増加は島全体に広がり人口分布はやはり一様になる．しかし新しい設定では，宣教師は食人族の増えた地域にもすばやく広がることができる．改宗によって，食人族は宣教師になり，食人族の広がりに歯止めがかかり，宣教師が増加する．このことが他の地域でも繰り返されて，食人族の集団を囲むように広がっていく．すべてのパラメータをちょうどよいぐあいに調整するなら，斑点状のパターンが現れてくる．もし宣教師を緑に，食人族を赤に塗ったら，赤の斑点が緑の斑点に囲まれているのが見えてくるだろう．

現実の社会で人間の交流はそれほど単純ではないが，このたとえ話が強く示唆するのは，チューリングのアイデアが有効なのは細胞の分化にとどまらず，生物の生息する場所の広がりや分布の仕方など，自然界のさまざまな現象においてだ，ということである．

チューリングは正しかったか？

チューリングの理論から直接的に予測できることで重要なのは，動物の尻尾のように先細りした部位がどうなるかということである．チューリングの理論によって，動物の体表のパターンがどのようにして現れるかが説明できるが，同時に，広い部位から狭い部位に移るに従って，パターンが単純になることも予測される．たとえば，広い部位に見られる斑点のパターンは，狭い部位では縞模様のパターンに変わることになり，その様子は実際にたくさん観測される（図 2 参照）．このことは，逆に縞模様の胴体と斑点のある尻尾を持つような動物の体表のパターンには，単純なチューリングのモデルの創発的特性が現れていないことを意味している．さらに，動物の体表に模様がなければ，チューリングの理論に従えばその尻尾も無地でなくてはならない．図 2 に示したように，チーターはチューリングのモデルがみごとに当てはまる例であるが，不幸なことにワオキツネザルときたら，この数学理論にまったく敬意を払おうとしない．ワオキツネザルの例を何とか説明しようとしたら，チューリングのモデルを決定しているパラメータが尻尾と体表とでは異なっている

図 2　チーター（左，Felinest*1 の画像），ワオキツネザル（右，抱いているのは筆者）に見られる着色パターン．

図 3　連続的に供給されるオープンゲル反応器の中での CIMA 反応に対する化学チューリングパターンの実例．ゲルにはでんぷんが含まれており，CIMA 化学反応の際に十分なヨウ化物の濃度があれば，黄色から青色に変わる．

といったところだろうか．

チューリングが提起したのは，細胞がモルフォゲンに従うものであり，部位によってモルフォゲンに濃度の差があるのと同じように細胞は非対称に分化するので，パターンが生まれる，ということである．その後モルフォゲンは発見されたが，チューリングの想像のとおり，モルフォゲンがパターンを形成するかどうかに関しては激しい論争がいまだに続いている．チューリングのモルフォゲンの仮説には，生物の実例が存在するという状況証拠があるが，まだ判決は下りていない．化学では，いま注目の CIMA (chloride–iodide–malonic acid)*2 反応のように，チューリングパターンが生じ得ることが示されている(図 3).

チューリングのインパクト

チューリングはその短い生涯の間に，さまざまな分野で研究者の考え方に変革をもたらした．本章ではチューリングのたくさんのアイデアが生み出したものの中から，生物学的複雑性だけを見てきた．チューリングの研究のおかげで，さまざまな生物学的仮説に基づいて考えだされた自己組織化のモデルを作る取り組みが推進され，パターン形成原理や発生的制約といった新たなアイデアも誕生した．

しかし，チューリングのモデルは数多くの反論を受けることになった．それどころか皮肉なことに，伝統的な分類学の整理の手法に生物学が従っていた時代に発展したチューリングのモデルが，データ生成・収集の時代と言うべき今日，葬り去られる危険に瀕しているのだ．

すべてのモデルは定義からして現実を単純化したものなのだから，間違ってはいるわけである．しかしながら，生物学でモデルの価値を決めるのは，そのモデルがなければ実行されなかっただろう実験の多さと，そのモデルがどれほど実験家の考え方を変えることになったかという影響力であるにちがいない．この尺度で見れば，チューリングの 1952 年の論文は発生生物学においてこれまでに書かれた最も影響力のある論文のひとつなのである．

［***Mighty morphogenesis*** by **Thomas Woolley**: University of Oxford 数学研究所ポスドク研究員．**初出** *Plus Magazine* コンテスト佳作．］

訳　註

*1 Felinest はネコ科動物に関する大きなサイトで，アドレスは http://www.felinest.com/
*2 塩化物，ヨウ化物，マロン酸のこと．CIMA 反応とチューリングパターンについての日本語の文献としては，昌子浩登「3 次元チューリングパターンの再考察」『数理解析研究所講究録』1917 (2014)，94–101 がある．

50 Visions of Mathematics

22 エミー・ネーター，不平等に抗した生涯

ダニエル・ストレッチ

エミー・ネーターが大学に入ろうと決心をしたころ，ドイツの世論は高等教育から恩恵を受ける女性がいるかもしれないということに，ようやく気づいたばかりだった．女性が正式に学位を得ることまでは認められていなかったが，教授の承認があればその講義に女性が出席することは許されていた．エミー・ネーターの父親のマックス・ネーターはエルランゲン大学の著名な数学の教授だったので，教授たちとは家族ぐるみの付き合いがあり，ネーターは彼らの承認を得ることができたのである．これは 20 世紀初頭の若い女性の生き方としては異例で，ネーターがさまざまな不平等に抗しながら 20 世紀の偉大な数学者へと成長していく困難な旅路における最初の成功体験となった．

アマーリエ・エミー・ネーター(図 1)は 1882 年 3 月 23 日にバイエルンの小さな町エルランゲンに住む中流階級のユダヤ人一家に生まれた．ネーターはパーティとダンスを愛する「賢く，人なつっこく，とても愛くるしい」子どもだったようで，教育を重んじ，数学が話題となる家庭の空気を吸って育った．当時のドイツでは，成長過程の少女が教育を受けられる機会はわずかで，せいぜい中流階級の少女向けに花嫁学校に毛の生えたような学校があるくらいだった．

ネーターは 3 年の間，女学校の教師となるべく英語とフランス語の勉強を続け，教員試験にも合格した．しかし，その後 18 歳のときに突然，ネーターは女学校の教師になる道を捨て，エルランゲン大学に行こうとしたのである．当時のモラルからすると，大学では非公式に講義に出席するのが許される精いっぱいのことだった．

非公式な学生生活が続いた後, 1904 年についに規則が緩和されて，ネーターは正式にエルランゲン大学への入学が許可されて研究を続けることになった．そして，1907 年に博士論文を完成させたのである．後になっ

て，ネーターは飾らない率直な性格そのままに，この学位論文のことを「くず」だとコメントしている．女性は大学の職に就くことが許されていなかったので，ネーターはその後 8 年間，肩書も給与もないまま大学で働き，徐々に体力の衰えていく父親の講義を手伝った．

1903 年に，ネーターは父親とともにゲッティンゲン大学に長期滞在し，当時，最も影響力のある数学者であるとみなされていたダーフィト・ヒルベルトに会っている．ネーターが博士号を取得した後，ヒルベルトとフェリクス・クラインはネーターにゲッティンゲンに来るよう説得した．女性が大学で教えることがプロイセンの法律で禁じられている中で，ヒルベルトはネーターを講師として迎え入れるための運動に長い時間をかけて取り組んだ．ネーターが大学の職に就くことは拒否されたが，ある妥協が図られた．講義をすることはできるが，ネーターの名前でなくヒルベルトの名前でおこなうならば，という条件つきである．

1918 年にアルベルト・アインシュタインがクラインに送った手紙には「ネーター嬢から新しい論文を受け取って，彼女が正式に講義をできないことは大きな不公正だとあらためて感じています」とあった．1919 年になってようやく，最低ランクの職である「私講師」になれた．まだ無給ではあるが，その年の秋からは自分の名前で教えることができるようになったのである．数年後，ネーターは「非公式な特任教授」の地位に任命された．給料も公的な身分もないボランティアの教授職であったが，後には辛うじて生活できる程度の少額の給料が支払われた．

第一次世界大戦後のハイパーインフレのせいで，ネーターの受け取っていたわずかな遺産は価値がなくなり，暮らしは非常に厳しいものになった．生活はぎりぎりまで切り詰めることになった．「彼女にはまったく金がなかったけれど，気にもしていませんでした」と甥のヘルマン・ネーターは語っている．平日には，ネーターはいつも同じ安食堂の同じテーブルで同じ食事をとるのである．

ネーターは純粋数学と応用数学の双方で本質にかかわる貢献をした．物理学者の目から見て，ネーターの最も重要な業績は今では**ネーターの定理**として知られているもので，自然法則の対称性と保存則との関係を

図 1　アマーリエ・エミー・ネーター（1882–1935）.

述べたものである. たとえば, ニュートン力学では運動量の保存則は, 普通の力学を記述する方程式が宇宙のどこにあっても同じであるという事実, つまり**空間の平行移動対称性**から生じる. 同じように時間に関する対称性からはエネルギーの保存則が, 回転対称性からは角運動量の保存則が生まれる. ネーターの定理は多くの量子系に対しても適用できる. このように, ネーターの貢献は, 現代における量子論の発展にとって重要なのである.

これとはまったく異なる数学の分野では, ネーターは 1921 年に「環領域におけるイデアルの理論」を発表している. これは現代代数学の発展に大きな影響を与えた. 環は基本的な抽象代数の構造であり, ネーターの研究した対象は今ではネーター環と呼ばれている.

1930 年代, ドイツの数学は, ほかの学問と同様, 高度に政治性を帯びるようになった. ドイツの学者でヒトラーの権力が大きくなるのに反対したものは少なく, ネーターが研究を指導していた学生のヴェルナー・ヴェーバーは, エドムント・ランダウ教授がユダヤ人であるという理由でその講義のボイコットを組織しだした. やがてヒトラーは, ユダヤ人の「悪魔の力」からドイツを解放しようとして, 大学からユダヤ人教授を解雇しはじめた. ネーターは, ユダヤ人であり, しかも政治的にリベラルな立場だったという理由でゲッティンゲン大学から解雇された最初の 6 人の教授のうちのひとりとなった. ユダヤ人学者の追放によってゲッティンゲン大学は荒廃してしまった. ナチスの役人からゲッティンゲン大学の数学の状況を訊ねられたヒルベルトの答えは，「ゲッティンゲン大学の数学だって？ まったくもう何もないね」であった．

ネーターの友人たちは彼女のために海外の大学での職を見つけようと必死に努力をした．やっとのことで，当座しのぎとしてアメリカの小さな女子大であるブリンマー・カレッジに 1 年間の職が見つかり，ほどほどの給料が得られることになった．ユダヤ人の難民はあまりにも多く，彼らを雇いたいというところもとても少なかったので，ネーターに常勤の職を見つけることは難しかったのだ．その後の 1935 年までの 2 年間は，収入の少ないネーターを支援するために十分な資金がかき集められた．

やがて，ネーターは入院し，卵巣にできた大きな腫瘍を摘出する手術を受けることになった．その手術は成功したように見えたのだが，数日後．突然彼女は意識を失い，亡くなってしまった．術後の感染症が原因だったようである．ネーターはまだ 50 代の前半で，その創造力と能力を存分に発揮しようという時期にあったのだが，追放の身で亡くなったのは悲しむべきことである．

数学者で哲学者のヘルマン・ワイルは，1933 年の騒然とした夏，ナチスが権力を握った当時のエミー・ネーターを評して「彼女の勇気，彼女の率直さ，運命に平然と立ち向かう彼女の柔和な心は，憎しみと卑しさ，絶望と悲しみに取り囲まれたわたしたちを道徳的に癒してくれた」と語った．ネーターが生きていた当時の社会の雰囲気，そして彼女が直面しなければならなかった難題を考えれば，エミー・ネーターの数学的業績はいっそう輝かしいものであるだろう[*1]．

［***Emmy Noether: Against the odds*** by **Danielle Stretch**: University of Cambridge 応用数学理論物理学科アドミニストレーター．**初出** *Plus Magazine*，2000 年 9 月 1 日．］

訳　註

[*1] エミー・ネーターの生涯に興味を持った方のために，I. ジェイムズ著，蟹江幸博訳『数学者列伝―オイラーからフォン・ノイマンまで III』（丸善出版）の第 8 章エミー・ネーターを紹介しておく．

50 Visions of Mathematics

23 メアリー・カートライトとカオス

リサ・ジャーディン

1940 年に出版された『一数学者の弁明』の中で大数学者 G. H. ハーディは，純粋数学は決して役に立たないと断言している．しかし，ハーディが「ほんものの数学は戦争に影響を与えない」とまで主張したまさにそのときに，数学は大きな進歩をとげ，おかげでイギリスは空襲に対する戦時防衛体制を築くことができたのである．それだけではなく，その数学の進歩は，当時はそのことが理解されていなかったが，科学のまったく新しい分野の基礎を構築する研究となっていたのである．

1938 年 1 月，ヨーロッパを覆う戦争の脅威を受けて，イギリス政府の科学産業研究庁はロンドン数学会に覚書を送り，ある複雑なタイプの方程式を含む問題の解決を純粋数学者に要請した．この覚書には書かれていなかったが，この問題は極秘に開発されていたある装置に関係していた．この装置は，電波を利用して物体を検知し，距離や方向を測定するもので，やがて「レーダー」という名で知られるようになったものである．

この開発プロジェクトに従事していたエンジニアは，非常に高い周波数の電波の不規則な挙動のために生じる難題を抱えていた．覚書には，「ある電気的な装置の実際の挙動をより完全に理解する」必要性があると書かれていた．数学会の中にこれを解決できるような数学者がいただろうか？

この要請に注目したのはケンブリッジ大学ガートン・カレッジの数学講師メアリー・カートライト博士（図 1）であった．カートライトは当時似たような「非常に不愉快な微分方程式」（後に本人がそう述べた）に取り組んでいた．カートライトはケンブリッジ大学での長年の同僚であるトリニティ・カレッジの J. E. リトルウッド教授にこの要請を知らせ，共同研究することを提案した．カートライトの回想録によれば，リトルウッドは第一次世界大戦中に高射砲の軌道に関する研究をしていて，必要な力学についての知識をすでに持っていたのである．

著名な物理学者で，知識人としても幅広く発言しているフリーマン・ダイソン（第 24 章参照）はイギリス生まれで，1950 年代以降はほぼアメリカにあるプリンストン大学高等研究所で研究生活を送ったが，1942 年にはケンブリッジ大学の学生であり，この研究に関するカートライトの講義を受講している．ダイソンは，戦争中のカートライトとリトルウッドによる研究の重要性について生き生きと説明をしている．

> 第二次世界大戦におけるレーダーの開発はすべて高出力の増幅器（アンプ）の性能しだいであって，アンプが想定どおりの働きをするかどうかが生死にかかわる問題だったのです．兵士たちは誤動作するアンプに悩まされ，そのあてにならない挙動のことでアンプ製造業者を非難していました．カートライトとリトルウッドは責任があるのは業者ではないことを発見しました．責められるべきは方程式だったのです．

言い換えれば，アンプの動作を記述するために標準的に使われていた方程式にある種の値を代入すると奇妙なことが起こったのである．カートライトとリトルウッドは，電波の波長が短くなるにつれ，アンプの動作は規則的でも周期的でもなくなり，不安定で予測不能になることを示すことに成功した．この研究はエンジニアたちが直面していたいくつかの不可解な現象を説明する役に立った．

カートライト自身は，戦時中でのこの研究が後世にどのような価値をもたらすかについて問われるといつもどこか遠慮がちであった．カートライトとリトルウッドは電波の挙動のある奇妙な特徴を科学的に説明したが，結局はその答えを提示することはできなかった．二人が成功したのは，エンジニアの関心を，機器の欠陥を修正することから，発生する電気的な「ノイズ」，つまり不規則なぶれを補正する実際的な方法に向けることにすぎなかった．

つまり，カートライトとリトルウッドは，電波の振動を記述する方程式の解の安定性に関して重要な結果を導こうとしていたけれども，レーダーシステムに取り組んでいるエンジニアは厳密な数学の結論を待っていることはできないと判断したのだ．その代わり，問題がどこにあるか

図 1　デイム・メアリー・ルーシー・カートライト（1900–1998）. ©South Wales Evening Post.

わかってみれば，機器の挙動の不規則性を予測可能な範囲内に保つことによって問題を回避したわけである.

カートライトの独創的な研究が戦後すぐに『ロンドン数学会誌』に掲載されたとき，あまり注目されなかったのは，おそらくカートライト自身がその重要性について，あまりにも控え目にしか語らなかったためだったろう. フリーマン・ダイソンは，これは，真に数学的で独創的で革新的な研究が何世代も見過ごされた典型的な例であると断言している.

> 1942 年にカートライトの講義を聞いたとき，その結果の美しさに大喜びしたことを覚えています. わたしにはカートライトの研究の美しさは感じとれましたが，重要性はわかりませんでした.「これはすぐれた研究だが，残念ながら，戦時の実際的な問題にすぎず，真の数学ではない」と思ったものです.「これは新しい分野の数学だ」とは考えませんでした. わたしもこの時代の雰囲気と偏見に染まっていたのです.

ダイソンがここで「新しい分野」と述べていて，ダイソンや当時の人々がそのように認識できなかったのはカオス理論である. この分野の草創期にカートライトが貢献したことは，現在ではこのテーマでの研究史を語る誰もが認めていることだが，およそ 20 年の間ほとんど見過ごされていたのである. 電波の振動を記述する方程式から思いがけず得られたこの結果がきっかけのひとつになって，振り子の揺れや流体から株式市場まで，あらゆる物理現象で生じる予測不能な挙動を解き明かした現代理論の基礎が築かれた. 回転する水車にそそぐ水流の速さを徐々に増していくと，水車の回転も速くなる．しかし，ある時点で水車の挙動は思いもよらないものになる．回転が急激に速くなることもあれば，むしろ遅くなることもあり，回転の向きが反対になることすらある．

カオス的な挙動が身のまわりの世界に存在する多くの物理系を理解するのに不可欠な現象であると認識されるようになったのは，1961 年にエドワード・ローレンツによる初期のコンピュータを使った気象のシミュレーションがきっかけである．ローレンツはある定まった設定でシミュレーションをしたが，2 回目の結果が，初めの結果と劇的に異なることを発見したのである．ローレンツがやっとのことで突き止めたのは，このちがいが生じた原因が，初期データを計算する際にうっかり小数点以下の桁数を変えてしまったのを見落としていたためだということだった．ローレンツのこの発見が不朽の名声を得たのは「ブラジルで 1 羽の蝶が羽ばたけばテキサスで竜巻が起こるのか？」と題した講演のおかげである．今日，カオス理論はあらゆる種類の本質的に不安定な現象に結びつけて考えられているが，アマゾンの熱帯雨林の奥ぶかくで 1 羽の蝶が 1 回羽ばたいたことが数千マイルも離れた気象変化の原因になる，ということほど鮮やかにこの理論のアイデアを表現することはできないだろう．

初期条件の小さい変化が引き起こす予測不能性と同じ種類の現象は，その数十年前にカートライトとリトルウッドが電波を研究していたときに気がつき注意を向けていた．

戦後，メアリー・カートライトは複雑な微分方程式の研究からは離れ，リトルウッドとの共同研究も終えた．カートライトは純粋数学の研究と大学や学会の管理・運営において際立った経歴を積んでいき，次々と栄誉を授けられていく．

1947 年に，カートライトは女性数学者としては初めて，王立協会の会員に選出された．1948 年にはケンブリッジ大学ガートン・カレッジのミストレス[*1] に就任し，1959 年にはケンブリッジ大学数学科の関数論の准教授となった．1961 年から 1963 年にかけてはロンドン数学会会長であり，1968 年にはド・モルガン・メダルというロンドン数学会最高の栄誉である賞を受賞した．1969 年には大英帝国勲章（デイム・コマンダー）を受章した．

カートライトは，自分の昔の重要な発見が現代数学の主要な分野となり，一般の人々もそのアイデアを思い描けるほど知られるようになったのを目撃できるまで長い人生を送った．しかしながら，カートライトはその性格から，自分の果たした役割については終始控え目な態度をとった．フリーマン・ダイソンは「リトルウッドはカートライトとの共同研究の重要性に気づいていなかった．カートライトだけがカオス理論の基礎としての研究の重要性を理解していたが，彼女は自分で勝利のトランペットを吹き鳴らすのを好むような人ではなかった」と述べている．しかしながらこの点についてダイソンは，カートライトが亡くなる少し前に彼女からお叱りの手紙を受け取ったと明かしている．その手紙には，ダイソンが彼女の業績だと述べていることは言いすぎだと，憤然たる調子で書かれていたとのことである．

デイム・メアリー・カートライトは 1998 年に 97 歳で亡くなった．彼女に敬意を表した追悼文が数多く書かれ，中でもある友人は彼女のことを「すぐれた業績を残しながら，うぬぼれの心がまったくないという両面を併せもった人物」と述べている．カートライトは自分の葬儀には弔辞などはいらないと厳しく指示している．

しかしながら，彼女の最初の独創的な業績から 70 年を経た今，数学者として，またカオス理論という重要な分野の創始者のひとりとして，その才能を讃えて，彼女に代わってデイム・メアリー・カートライトのトランペットを吹き鳴らすべき時なのではないだろうか．

［***Mary Cartwright*** by **Lisa Jardine**: University College London 人文科学学際研究プロジェクトセンター長，教授（ルネサンス研究）．**初出** BBC ラジオ第 4，2013 年 3 月 8 日放送．］

参考文献

［1］ G. H. Hardy (1940). *A mathematician's apology*. Cambridge University Press. 邦訳：G. H. ハーディ著，柳生孝昭訳『ある数学者の生涯と弁明』（丸善出版）．

［2］ Freeman Dyson (2006). Mary Lucy Cartwright [1900–1998]: Chaos theory. In: *Out of the shadows: Contributions of twentieth-century women to physics*, edited by Nina Byers and Gary Williams, pp. 169–177. Cambridge University Press.

訳　註

*1 ガートン・カレッジはイギリスで初めて女性のために作られた全寮制のカレッジであり，ミストレスはカレッジ長にあたる．

50 Visions of Mathematics

24 フリーマン・ダイソンは語る

マリアンヌ・フライバーガー, レイチェル・トーマス

2013 年 2 月, 実に幸運なことに, *Plus Magazine* の記者としてわたしたちは, アメリカのプリンストンの高等研究所(IAS)でフリーマン・ダイソンにインタビューすることができた. ダイソン(図 1)はこのとき 90 歳[*1] で, 研究所の 1 階の研究室でいまでも物理学を研究する毎日をすごす. ダイソンの話によれば, 自分で階段を上がることができる限り, 研究室は使わせてもらえるのだそうだ. ダイソンは理論物理学におけるレジェンドなのである. 数多いダイソンの業績の中でも, とりわけ量子電磁力学の発展で果たした役割が重要である. 量子電磁力学とは, 場の量子論[*2] の一分野であり, 量子力学で得られた新しい知見に基づいて電磁気学の古典的理論を修正することをめざすものである. 量子電磁力学理論の初期の考え方には数学的に困難な点がつきまとっていた. 計算が複雑で扱いにくいだけでなく, 答えとして, 意味のない無限大を生み出す傾向にもあった！ リチャード・ファインマンの独創的な発明として有名なファインマン・ダイアグラムに, ダイソンの数学的厳密さが組み合わさり, 長い時間をかけて, こうした難題は解決した. 本章はわたしたちによるインタビューを編集したもので, ダイソンの思いやりのある人柄, ウイット, 知性をお伝えできればと思っている.

記者: 数学の研究から始められたのに, どうして理論物理に転向なさったのですか？

ダイソン: 実のところ, わたしは本当の数学者であったことはなかったのです. わたしはいつも応用数学者だったのです. 研究していたのがたまたま整数論だったにすぎないのです. もちろん, 整数論は純粋数学と思われている分野ではあります. 整数論は本当は, [技法を使った]応用数学なのです. 分野としてはおよそ 19 世紀に始まった, 数に関する事

図 1 フリーマン・ジョン・ダイソン (1923–2020). 写真提供：フリーマン・ダイソン.

柄を見つける学問なのです. 整数論は[数学を使った]原子に関する事柄を見つける物理学に似ています. ですから, 原子物理学への転向ということも大きな方向転換ではなかったのです. 使われているのは本質的に同じ数学だったのです. ただ, 問題がちがっただけですね.

わたしはいつも物理学への関心を抱いていたのですが, ケンブリッジ大学の学生になった 1941 年は, 戦争の真っ最中だったのです. 応用[数学]の人はみなその戦地で戦っていたので, 物理学の研究は事実上, おこなわれていなかったのです. しかし, G. H. ハーディやジョン・リトルウッドのような非常に有名な数学者がそこにはいたし, わたしは彼らすべてを自分のものにできたのです. このような有名な大物数学者が周りにいるというようなことは学生として素晴らしいことだったのです. 彼らにはほとんど学生はいなかったので, わたしはそのみんなを知っていたし, とりあえずは, 純粋数学者になったというわけです.

しかし, 物理学への興味がなくなったわけではないので, 戦後になって転向することにしました. ケンブリッジ大学で出会ったニコラス・ケンマーがこの本(70 年前の貴重なグレゴール・ヴェンツェルの『場の量子論』(もとのドイツ語版)[*3] で, インタビューの始めにダイソンはこの本を近くの本棚から取り出し,「わたしのバイブル」だと言った)をわたしにくれたのです. それは戦争中にウィーンで出版されたヴェンツェルの本でした．この本は貴重な宝物でした．当時イギリスにはたった二冊しかなかったと思いますが，そのうちの一冊をわたしが持っていたのです．ケンマーはわたしの同僚とみなされていたのですが，ケンマーの方が場の量子論[量子物理学を記述するのに使う数学言語]について何でも知っていました．何しろ，戦前にヴォルフガング・パウリの学生だったのですから．ケンマーはわたしにとってとても大きな幸運の塊だったのです．おそらくケンマーは，イギリスにいた中でも最高の情報通だったでしょう．

アメリカは非常に経験主義的で，場の量子論について聞いたことのある人はいなかったのです．彼らはそれをイタリアのオペラのようなもの，ぜいたくで合理的でない芝居のようなものだとして役に立つとは考えていなかったのですね．だから，1948 年に学生としてアメリカに来たのですが，それから教師になり，場の量子論についてハンス・ベーテやリチャード・ファインマンのように有名な人々にもみなわたしが教えることになったのです．

1947 年から 48 年にかけては素晴らしい時でした．実験がおおいに進歩したので，大きな幸運が物理学にもたらされたのです．10 年もかかるような実験が，わずか 10 日くらいでできるようになったのです．

マイクロ波が原子物理学に大きな革命を引き起こしたのです．[原子の]レベルを測るのに光を使う代わりに，マイクロ波を使うと，1000 倍も精確に測ることができたのです．

[科学者は]初めて，最も単純な原子と考えられる水素原子の本当に精確な画像を得たのです．彼らが発見したものはポール・ディラックの予言とはちがっていました．[ウィリス・ラムは，ディラックが同じであると予言した 2 つのエネルギー・レベルが実際には異なっていることを実験的に観測した．] これが有名なラム・シフトで，わたしがアメリカにやってきた頃に発見されたのです．みんな[ラム・シフトに]とても興奮していました．初めて理論[量子力学]と実際の食いちがいが見えたわけですから．ベーテは物理学に関係する限り，すべての問題を解きました．しかし，既存のもの[数学]で[ベーテの説明どおりに]計算すると，[無限大の答えが導かれて]大問題だったのです．

古い時代からの巨人たち，ハイゼンベルク，シュレーディンガー，ディラック，オッペンハイマーのような人々は現役でした．彼らはみな[この問題を解くには]根本的に新しい物理が必要だと思っていましたし，物理学を根底から変えるような自分の理論を持っていました．しかし彼らのうち誰ひとりとして正しかった人はいなかったのです．

そこに，リチャード・ファインマン，ジュリアン・シュウィンガー，朝永振一郎という三人の優秀な若者が現れて，それぞれがそれぞれの方法で[無限大の]問題を解決したのです．三人とも同じ答えを得たので，明らかに正しいものだったわけです．わたしには，彼らの持っていなかった場の量子論という道具がありました．だからわたしは三人の理論すべてをひとつにまとめ，きわめて単純なことであることを示したのです．わたしはその数学を磨きあげ，有限の答えを導くようにしたのです．

記者: その解決には，先生に数学の素養があったことが役に立ったと思われますか？

ダイソン: そうですね，シュウィンガーはもちろん，計算はすごくうまかったけれど，場の量子論が嫌いだったのです．若きシュウィンガーにはたぐいまれな才能がありましたね．シュウィンガーがここ[IAS]にやってきて，自分の計算を説明するための講演をしたことがあります．講演が終わった後，オッペンハイマーは「ほかの人の講演では結論にいたるまでの過程がわかるようになるものだが，ジュリアン・シュウィンガーの講演で伝わることは，彼がその結論を導けたということだけなんだよね」と言っていました．

ファインマンはまったく独創的なやり方をしていて，彼はそれを場の量子論とは考えませんでしたが，実際にはそうだったのです．ニュートン以来，物理学では通常，方程式，つまり物理法則を書き下し，それから計算して結果を導くというやり方をします．ファインマンはそのすべてをすっ飛ばして，[ファインマン・ダイアグラムと呼ばれる]絵を書き下すだけで，答えを書くのです．どこにも方程式はない．このファインマン・ダイアグラムは彼が発明したもので，その後実際にこれが量子場を図で表示したものであることがわかったのです.

記者: ファインマンはどんな人だったのですか？

ダイソン: 大した男だったよ. ファインマンのいいところと言えば，そうだね，まったく遠慮というものがなかったな. ファインマンはいつでも，人についてでも，ほかの何についてでも思ったとおりのことを口にしたものだ. だから，ファインマンと話をしたいと思ったら，部屋の中に入ればいいんだ.「出てってくれよ. 僕が忙しいのが見えないのかい」と言うかもしれない. そうしたら，タイミングが悪かったというだけのことで，それでいいのですよ.

別の時間に訪ねてみれば，ファインマンは非常にフレンドリーに話をしだして，だから，本当に歓迎してくれていることがわかるというわけです. 実に簡単な関係なんだが，ファインマンはひどい礼儀知らずにもなれたんです. しかし，それが人生を単純にしたんだろうと思います. わたしはいつも自分のいる場所で構わなかったんですが，ファインマンはしょっちゅう散歩に出かけたがるんです. そしてよく，一緒に行かないかと誘ってくれたものでした. それで，二人で長い散歩に出かけ，彼はあらゆる種類のことについて話をしました. ファインマンはほんもののパフォーマーだったので，わたしは大いに楽しんだものです. ファインマンは演じることが大好きで，観客がいないといけなかったのです.

記者: ファインマンの発想はどこから来たのでしょう？ 革命的なアイデアはどこから生まれたのでしょうか？

ダイソン: ほとんどすべての偉大なアイデアは，後になってどこから生まれたのかが本当にわからないというのは正しい. われわれの頭脳はランダムでね，もちろん，それこそが，人間を創造的にしてくれる自然の策略なんです. わたしには一卵性の双子の孫がいて，二人はまったく同じ遺伝子を持っていますが，頭脳は同じではありません. 育ち方がそれぞれなのです. だから，この二人のそっくりな若者はまったく異なる頭脳を持ち，内部構造はすべて本質的にランダムです. そしてそれが，いかにわれわれの精神がかくも強力であるのかを示しているのです．必ずしもプログラムされたとおりではなく，偶然によってものごとが作り出されるのです．それが[偉大なアイデアを]生みだしたのだと思うのです．本当に良いアイデアというのは偶然の産物です．誰かの頭の中でものごとがランダムに行ったり来たりしているうち，突然あるとき閃くのです[*4]．

［***A conversation with Freeman Dyson*** by **Marianne Freiberger**, **Rachel Thomas**: ともに *Plus Magazine* 編集者．**初出** *Plus Magazine*, 2013 年 7 月 22 日．］

訳　註

[*1] ダイソンは 2020 年 2 月 28 日に逝去した．享年 96.

[*2] 量子場の理論という訳の方が自然なのだが，電磁波を電磁場の理論として統一的に解決したマクスウェルの理論の量子化という意味合いの強い，場の量子論という言葉が日本では使われている.

[*3] 初版は 1943 年.

[*4] ダイソンと数学との関わりには興味ぶかいエピソードがいくつもある．そのひとつをダイソン自身が述べているが，そのことを易しく解説したものが, D. フックス, S. タバチニコフ著, 蟹江幸博訳『本格数学練習帳 1—ラマヌジャンの遺した関数』(岩波書店)の 3.9 節「ラマヌジャンとダイソンの物語」にある.

50 Visions of Mathematics 25

バロ－博士の伝説

トム・ケルナー

微積分を発明したのは誰か，という議論ほど延々と続き，そして結局は無駄に終わった論争はまれである．20 世紀の初めに，J. M. チャイルドは「アイザック・バローが無限小解析の最初の発明者だった」と断固たる主張をして議論を終わらせようとした[*1]．アイザック・バローとは何者なのだろう？ そしてそのような主張に少しでも妥当性があるとすれば，それはなぜだろうか？

歴史家は一般の人々の人生が忘れ去られてしまっていると語るが，非凡な人々の人生も多くはほとんどわかっていない．アイザック・バローについては幸運にもオーブリーの『名士小伝』[*2] の中に書かれているのを見つけることができる．数学者にふさわしく「決しておしゃれではない．それどころか身なりにはほとんど構わない」と述べられていることは驚くにはあたらないが，「彼はまた誰をも恐れず」，学生時代には「肉屋の見習い店員と喧嘩してもひけをとらなかっただろう」とも書かれている．

バローの家系はイングランド内戦において議会に反対し，王を支持したために没落していた．優れた能力と魅力的な人柄のおかげで，バローは質の高い教育を受けるに十分な援助を確保することができたが，バローが王党派の主張を大っぴらに述べるのが友人には心配の種だった．

バローはケンブリッジ大学トリニティ・カレッジのフェローになったが，トラブルからバローを遠ざけておこうとしたカレッジは，費用を出してバローを数年間にわたるヨーロッパ遍歴の旅に送り出した．バローはパリで当時の最先端の数学を学び（このような経験をするケンブリッジの数学者はバローが最後だというわけではないが），フィレンツェでガリレオの最後の弟子[*3] と会い，地中海では乗った船を襲った海賊と戦い，コンスタンチノープルを訪ね，ヴェネツィアでは船の火事で荷物をすべて失った．

バローが帰国したときはすでに王政復古が起こっており，大学は彼を古典ギリシャ語の教授に任命した．六つの言語が話せ，英語とラテン語で詩を書くバローはその職務を全うし，ユークリッドとアルキメデスとアポロニウスの著作の新版を出版するという業績を挙げた．しかしながら，古代の書物の中からこうした著作を選択したことでもわかるように，数学により強い興味を抱いていたバローは，ルーカス教授職が設定されたとき，給与もより良いその職に移った．

バローは『説明され実証された数学学習の有用性』という立派な題名の本の序文の中で，このポストの資金を提供したヘンリー・ルーカスに対して次のような賛辞を述べている．「名前は異なっているが，事実においてまさしくマエケナス[*4]である．研究に単なる好意を示したのではなく，研究が進展するように実に多大な労力を費やした人物であった．善意のみで研究を歓迎しただけではなく，惜しみない援助の手を差し伸べ，(中略)沈滞していた研究に活気を与えた人物である．」この賛辞が大げさだと言う人は，バロー自身のほかにもルーカス教授職を務めた人に，ニュートン，エアリー，バベッジ，ストークス，ディラック，ホーキングがいることを思い起こすべきだ．バローの講義はニュートンがケンブリッジ大学で恩恵を受けた唯一の講義であったようで，もしこの講義がなければニュートンは独学するほかなかっただろう．

少し後になって，バローは「われわれのカレッジのフェローであるニュートン氏はまだ歳は若いが(中略)こうした事柄にきわめて熟達している」と書いている．バローは自分の図書室をニュートンに自由に使わせ，また発見したことを公表するようにニュートンに勧めた．バローは神学が数学よりもさらに重要であるという結論に至り，ルーカス教授職を辞職して，その後継者としてニュートンを推薦したようである[*5]．

やがてバローはイギリスで最も優れた説教師として国王付司祭に任命された．バローのウィットに富む一方で負けず嫌いだった性格を表すエピソードとしては，ロチェスター卿とのやりとりがよく知られている．バローが高潔な人格として有名だったように，ロチェスター卿はあくどいことで評判の人物だった．そのやりとりは次のようなものである．

ロチェスター，深くお辞儀して: 博士，靴の紐までわたしはあなたのものです.

バロー，さらに深くお辞儀して: 閣下，わたしは大地までもあなたのものです.

ロチェスター: 博士，わたしは地球の中心まであなたのものです.

バロー: 閣下，わたしは地球の反対側まであなたのものです.

ロチェスター: 博士，わたしは地獄の一番底まであなたのものです.

バロー，踵(きびす)を返して: 閣下，その場所でお別れします.

王はそのように賢く，信心ぶかく，率直な人がいることを，完璧な祝福であるとは考えなかったのかもしれない. いずれにせよ，王はバローをトリニティ・カレッジの学寮長に任命し，「イギリスで最高の学者」にその職を授けたと宣言した. この地位に就いたとき，バローはニュートンに対して最後の便宜を図ったが，おそらくそれは最も重要なものだったろう. トリニティ・カレッジのフェローになるためには聖職に就くことが要求されていたが，それはニュートンが個人的に抱く強い信仰とは両立しないものであった. バローはルーカス教授職に就くものに対してはその義務が免除されるようにして，ニュートンが自由に研究を続けられるようにしてやったのである.

トリニティ・カレッジの学寮長として，バローはケンブリッジ大学全体の重要な会議を開催するにふさわしい場所を決定する任務を負った委員会のメンバーとなった. そこでバローは次のように論じた.「みすぼらしい建物に決めてしまうと寄付を集めるのに失敗するだろう. だが，荘厳な建物，少なくともオックスフォード大学よりも立派な建物にするなら，関心のあるすべての紳士諸兄は気前よく寄付してくださるだろう.」この件ではバローは委員会を説得できなかったので，ただのカレッジでもできることがあることを示そうと心に決めた. そして，トリニティ・カレッジに素晴らしい図書館を建築することを認めさせ，友人のレン[*6]に頼み込み，その設計をやってもらったのだった.

新しい図書館の建築費用はカレッジの財政にとって重い負担となったが，この図書館は現在でもケンブリッジ大学でも際立って壮麗な建物になっている．ここを訪れた数学者は，正面の屋根の上に飾られている彫像の中に，指を折って数を数えているように見える数学の女神の像に気づくだろう．

バローの死後 300 年の間，彼の数学的才能は忘れられてしまったわけではないが，バローが評価されるのは宗教的な議論や説教を表した著作に関するものであった．

微積分を発明したのはバローだというチャイルドの主張はバローの著作である『幾何講義』を根拠としている．この中でチャイルドは，「微分と積分について述べられた節では，標準的な方法でひととおりのことが完全な」形で記述されていることを見出した．つまり微分についての標準的な法則（関数の商の微分公式はあるが，合成関数の微分の法則は含まれていない），微積分における接線の取り扱い（「バローの微分三角形」と呼ばれる），微分が積分の逆演算になっているという微積分学の基本定理が証明とともに明確に主張されているというのである．

現代の歴史家はこのことからどんな結論を導くのだろうか？ 歴史家の数だけ異なる意見があると言うべきだろう．わたしはホルヘ・ルイス・ボルヘス*7 の次のような話（たとえば，⟨`http://www.pen.org/nonfiction-transcript/all-range`⟩ 参照）を思い出す．

> ある中国の哲学者の英訳を熱心に読んでいて，記憶に残る一節に出合った．「死刑囚は立たされた場所が崖の縁かどうかは気にかけない．なぜなら死刑囚はすでに生きることをあきらめているからだ．」この英訳者はここに注をつけ，自分の翻訳が論敵の中国研究者よりも優れていると記していた．この論敵はこの一節を「しもべは芸術作品を破壊するから，芸術の美点や欠点について見定めなくてもよい」と訳している．

つまり，これが定説だ，と紹介するのは，往々にして自分の見解を述べているにすぎない．

最初に指摘すべき点は，チャイルドがバローの著書の中に見たものは，たとえそれが現代の視点からは奇妙に見える幾何学的なやり方だとしても，確かにそこに書かれていたということである．微積分学の「再幾何学化」をもくろんでいた主要なロシア人数学者ヴラジーミル・アーノルド(1937–2010)もまたバローを強く讃美していたことは偶然ではない*8.次に指摘すべき点は，チャイルドがバローの著作の中にニュートンとライプニッツの数多くの業績を見出したように，現代の歴史家はバロー以前の人々の中にバローの業績を数多く見出していることである．一般的な形で微積分学の基本定理を初めて完全に書き下したのがバローであったとしても，バロー以前の数学者たちもこの定理には気がついていたのである.

ニュートンとライプニッツが直接または間接にその業績を知っており，微積分学の先駆者とみなすことのできる数学者は数多く列挙することができる. アルキメデス, ガリレオ, ケプラー, カヴァリエーリ, スリューズ, フェルマー, パスカル, デカルト, ウォリス, グレゴリーといった具合である．ニュートンとライプニッツが解いた問題は，この二人が登場する100 年前，いや 50 年前でさえ作ることができないものであった(その一方で，ニュートンが自分ひとりでは得られない数学的結果をただのひとつでも挙げることはできないだろう).

しかしながら,「先駆者」とは呼んでも発明者とは呼ばないのにはもっともな理由がある. ニュートンとライプニッツより前は，微積分学とは，問題とその解き方を集めただけのものにすぎず，しかもたいていは幾何学として記述されたものであった. ニュートンとライプニッツの後，微積分学は，代数学とアルゴリズムで記述された首尾一貫した体系となり，物理的な宇宙を記述する比類のない道具となった. ライプニッツが「世界の始まりからニュートンの時代までになされた数学の研究を考えるとき，ニュートンがなしとげたことはその半分，しかも良いほうの半分である」と述べたのは，ほんの少し言いすぎだとしても(しかし，数理物理学に関してはまったく誇張ではない)，ニュートンとライプニッツの後継者たちはこの二人より前の研究を参照すべき理由は何もなく，実際に参照することはなくなった.

バローはこのような扱いに気に悪くするだろうか？ そんなことはないだろう. バローは数学の研究成果を公表することにあまり熱心ではなかったようで，神学の研究，特に英国国教会の教義を擁護することこそが彼の人生のどまんなかにあるものと考えていただろう．オーブリーの記述によれば，バローの死の床で「看取っていた人たちはバローが「わたしは世界の栄光を見た」と穏やかにつぶやくのを聞いただろう」とのことである．トリニティの図書館を建て，ニュートンを教えた男には後悔すべきことはほとんどなかったのである．

［***Anecdotes of Dr Barrow*** by **Tom Körner**: University of Cambridge 教授（フーリエ解析）．］

訳 註

*1 J. M. Child, The Geometrical Lectures of Isaac Barrow. *Bull. Amer. Math. Soc.* 24 (1918), no. 9, 454–456.

*2 オーブリー（1626–1697）はオックスフォード大学トリニティ・カレッジ出身の考古家で，最も有名な著書『名士小伝』（邦訳：橋口稔・小池銈訳，冨山房）という伝記集は同時代人の記録として貴重なもの．

*3 ヴィヴィアーニ（1622–1703）のこと．異端審問後のガリレオをその死まで同居しつつ支え，気圧の実験やサイクロイドの研究をした．

*4 ガイウス・マエケナス（BC70–AD8）はローマ初代皇帝アウグストゥスの政治外交面の顧問で，この時代に輩出した詩人や文学者の支援者として有名．

*5 ニュートンに譲るために辞職し，神学一本に絞ったという説もある．

*6 クリストファー・レン（1632–1723）はロンドン大火後のロンドンの復興で大きな貢献をした建築家である．このトリニティ・カレッジの図書館はレン図書館と呼ばれ，1676 年に設計され，1695 年に完成した．その壮麗さは有名で，後に映画「スターウォーズ・エピソード II」のジェダイ・アーカイブのイメージに使われたと言われている．

*7 ホルヘ・ルイス・ボルヘス（1899–1986）はアルゼンチン出身の作家，詩人で，イギリス人とユダヤ人の血を引く．1960 年代に世界的なラテンアメリカ文学ブームに乗り，20 世紀後半のポストモダン文学に影響を与える．

*8 V. I. アーノルド著，蟹江幸博訳『数理解析のパイオニアたち』（丸善出版）の第 9 節参照．

26 数学者のキャリア，これもひとつの人生

フィリップ・ホームズ

carrer（キャリア）[名詞] 人生の重要な時期に従事し，より高い地位につく機会のある職業 [動詞] 一定の方向に制御できずに疾走する

Apple Dictionary, 2005–2011

メモ風の伝記

フィリップ・ホームズは 1945 年にイギリスのリンカーンシャーに生まれ，オックスフォード大学，ついでサウザンプトン大学で学んだ. 1977 年から 1994 年までコーネル大学で教鞭をとり，その後はプリンストン大学に所属している．現在は宇宙機械工科のユージン・ヒギンス記念教授であり，数学科の中では応用数学・計算数学分野の教授*1，プリンストン神経科学研究所員でもある. ほとんどの研究テーマは力学系とその工学や物理科学への応用であり，固体と液体の不安定性，乱流，非線形光学を含んでいる．最近の 15 年のあいだ徐々に生物学に関心が向かうようになった．現在は，動物の運動における神経メカニクスと，意思決定における神経力学に取り組んでいる. また 4 冊の詩集を出版した. この経歴のほとんどすべてが偶然もたらされたものであって，ここでは例を五つ挙げておこう.

なぜ科学の分野にとどまったのか

自分を勘ちがいしている多感なティーンエイジャーにありがちなことだが，わたしもひどいできの詩を書くようになった. 1964 年に工学を学ぶためにオックスフォードに来てすぐ，大学の詩作ソサイエティに入会した．会員たちはわたしの作品を手厳しくこきおろしたが，それで気落

ちすることはなかった．イギリスの教育制度上，可能だったなら，おそらく英文学に移っていただろう．深い霧のなか長時間，せまい通りを歩きまわり，ポートメドー[*2] を越え，執筆を続け，工学にとどまり，平凡な成績で学位を取得した．不採用の通知をたくさん受け取ったが，ついにいくつかの詩が『新しい韻律』(*New Measure*)誌に掲載された．その雑誌はピーター・ジェイが創刊した小部数の雑誌で，新人を発掘して後でその著書を出版することを目的としていた．これがわたしの最初の作品集『*3 Sections of Poems*』(詩 3 節)の出版につながった．このタイトルはエンジニアのわたしには似合いのものだったろう．ピーターは今でもアンヴィル出版(イギリス，グリニッジ)を経営しており，もう 3 冊わたしの本を出版している．

不条理の砕片

わたしの人生の一部は，
　　別の誰かのものだったにちがいない，
　　　　人生に待ち受けるどんな予告をも受けるにふさわしい誰か，
次になすべきことを正しく知る誰かの，そう気づいたとき
　　まるで，明け方に半ば目覚めたかのようで，
　　　　異界の記号を使って表現し
この記号を扱う術を心得ているかのように，
　　ふるまううわべをまとっていたかもしれない
　　　　だが (今や明らかだが) わたしはわかっていなかったのだ
わたしは薄暗いホールから喝采の中を舞台にのぼり，お辞儀をし
　　演奏を始めようと楽器のそばに腰をおろす
　　　　そこで気づく，楽譜が読めないでいる自分に

道を照らして，詩集(1985–2001)，
アンヴィル出版，ロンドン，2002 年

なぜ力学系の研究を始めたのか

1973 年，音響振動研究所(Institute of Sound and Vibration Research, ISVR)[*3] で博士論文の執筆中，デイヴィッド・チリングワースによるカタ

ストロフ理論(微分可能写像の特異点理論の別名，第 40 章参照)のコースの開講を知らせる小さなポスターに気がついた．どうしてそれに抵抗できるだろうか？数学研究棟を探し，教室の後ろの方に座り，すぐに同じ受講生のデイヴィッド・ランドに微分同相写像，k ジェット，陰関数の定理とはいったい何なのかを質問しはじめた．当時サウザンプトン大学にはデイヴィッドという名の数学者が多くいたので，後の記述で混同することがあるかもしれない．わたしはもっと数学を学ぶ必要があり，デイヴィッドは応用に手を広げようとしていた．わたしたちはお互いのゴールへのよいルートは共同で論文を書くことだと考えた．わたしたちはダフィング方程式に関するクリストファー・ジーマン[*4] のプレプリント[*5] を読み，その中にちょっとしたことだが興味ぶかい間違いを見つけ，それを修正して論文に仕上げ，その草稿を送った．クリストファーからの返事には励ましの言葉と優れた提案が書かれていた．その後デイヴィッド(ランド)は採用され，今でもウォーリック大学に在籍している．デイヴィッド(チリングワース)の方はサウザンプトン大学にとどまった．この問題やほかの問題で二人のデイヴィッドと研究をしたことから，非線形力学には関心を持ち続けた．

なぜアメリカに移住したのか

工学の学位と力学系に関する刊行予定の論文数篇を携えて，イギリス国内のいくつかの講師職に応募した．工学者たちはわたしの関心が抽象的すぎると考えたし，数学者たちには「数学の博士号を持たないでどうやって微積分を教えることができるんだ」と訊かれた．幸いにも，ISVR でのポスドクの期間にアメリカの数学者や工学者と知り合いになった．彼らは 1976 年秋，大陸を越えたわたしの職探しのお膳立てをしてくれ，おかげで MIT とコーネル大学からの職の申し出を受けることになった．小さな子どもを二人連れたこの旅行は，わたしの妻がアメリカ人でなかったならばずっと困難なものになったことであろう．ルースとわたしは 1969 年の暮れにジキムという名のキブツ[*6] で出会った．そのときわたしがなぜイスラエルにいたのかというと，6 月にザルツブルク[*7] を出発してインドまでの旅行をしていたのだが，イスタンブールの安宿で同宿したある旅行者の奨めに従って回り道をしたのだ. 11 月になればアナトリア[*8] は寒く，ジキムに行くのはよいアイデアに思えた. それがどれほど良いアイデアだったのか，そう思ったときのわたしには知る由もなかったのだ.

なぜ運動に関する神経科学の研究を始めたのか

1980 年のある日，コーネル大学の理論・応用力学部の准教授として，わたしは数学科のコピー機の順番を待つ行列に並んでいた. わたしの前にいた人が奇妙なグラフの束を持っていて，わたしはつい，それは何かと尋ねてしまったのだ. それはヤツメウナギから分離した，求心路遮断された脊髄神経の末端にある運動ニューロンの細胞外記録だと答え，そしてアヴィス・コーエン[*9] であると名乗ったのである. アヴィスはその場で短時間講義をして，これらの言葉の意味を説明してくれた. 講義が終わり，わたしはコピーを 2 部とってくれるようアヴィスに頼んだ. 1 組の振動子がヤツメウナギの中枢パターン生成器[*10] のモデルになるかもしれないということを思いついたのだ. 同僚のリチャード・ランドが数理生物学についての知恵を授けてくれ，泳動と走行に関する神経メカニクスへの旅が始まることになった.

なぜ神経科学と認知心理学により深く進んだのか

1998 年までおよそ 15 年ほどにわたって乱流の低次元モデルを研究した(これはコーネル大学で，ジョン・ランリーおよびわたしたちの学生であるナディーン・オーブリー，エミリー・ストーン，ガール・バークーズとともに始めた). 乱流が非常に難しいことは誰もが知っている. 有名な物理学者のヴェルナー・ハイゼンベルクは Ph.D. を取得した後，乱流の研究から脱落し，量子力学を創始したほどだ. ある朝，犬と散歩していると，隣人とその犬に出会った(二頭の犬は実際にはそれぞれの妻のものなのだが).彼がもうひとりのコーエン(ジョン)となった.話をしてみたところ,ジョンは認知の神経ネットワークモデルを作っていると言うのである.「なるほど,力学系と分岐なのか!」とわたしは言った.この二人の関係のおかげで.今日までの 16 年間,わたしはやるべきことがたくさんあった.

結　び

数学は多くのことに応用されるが,必ずしも将来の計画を立てる際に役立つとは限らない.わたしはいまだに楽しみがあり,この後どこに行くことになるのかまったく見当もつかない.キャリアの選択について学生にアドバイスするのはきわめて難しいのである.

謝　辞　ピーター・ジェイとアンヴィル出版に感謝する.博士論文とポスドクの指導をし,ISVR でのチャンスをくれたボブ・ホワイトとブライアン・クラークソンに感謝する.アール・ドゥウェルに感謝する.彼がコーネル大学のフランク・ムーンに電話して頼んでくれたおかげで,学科長 Y. H. パオはわたしとの面接に同意してくれた.

[***Career: A sample path*** by **Philip Holmes**: Princeton University.非線形科学,力学,カオス,乱流に関する数学,教育,歴史について研究.]

参考文献

[1] Philip Holmes (1986). *The green road*. Anvil Press, London.
[2] Philip Holmes (2002). *Lighting the steps: Poems 1985–2001*. Anvil Press, London.

訳　註

*1 2017 年現在は名誉教授.
*2 テームズ川沿いの公有の牧草地で,オックスフォードの北と西に広がっている.
*3 サウザンプトン大学にある.
*4 カタストロフ理論で有名なトポロジストで,日本生まれである(1925–2016).当時ウォーリック大学教授だった.
*5 学術誌などに正式に掲載される前の論文のことで,近年は専門家の間では正式掲載の前に流布されることが多い.
*6 キブツはイスラエルの集産主義的協同組合で,ジキムはイスラエルの南のネゲブ砂漠の北部にある.
*7 オーストリア中北部の都市で,モーツァルトの生地として有名.
*8 トルコのある小アジア半島のこと.
*9 メリーランド大学カレッジパーク校生物学部名誉教授.
*10 外部からのリズミックな入力なしにリズミックな運動出力パターンを形成する回路.

50 Visions of Mathematics

27 波とともに生きた数学者

アフマー・ワディー

ジェイムズ・ライトヒル卿(図 1)は，おそらく彼の同世代を代表する最も有名な応用数学者である．そして不屈の精神，イギリス人特有のエキセントリックさ，子どものような冒険心を発揮しつつ亡くなった．1998年 7 月 17 日に，英領チャンネル諸島のサーク島を泳いで一周しようとして，心臓発作のために亡くなったのである．ライトヒルは 49 歳のとき，このサーク島一周という誰も成功したことのない偉業をやってのけ，そのあと 5 回も達成している．生きていれば，2014 年には 90 歳の誕生日を祝っていたことだろう．

ライトヒルは流体力学の専門家であり，流体力学の実際的な応用のことが脳裏から離れることはなかった．毎年夏に，ライトヒルはいろいろなところで過酷なオープンウォータースイミング(自然の水域で長距離を泳ぐスポーツ)に挑んだ．そのきっかけのひとつは，1960 年代の初め，王立航空研究所[*1] の所長を務めていたころ，実験機の操縦に常に命を懸けるテスト・パイロットに感銘を受けたことだった．ライトヒルは自分の命を流体力学のなすがままにさらすことで，彼らへの連帯を示す必要があると感じたのである．

晩年のライトヒルを見かけた人はだれでも，眼鏡をかけ，礼儀正しいが血の気の多いブリンプ大佐[*2] に似た姿を忘れられず，温かい気持ちとともに思い起こすことだろう．ライトヒルの独特の講義スタイルは，語り口という点でも，おかしいくらいそっくりな姿だという点でも，イギリスのコメディアンのローニー・バーカーのモノローグを彷彿とさせる．ライトヒルの話を聞いていると聴衆にははっきりとインスピレーションが湧いてくるのだが，ライトヒルが視覚に訴えるために用いた道具は過去の遺物に見えただろう．手書きの方程式と文章がいっぱい詰め込まれたオーバーヘッド・プロジェクター(OHP)用のスライドを，何度も目にしたものである．あたかも誕生日のプレゼントにさまざまな色の OHP ペンを贈られたことに対する感謝の気持ちを表すために，1 枚のスライドにすべてのペンを使おうとしたかのようだった．それはさておき，ライトヒルの講義テーマは驚くほど広範囲なものだった．宇宙飛行の基本，ジェット機の騒音，内耳の働き，そして魚がいかにして泳ぐか，など多岐にわたるが，以上はライトヒルが中心的なパイオニアとなって解明した現代科学の分野のほんの一端にすぎない．

ライトヒルは 1924 年 1 月 23 日にフランスのパリで生まれた．父親のバル*3 はパリで鉱山技師として働いていた．バルのルーツはアルザスで，1917 年に姓をリヒテンベルクからライトヒルに変えたのだが，それは第一次世界大戦中に高まっていた反ドイツ感情のせいだったのだろう．ライトヒルが生まれて 3 年後，一家はイングランドに戻り，ライトヒルはウィンチェスター・カレッジ*4 で教育を受けた．ライトヒルは学生時代から早熟だった．同期には，後にやはり優れた科学者となるフリーマン・ダイソン（第 24 章参照）がおり，生涯を通じての親友となった．二人はできるだけ数学の勉強をするように勧められ，15 歳になるまでにともにケンブリッジ大学のトリニティ・カレッジで学ぶための奨学金の権利を獲得していた．しかしながら，二人がケンブリッジ大学に入学したのは 1941 年，17 歳のときである．そのときすでに，ケンブリッジ大学で教えられていた数学の課程である数学トライポス*5 の第 II 部までをカバーする教材は学習済みであった．第二次世界大戦の間，学位習得に必要な期間が 2 年に短縮されていたので，ライトヒルとダイソンが受講したのはトライポスの第 III 部の講義だけだった．言うまでもなく，二人は第 II 部の試験を第一級の成績で合格し，1943 年に受けた第 III 部では優秀賞を得た．

ライトヒルは戦争の残りの期間を国立物理学研究所で過ごした．そこでライトヒルはシドニー・ゴールドスタインと共同研究するようになった．ゴールドスタインのおかげでライトヒルは，流体力学こそが才能ある数学者が研究に没頭する価値のある重要なテーマであることを確信するようになった．応用数学におけるライトヒルの主な業績のほとんどが

図 1　マイケル・ジェイムズ・ライトヒル卿（1924–1998）.

この共同研究をきっかけとしていることは，さまざまな文書から裏づけられている．戦後，ゴールドスタインはマンチェスター大学の応用数学ベイヤー教授職に任命され，ライトヒルも誘われて上級講師となった．ゴールドスタインが 1950 年にその地位を辞してイスラエルに行くことになったとき，ライトヒルは 26 歳の若さでベイヤー教授職に就いた．13 年間マンチェスターにいて，超音速航空力学，境界層，非線形音響学，渦巻き運動，水の波などの理論に基本的な貢献をした．

しかしながら，ライトヒルが最も大きな影響を与えたのは空力音響学の分野だっただろう．「空力学的に生成された音について」と題された 2 篇にわたる論文が『ロンドン王立協会報告』（*Proceedings of the Royal Society of London*）の 1952 年号（第 1 部）と 1954 年号（第 2 部）で出版されたのだ．第 1 部は真に先駆的な論文であり，参考文献はなく，流体の速さと発生する音の強さとの間に単純な比例関係があるというスケーリング則を示したものである．この研究は航空機のエンジンの設計に革命的な影響を与えることになった．ジェットエンジンの音の強さが流体の速さの 8 乗に比例することがわかり，騒音を抑えるためにはジェットエンジンが噴出する気体の速さを下げることが重要であることがはっきり示されていたからである．後になって，このスケーリング則が音速以下のジェット機に対してだけ適用できることがわかった．超音速ジェット機の出す音の強さは流体の速さの 3 乗に比例するのである．空力音響学に関するライトヒルの業績は，回転する流体の中の慣性重力波の研究を含む広い範囲に影響をおよぼし，そして大気や海洋の力学はかなり深くまで解明されていった．さらに星間ガス雲における音響放射の重要性の発見につながり，天体物理学にも影響を与えた．1953年にライトヒルは王立協会のフェローに選ばれた．

1959年にライトヒルは王立航空研究所の所長となり，いくつかの革新的な開発を指揮した．超音速空力学に関するライトヒルの研究は旅客機の技術を使用する際に役立ち，コンコルドの開発につながった．もうひとつの主要な開発としては垂直離着陸機の技術で，それは攻撃機ハリアーに搭載された「ジャンプ・ジェット」エンジンに直接つながるものだった．ライトヒルの役割は主に管理面のものだったが，草創期の生体流体力学という分野の研究を含む，重要な科学論文を発表し続けた．魚の遊泳の力学を示すものとして今日では標準となった数学モデルの主要な特徴すべてを概観している独創的な論文もある．

ライトヒルは1964年に大学での研究生活に戻ることにし，インペリアル・カレッジ・ロンドン*6の数学科の王立協会研究教授職に就任した．この時期，ライトヒルの主な関心は，流体力学を波の伝播や生体系に適用するための理論を発展させることに向けられた．特に生体の流体力学には数年にわたって力を注ぎ，1969年にはケンブリッジ大学の応用数学と理論物理学科のルーカス数学教授職として母校に復帰することになった．こうしてライトヒルは，過去にアイザック・ニュートン，ジョージ・ストークス，ポール・ディラックが座ったのと同じ教授の椅子に(身体的な意味ではなく学問的な意味で)座ったのである．ライトヒルの後任としてこの教授職に就いたのはスティーヴン・ホーキングである．

ケンブリッジで10年を過ごした後，ライトヒルはロンドンに戻り，今度はユニヴァーシティ・カレッジ・ロンドン(UCL)の学長に指名された．ライトヒルはカレッジ・ライフのあらゆる面に携わったことで非常に人気のある人物だった．生涯を通して音楽の愛好家であり，ピアニストとしてもなかなかの腕前で，UCL室内音楽協会のソリストとして何度も演奏をした．ライトヒルは1989年に公職から退き，それ以降は，かなりの管理業務の負担から解放され，フルタイムで研究に専念したのである．

ライトヒルはその全経歴を通して，科学的発見をわかりやすく伝えることに熱心であり，学術雑誌の編集者としては，若い科学者をたえず励ましてその成長を促した．実際，編集者として，投稿された論文を採択する割合の大きさには，同僚たちが眉をひそめるほどであった．しかしながら，事情を詳しく調べて明らかになったのは，ライトヒルが投稿された論文に有望で斬新なアイデアがあると感じたときには，執筆者と協力してその論文を改良するために多大な時間を費やしていたことである．このことは現在の学術雑誌の編集者にとっておそらく有益な教訓になるだろう．現在の科学雑誌は，投稿された論文の不採択率を高めることによって出版物の質を上げることを良しとしている．しかし，これには望ましくない副作用があって，冒険を避け無難な内容の研究ばかりになりかねないとも言われている．ライトヒルに国際的な科学の賞が降り注いだことは驚くにはあたらない．代表的なものには 1963 年のティモシェンコ賞，1964 年のロイヤル・メダル，1975 年のエリオット・クレッソン・メダル，1984 年のオットー・ラポルテ賞，1998 年のコプリ・メダルがある．この最後の賞は死後の受賞ということになった．

1959 年にライトヒルは，応用数学の研究者の水準と活動を高め，応用数学のコミュニティのために声を上げる専門的な学会を設立するというアイデアを誰よりも先に提案した．つまりライトヒルは，数学と応用研究所（IMA）創設を支える強力な原動力となった人物であり，1964 年から 1966 年まで初代所長を務めた．ライトヒルは，応用数学は，たとえば純粋数学や理論物理学とは別個のものとして，それ自体でひとつの学問分野として扱われるべきであることを強く主張した．ライトヒルはイギリス科学界において，並外れて先見の明がある人物であった．

［***Sir James Lighthill: A life in waves*** by **Ahmer Wadee**: Imperial College 准教授（非線形力学）．］

参考文献

［1］ David Crighton (1999). Sir James Lighthill. *Journal of Fluid Mechanics*, vol. 386, pp. 1–3.
［2］ Tim Pedley (2001). Sir (Michael) James Lighthill. 23 January 1924–17 July 1998:

Elected F.R.S. 1953. *Biographical Memoirs of Fellows of the Royal Society*, vol. 47, pp. 335–356.

訳　註

*1 RAE と略称される研究組織．イギリス国防省の下部組織で，空軍や海軍に発注される飛行機の検査をする．

*2 イギリスのマンガ家デイヴィッド・ローが描くキャラクターで，その体形から blimp と呼ばれた barrage balloon（阻塞気球）から命名されたもの．

*3 父親の名は Ernest Balzar Lighthill で，バル(Bal)と呼ばれていた．

*4 ハンプシャー州ウィンチェスターにあり，1382 年創立のイギリス最古のパブリック・スクール．

*5 ケンブリッジ大学の学位取得過程で，もともとは成績優秀試験のこと．最優秀者は非常に高く評価され，トライポスのラングラーと呼ばれる．その年のことをその最優秀者の名前で呼ぶという慣例もあった. I. ジェイムズ著, 蟹江幸博訳『数学者列伝』(丸善出版) の中で，第 4 章のシルヴェスター，第 5 章のヘンリー・スミス，第 8 章のハーディーの項にいろいろな角度からの記述がある．ケンブリッジ大学で数学を学んだ人々のさまざまな思いが垣間見られておもしろい．明治の最初の東大の数学教授だった菊池大麓がどう挑んだかも拙著『文明開化の数学と物理』(岩波書店) に記述がある.

*6 ロンドン大学のカレッジとして 1907 年に設置されたが, 2007 年に独立した．理系の公立研究大学.

50 Visions of Mathematics

28 もうひとりの暗号解読者

クリス・バッド

2012年, アラン・チューリングの生誕100年が祝われた. チューリングは, 第二次世界大戦中にドイツのエニグマ暗号の解読に大きな役割を果たしたこと, 現代の電子計算機の始祖のひとりであるということの両方で称賛されるべきなのは言うまでもない(チューリングの生物学に対する知られざる貢献については第21章を参照されたい). しかし, チューリングはブレッチリー・パークに設置された秘密組織で働いていたただひとりの暗号解読者というわけではない. 実際, 少なくとも1万2000人が従事しており, その中には大数学者と呼べる人も多くいた. 数学と応用研究所(IMA)の創立者のひとりであるデイヴィッド・リース教授FRS(王立協会のフェロー)もそのひとりである. これら大数学者の中でも, とても難しいタニー暗号を解読するという素晴らしい成果をなしとげ, 戦時下における最大級の知的業績を挙げたとして讃えられたのが, カナダ勲章を受章し, FRSでもあったビル・タット(1917年5月14日–2002年5月2日, 図1)である.

ビル・タットが数学者としての人生を歩みはじめたのは(アイザック・ニュートン卿やバートランド・ラッセルなど, ほかの多くの人のように)ケンブリッジ大学のトリニティ・カレッジである. タットは学部生のころ, 学生仲間とともに「デカルト」という名のチームをつくり, **正方形の正方形分割**[*1] と呼ばれる魅力的な問題に取り組んだ. これは, 辺の長さが整数である正方形を, より小さい, 辺の長さが整数の正方形だけを使って敷き詰めるという問題である. 読者も試してみてほしい. 辺の長さが1である正方形を使うというつまらない解もあるが, 辺の長さが整数で, しかも大きさがすべて異なる正方形を使った敷き詰めを見つけよという問題はさらに興味ぶかい. 最高の数学の問題の多くがそうであるように, この問題も述べるのは簡単だが, 解くのは難しい. トリニティ・

カレッジのビル・タットのチームは電気回路理論のアイデアを使って1つの解を見つけた(純粋数学ですら工学から何かを学ぶことができるという例である). 大きさの異なる正方形の個数が最小となる解(図2参照)は, トリニティ・カレッジの数学会のロゴに使われており, 実にふさわしいものである.

多くのケンブリッジの数学者と同じように, タットは戦争が始まると, ミルトン・キーンズ*2 近くのブレッチリー・パークに設置された暗号解読の秘密組織である政府暗号学校に加わった. タットは, ジョン・ティルトマンに率いられた研究部門で働いた. ブレッチリーの組織のほとんどが, ドイツ軍が日々のメッセージの暗号化に使っていたエニグマ暗号を解読することに従事していた一方で, 研究部門ではヒトラー自身が使っていたものも含め, そのほかのドイツの暗号を解読しようとしていた. そのうちのひとつは, 当時最新式だったテレプリンターを組み込み, メッセージを文字ごとに順に暗号化していくバーナムの暗号を使う方式を採用した, ドイツのローレンツ SZ 40/42 暗号機によって作られた暗号である. その原理は12個のローターがテレプリンターに取りつけられていて, ローターが文字盤を回転させて生成する疑似ランダムな秘密鍵によって暗号化された文字が出力されるというものである. これは, エニグマ暗号で使われている(比較的単純な)ロータを用いた暗号機よりもはるかに洗練された機械であった.

その当時, ブレッチリーの暗号解読者たちがタニー*3 という名のコードネームで呼ばれたこの暗号を解くことなど不可能であるように思われていた. 実際, エニグマの場合とは異なり, 彼らはローレンツ暗号機を見たことがなかったし, その内部の仕組みについて何も知らなかった. しかしながら, 解読できたなら, ヒトラーの極秘の命令そのものを知ることができるかもしれず, その成果は非常に大きなものになると思われた.

ブレイクスルーは1941年8月30日に起こった. その日, オペレーターのミスによって, ドイツは同じ機械で, 同じ鍵の設定でほとんど同じメッセージを送信した. それは厳しく禁止されていたことだった. このメッセージはケントにあるイギリスの秘密の ‘Y’ 受信局によって拾わ

図 1　ビル・タット(1917–2002).
Copyright *Newmarket Journal*.

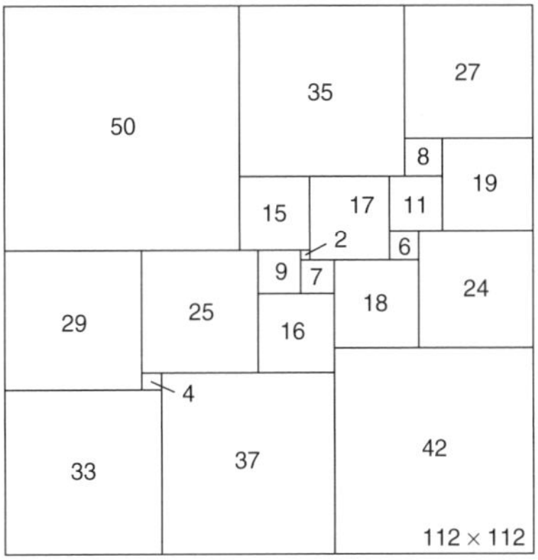

図 2　辺の長さが整数で，大きさが異なる正方形で敷き詰めた「正方形の正方形分割」問題の最小(122 × 122)の解.

れ，ブレッチリーに送られた．そこにいたティルトマンは研究の結果，2 つのメッセージがほとんど同じであることを知り，(ちがいを慎重に比較することによって)2 つの暗号化されたメッセージを解読することができたのだった．さらにより重要なことに，4000 字からなる秘密鍵を見つけたのである．

しかしこれは別の見方をすれば，それだけのことにすぎなかったとも言える．1 つのメッセージが解読されたが，ほかのメッセージについてはどうなのだろうか？ 研究部門がなすべきことはローレンツ暗号機の仕組み，特に見つかった疑似ランダムな鍵がどのように生成されたのかを見出すことだった．これがうまくいき，疑似ランダムな鍵が生成される原理を理解できるようになれば，今後送られてくるすべてのメッセージが解読できるようになる．

この任務がタットに与えられ，タットはテレプリンターの出力した暗号とその鍵を書き出す作業に着手した．ローターによって文字盤が回転することで生成される鍵の文字列に，何か規則的な繰り返しがないかを見つけようとしたのである．驚くべきことに，タットはこれを実行するのに機械を使わず，方眼紙の上に鍵を手で書き出し，鍵の繰り返しの周期ではないかと推測した文字数ごとに改行するようにしてみたのである．もしこの推測した数が正しければ，偶然では起こりえないほどのパターンのある文字列が各行にわたって繰り返されるだろう．何度も勘を働かせ，観察を続けた末に，41 の周期で試したとき，タットの言葉を借りれば「繰り返し反復する丸と十字*4 からなる長方形が得られた」．このことから，鍵を生成するプロセスで最も高速に動くローターの歯車には 41 個の歯があることがわかった．ならば，41 がすべての答えなのか？ これだけではまだそうだとは言えない．すべてのローターが同じ速さで動いているとは限らないので，それぞれのローターの回転によってテレプリンターの出力がどのように変化するかをすべて見つけ出さなければならなかった．タットの推論によれば，ローターには 2 種類あるはずだった．それを χ と ψ とタットは呼び，それぞれが異なる回転数で動き，その組み合わせで鍵が生成されるのである．

タットによるブレイクスルーの後，ブレッチリーの研究部門の残りの人たちも鍵の解読プログラムに参加した．その協力により，歯車 ψ は 5 つあって，さらに歯車 μ という 2 つの歯車によって，歯車 ψ の動きがコントロールされていることが見出された．

この集中的な研究の末に，ローレンツ暗号機の完全な内部機構が，実際に機械を見ることもないまま，解明されたのだった．

さらに驚嘆すべきことに，このみごとな発見をやってのけたタットは弱冠 24 歳だったのである！

鍵生成のメカニズムが解明された後に，さらにタニー暗号を解読するという膨大な量の仕事がまだ残っていた．暗号解読のために，後にテスタリーと呼ばれる特別チームがラルフ・テスターによって立ち上げられた．

このチームにはタットとドナルド・ミッキー（タットと同世代で，後に現代計算機科学と人工知能の主要な創始者のひとりになった）も加わっていた．チューリングもまたテスタリーの任務に大きな影響を与えた．

テスタリーは手作業によってタニー暗号のメッセージを解読するという，残された大量の作業に従事した．この手法もまたタットのアイデアに大きく基づいており，ローターの動きの組み合わせによって生じる鍵の中から統計を活用して規則性を発見するというものである．しかしながら，タニー暗号を解読することは途方もなく難しく，自動的な方法が必要であることが明らかだった．

したがって，マックス・ニューマンの下に，暗号解読機を開発するため補助的な（ニューマンリーと呼ばれる）組織が設立された．最初に開発された暗号解読機は（珍妙で複雑な機械を描いたマンガ家ヒース・ロビンソンにちなんで）ロビンソンズと呼ばれるが，ニューマンリーの大成果は電子式の暗号解読機の開発であった．このうちで最も重要なものはトミー・フラワーズによって設計されたコロッサス・コンピュータである．この機械は完成時には 2400 個の真空管を使って，毎秒 2 万 5000 文字の速さでメッセージを処理し，D デイ[*5] の前にはドイツの最高機密メッセージも解読することができるようになっていた．コロッサスは復元され（実際に作動する），現在，ブレッチリー・パークで展示されている．

戦後，タットはケンブリッジ大学に戻り，同じくブレッチリー・パークに古くから参加していたショーン・ワイリーの指導の下で博士課程を修了した（ずっと後のことだが，偶然にも，筆者もまたケンブリッジでワイリーの教えを受けた）．その後タットはカナダに移り，結婚して残りの生涯をその地で過ごした．最初はトロント大学，後にウォータールー大学に在籍している．ウォータールー大学では，組み合わせ論と最適化理論を研究する学科を創設した．タットの数学研究はものごとがどのように結び合わされるかを研究する組み合わせ論が中心で，ブレッチリーでの暗号解読の活動ばかりでなく，以前の正方形の正方形分割の研究に触発されたものなのだろう．組み合わせ論の非常に重要なテーマにグラフ理論があるが，タットはグラフ理論を，現代のネットワークの研究へとつながる形に発展させるのに大きな貢献をした．ネットワーク理論の応用にはインターネット，グーグルなどの巨大な検索システム，社会的ネットワーク，携帯電話システムがあるので，これは 21 世紀のテクノロジーへの数学の最も重要な応用のひとつであると言ってよいだろう．また，ネットワーク理論には四色問題やケーニヒスベルクの橋の問題(第 5 章参照)への応用もある．タットはまたマトロイド理論という難解な数学分野でも研究し，多くの重要な結果を得ている．これを含め，関連した業績によって，1987 年には王立協会のフェローに選ばれ，2001 年にはカナダ勲章を受章している．タニー暗号の解読における先進的な業績により，2011 年にカナダの通信セキュリティ機関が暗号研究の促進を目的とする組織に，タット数学・コンピューティング研究所と名づけたことは，彼に敬意を表するにふさわしいものであった．タットや彼のような数学者は戦争に勝つことばかりでなく，さまざまな方法で世界をより良くする働きをしてきたのである．

［***Bill Tutte: Unsung Bletchley hero*** by **Chris Budd**: University of Bath, Royal Institution of Great Britain 教授(数学)．］

訳　註

*1 ルジンの問題とも言われる．正方形を大きさの異なる正方形に分割する，という問題である．同じ大きさでよければ簡単な解があるが，すべて異なるものはないだろうと思われていたが，現在ではいくつかの解が知られている．最初に 1940 年にタットらによって得られた解は 55 個に分割するものだが，1978 年に A. J. W. デゥアイフスタインにより 21 個に分割する例が得られ，それが最小数であることも知られている．

*2 ロンドンの北西約 80 キロメートルの，オックスフォードとケンブリッジのほぼ中間の丘陵地にある町．

*3 タニーはマグロという意味だが，当時のドイツ軍のテレプリンターの通信データを魚群と呼んでいて，その中での大物という意味なのだろう．

*4 排他的論理和を表す $\oplus$ のこと．バーナム暗号では，もとのメッセージと鍵をそれぞれ 2 進法で表し，ビットごとに排他的論理和を取ったものが暗号文となる．

*5 第二次世界大戦末期の連合軍の反攻の象徴である，ノルマンディー上陸作戦の決行日を意味する．

29 50 Visions of Mathematics

もうひとつの神の粒子

アラン・チャンプニーズ

科学の歴史は無名の英雄と忘れられた人物にあふれている. なかには, 幸運にも, 生きているうちに業績が正しく認められる人もいるが, そうはならない人もいる. 数学者にとっては, 自分の研究の本当の意義を見届けるまで生きているというのはきわめてまれなことである. 注目すべき例外がエジンバラ大学の理論物理学の名誉教授でノーベル賞受賞者のピーター・ヒッグスである. ヒッグスの名は最近になって世間の注目を引くようになった. ヒッグスが1960年代に実行した理論的な計算から, ある種の素粒子の存在が予言され, 彼の名前を冠して, ヒッグス・ボソンと呼ばれた. 2012年にCERN(セルン)でヒッグス・ボソンと思(おぼ)しき粒子が発見され, いわゆる素粒子物理学の**標準モデル**という驚くべき数学理論を確認するジグソーパズルの最後のピースになるとして歓迎されている.

このようにして, 21世紀初めに標準モデルが正しいと確認されれば, IT分野, エネルギー, 物質科学などの技術開発に, 計り知れないほどの貢献をすることになるのは疑いもないことである. それはちょうど, 20世紀の初めに原子核の分裂の発見によって, いまでは当たり前に使われているさまざまな技術が生み出されたことに匹敵する. しかし筆者は, マスコミが前例のないほどのスピンを掛けて, ヒッグス・ボソンを見えなくしてしまったと感じざるを得ない. スピンと言っても素粒子物理学の意味でのスピンではなく, 科学的な意味のまったくない, 21世紀から使われるようになった「マスコミの偏り」といった意味でのスピンである. BBC放送のホーム・コメディである**ロイル・ファミリー**の主人公であるジム・ロイル(これから語る, この章の主人公の3番目の名前とは何の関係もない)ならこう言うだろう. 「神の粒子だって？ 信じられないね！*1」

この章では, もうひとりの輝かしい20世紀のイギリスの理論物理学者トニー・ヒルトン・ロイル・スカームについて述べる(図1). スカームの業績は，ヒッグス・ボソンの遠い親戚である**スカーミオン**を数学的に予言したことである．しかしながらヒッグスとはちがい，スカームはあまりにも早く亡くなったので，生きている間には，その業績に値するほど評価されることはなかった．

筆者にとってスカームはそれほど親しくさせていただいたというわけではないが，ありふれた手術を受けた後1987年6月に急逝した知らせを受けて，葬儀に出席した．後に死因が，生前に診断されていなかった出血性胃潰瘍だったことがわかった．筆者がバーミンガム大学の数学科の2年生だったとき，試験後に，講師が関心のあるテーマに関して講義するというコースがたくさん設けられていた．流行に取り残されたようなむしろだらしない格好のスカームがもぐもぐと語る，対称性の数学に関する講義はユニークで魅惑的なものだった．手にしていた講義用のノートは昔ながらのタイプライターで完全にタイプされていた．その年の講義は，終わりまで行きつかなかったことを覚えている．

トニー・ヒルトン・ロイル・スカームは1922年にロンドン南部のルイシャム区で生まれた．イートン校では奨学金を受け，ケンブリッジ大学では数学の成績でトップとなり，ケンブリッジ大学の数学の学生が作る世界的に有名な数学同好会アルキメデスの会長にもなった．1943年には，ケンブリッジ大学が学部修了者を対象に1年間延長したコースであるユニークな数学トライポスの第三部を修了した．終了後スカームは直ちに，原子爆弾の開発に向けた戦争遂行のために徴発された．ヴェルナー・ハイゼンベルクの学生だったがナチス・ドイツから逃げてきたユダヤ人ルドルフ・パイエルス（後にナイトの称号を得た）の下で，スカームは働いた．彼らの成果は当時ニューヨークにあったマンハッタン計画に取り入れられた．スカーム自身も，1944年にロス・アラモスに移動して，マンハッタン計画に参加した．スカームが特に従事していたのは，プルトニウムが核爆発を生じるほどの臨界状態に達するのに必要な火薬量を予測する計算であった．パンチカードを集計する方式だった，IBM社製の初期のコンピュータが使われた．

スカームのロス・アラモスでの任務の多くは機密扱いになっているが，

図 1　トニー・スカーム(1922–1987).

それは 1946 年のケンブリッジ大学でのフェローシップを得るための論文(事実上の博士論文)の基礎をなしている. スカームはバーミンガム大学で, 数理物理学の教授だったパイエルスと共同研究をするというフェローシップを獲得した. スカームが妻のドロシーと出会ったのもこのバーミンガム大学で, ドロシーは同じ大学で実験核物理学の講師をしていた. MIT (マサチューセッツ工科大学)とプリンストン大学で一時的な職に就いた後, 1950 年にハーウェル*2 にある, 英国の原子力研究所の研究員に任命された.

スカームはこのときまでにとてもたくさんの論文を発表していたが, その後の 10 年間も素粒子物理学の根幹に関わる独創的な論文を次々と書き上げた. スカームの業績として最も有名なものはいわゆるスカーミオン・モデルを導入したことである. これは最新の理論物理学の成果を取り入れて, 陽子と中性子を記述するものだった. スカームの中心的なアイデアは, ある微分方程式(本質的には時空における物理量の変化率を調整するためのもの)を示したことである. この微分方程式は既存の線形理論では現れないものであった. つまり, スカーミオン・モデルには厳密な比例関係では表せない項が含まれていたのである.

非常に困難だったのは, 1950 年には, そのような方程式を解くための一般的な方法が見つかっていなかったということである. その解は波を数学的に記述したもので表されるだろうと予想されていた. この波というのは比喩的に表現したもので, 指と指の間に輪ゴムを引っかけて張り,はじいてできる波のようだということである．巧妙な手法でスカームが見つけたのは異なるタイプの特殊解で，先の比喩を使えば，ひとひねりした輪ゴムの作る波に対応している．メビウスの帯のねじれと同じように，このような輪ゴムのねじれ具合は位相不変量になっている．このねじれは，押しても引っ張っても取り除くことができないものである．スカームは，このような数学的対象こそ素粒子のようなものであると考え，このねじれは空間に局在して取り除くことができないとした．

スカーム夫妻は 1958 年 9 月から 1 年間の無給休暇をとって，その間に文字どおり世界中を旅してまわった．ペンシルヴァニア大学で一学期の講義を教えて，アメリカを横断し，懐かしいロス・アラモスを再訪してから，船で太平洋をわたりオーストラリアのシドニーに着いた．ここでランドローヴァー社製の四輪駆動車を購入し，キャンベラにあるオーストラリア国立大学で 1 ヵ月間の講義をした後，オーストラリアの赤い大地の真ん中をドライブで突っ切って北部のダーウィンまで行き，そこからマレーシアのクアラルンプール行きの船に乗った．そして，マレーシアの地とまさしく恋に落ちたのである．スカーム夫妻はともに園芸を愛好していたので，緑したたる熱帯のパラダイスにすっかり魅了された．新たに購入したヒルマン社製の自動車で，ビルマ，インド，パキスタンとドライブし，イランではサルモネラ菌のために命を落としそうになりはしたが，イギリスに帰り着いた．

ハーウェルに戻ったスカームはクアラルンプールに移住する計画を立て，1962 年にマラヤ大学の職に就き，数学科の学科長代理になった．今度は長距離走行により適したロングホイールベースのランドローヴァーを購入した．実務家肌のスカームは，車の解体方法を完璧に習得し，夫妻は予備の部品を大量に積み込んでクアラルンプールに向かった．当初の約束では任期は 3 年だったが，このパラダイスは必ずしも非の打ちどころのない理想郷だったわけではなかった．スカームの不得意な管理業務に悩まされるようになったのである．そこで，1964 年にパイエルスがオックスフォード大学に異動したために，バーミンガム大学の数理物理学教授職が空席になると，スカームは後継者としてふさわしいということになったのだった．スカームは亡くなるまでバーミンガムで過ごすことになる．

スカームはシャイな人物だった．また，理論的な研究は肉体的な作業で補完されるべきだという信念を持ち，1950 年代には自分でテレビやハイファイオーディオを作っている．バーミンガムでは夫妻で大きな庭に野菜を栽培し，なるべく自給自足の生活をしようと心がけていた．スカームは，開発に関係した原子爆弾から生じるかもしれない核の冬を恐れていたのだろうか．夫妻には子どもがいなかった．スカームは科学研究にあたっては，ひとりであることを好んだ．おびただしい数の草稿があったが，パイエルスのような先輩の助言も，ハーウェルでのような刺激的な雰囲気もないなかでは，スカームは出版する必要性を感じなかったのだろう．孤独を愛するところもあったため，忘れられた人物にもなってしまった．国際会議での招待講演さえ断ることがあった．バーミンガム大学での筆者の指導教官であり，後に学科長になったロブ・カーティスによれば，「スカームは親切で，引き受けられる限りたくさんの講義を常に熱意を持って取り組んでいた．教育を売り物にすることに懸命な昨今の風潮とは対照的であった．その点で，スカームは自分の専門を教授することに徹した昔気質の人であった」．

1980 年代の初めに非線形科学という神秘的でさえある考え方が突如として登場するようになると，原子核物理学におけるスカームの研究が広く認められるようになった．スカームの発見した，理論的な粒子でもある空間の局所的な状態が**スカーミオン**と命名されたのは，ハーウェルの近くで 1984 年にスカームに敬意を払って開催された小さな会議でのことであった．その会議の公的な記録は残されていない．その 3 年後，スカームは説得されて，パイエルスの 80 歳の誕生日を祝う会議で**スカーミオンの起源**について講演することを引き受けた．トニー・スカームは，講演することになっていた日の 2 日前に亡くなったのである．

もしスカームが生きていたら，スカーミオンへの興味が大幅に加速されていくのを見ることになっただろう．スカーミオンは自然界に見られるソリトンの一種と考えることができる．ソリトンとは 1 つの山だけからなる孤立波で，光の伝播から，津波，建築物のたわみまでのさまざまな現象を科学的に観察するときに見つかってきたものである．科学で広く使われている検索エンジンでざっと調べてみると，1987 年までに，タイトルやアブストラクトの中でスカーミオンに触れている学術誌掲載の論文は 100 篇ほどである．2012 年までには 1600 篇あり，2012 年だけでも 120 篇がある．2010 年の『ネイチャー』誌の論説で詳しく説明されているように，スカーミオンは素粒子の起源を説明するのに使われる以外にも，超電導物質，薄い磁気フィルム，液晶の中にスカーミオンかもしれないものが存在することが報告されている．

トニー・スカームは，彼のような経歴のほとんどのイギリスの科学者が受けるべき栄誉である，王立協会のフェローの称号を与えられることはなかった．アルフレッド・ゴールドハーバーは，オックスフォード大学の物理学教授モリス・プライスの「トニーは自分のためだけに行動するには利巧すぎた」という言葉を引用している．それでも，スカームは 1985 年に王立協会から，物理学の分野で国際的にも権威あるヒューズ・メダルを受賞している．ディック・ダーリッツは授賞式の模様を振り返って，「トニーはメダルを握り，笑みを浮かべて席に戻ってくると，“当時は誰も何も理解できなかったんだが” ともっともなことを呟いた」と語っている．興味ぶかいことに，そのほんの 4 年前のヒューズ・メダルの受賞者のひとりがピーター・ヒッグスで，それはいわゆる神の粒子の予言につながる業績に対してのものだった．

［***Tony Hilton Royle Skyrme*** by **Alan Champneys**: University of Bristol 教授（応用非線形数学）.］

参考文献

［1］ Gerald Brown (Ed.) (1994). *Selected papers with commentary of Tony Hilton Royle Skyrme*. World Scientific Series in 20th Century Physics, vol. 3. World Scientific.

［2］ Dick Dalitz (1988). An outline of the life and work of Tony Hilton Royle Skyrme (1922–1987). *International Journal of Modern Physics A*, vol. 3, pp. 2719–2744.

［3］ Alfred Goldhaber (1988). Obituary of T. H. R. Skyrme. *Nuclear Physics A*, vol. 487, pp. R1–R3.

訳　註

*1 原文では my a**e! となっている．ジムが人を馬鹿にする口癖が my arse! であるが，あまりに品のない言葉なので**を使っているようである．辞書を引くことはお勧めしない．

*2 オックスフォードの南方 21 キロメートルにある町．

30 グルームブリッジ・プレイスの謎

アレクサンダー・マスターズ，サイモン・ノートン

「この殺人には数学が関係しているのだ」とサイモンは満足げにうなった．「彼は散弾銃で頭を吹き飛ばされた状態で発見された．」

「そして，箱形に刈り込まれた生垣に囲まれた庭にいた，彼の未亡人の顔には，不可解なことに明るい笑みが浮かんでいた．」*1

「この事件の陰で糸を引いているのはシャーロック・ホームズの宿敵モリアーティ教授だ」とサイモンは楽しそうにうなずいた．

サイモン・フィリップス・ノートンのことをご存じでない方のために，少し紹介をしておこう．天才少年サイモンは，1960 年代に国際数学オリンピックで最高得点を 3 回獲得し，そのうち 2 回は満点であった．彼の偉業はデイリー・メールとデイリー・テレグラフとデイリー・スケッチ各紙の一面を飾ったのである*2．

（婦人に対してのものでなく公共交通に対する）愛が数学者としてのサイモンの経歴を終わらせることになる．最近では，サイモンは週に 4 日から 7 日間は，バスや列車に乗って国中を旅行しており，景色を観賞したり，接続が非効率だと地方自治体に苦情を申し立てたりしている．少年時代の才能の発露である強烈なエネルギーは，方向性を変えてしまった．サイモンは数学を投げ出したわけではなく，依然として数学の天才である．サイモンがその気になったら，群論に関する国際会議に出席してくれることもあるだろうし，その日をみんなが待っているのだ．しかし，数学はもはやサイモンの人生の中心にはない．サイモンは，灰色の髪の毛が静電気を帯びて逆立ち，しょっちゅう破れたナイロンのズボンを穿いている．T シャツには好物のサバや袋入りの中華風の米料理を食べこぼしたシミがついている．わたしのような数学を専門としない者にとって，あるいは，自分の才能を失うことを恐れ，仲間内でのトップの座にのぼりつめるという快感をあっさりと手放すことのできそうにない数学者

にとって，サイモンが最高レベルの数学の専門家の地位を捨て去ってしまったことはみじめな敗北のように感じられるかもしれない．サイモンは優れた数学者であったが，バス・鉄道マニアになったのである．しかしこれはサイモンにとっては才能の開花であった．自家用車を利用せず，公共交通サービスの再編による利便性の向上をユーモアをまじえて訴えるニュースレター(〈http://www.cambsbettertransport.org.uk〉)の編集を手がけている．サイモンは決して孤独ではないし，退屈もしておらず，利他的でやむにやまれぬ動機から，世界をより良い場所にするために戦うことに夢中なのだ．サイモンが数学から離れたことは本当の自分に気がつき，幸福になったという意味で勝利なのである．公共交通機関の時刻表以外に，サイモンにはもうひとつ情熱を傾けるものがある．それは殺人事件の謎である．

数週間前，サイモンとわたしがターンブリッジ・ウェルズ西駅にいたのはそれが理由である．その駅から 10 時 50 分発の蒸気機関車でグルームブリッジへ向かったのである．座席に腰をおろすとわれわれは『恐怖の谷』の面白い場面をあれこれと思い出していた．グルームブリッジ・プレイス*3 はコナン・ドイルが『恐怖の谷』で事件現場のバールストン館のモデルとした場所である．

サイモンは布カバンを座席の脇に置いて，それに両腕を突っ込み，チラシやらサバ缶やらをかき分けだした．「この殺人事件に関係した新しい問題についてわかったことがあるんだ」と彼は言い，顔を胸に押しつけんばかりに真っ暗なカバンの中を覗き込んだ．「ああ，なんてこった」と呟いた．このテーマについて彼が書いた論文が見つからなかったのだ．しかしその 1 分後，小さいフォントでタイプされ，大きなシミのついた書類を取り出して，得意顔で手渡してきた．「微積分と三角法と複素数と，時間スケールの変更が関係しているんだよ．」

汽車は鋭い汽笛を鳴らし，グルームブリッジに向けて出発した．窓の外を見ると，汽車の吐く煙がプラットフォームに立ち込め，雪片を舞い散らし，駅の柵を越えてアズダ*4 の駐車場にまでなだれこんでいる．「そしてこれでね，モリアーティがなぜ犯罪界のナポレオンになったのかを説明することもできるんだ」とサイモンは機嫌よく付け加えた．ターンブリッジ・ウェルズからグルームブリッジまでは非常に近く，運賃を7ポンドとることを正当化するために汽車はきわめてゆっくりと進まねばならなかった．エンジンが音を立て，レールがきしんでいる間に，以下のものをわたしは読むことができた．

フィクションを読む喜びのひとつは，原作者が創造した世界が現実世界とどう関連しているのか，想像をめぐらせるところにある．この点で，コナン・ドイルのシャーロック・ホームズ物語よりも成功したシリーズはない．シャーロック・ホームズが実在の人物であるとみなしてホームズ物語を解釈した研究が，数多く生み出された[*5]．

シャーロック・ホームズの宿敵であるモリアーティは数学の教授職を務めていたことがあり，そのため数学がシャーロック・ホームズ物語に登場する．モリアーティの執筆した2篇の論文が言及されている．つまり『最後の事件』での二項定理に関する論文，『恐怖の谷』での「小惑星の力学」と題した論文である．この2篇の論文が実際には何について書かれていたのかは推測するしかない．

現実の世界に戻ると，1887年にスウェーデン王オスカルII世は，多数の物体の運動を数学的に記述するという問題[*6]に対して懸賞金を出した．この問題はたとえば，ニュートンの重力が作用している太陽系のような多数の惑星の運動を記述する問題である．物体の数が2であるときは，ニュートンによって問題が解かれたことが知られている．ニュートンは，自分の提示した重力理論から，二体の軌道がその重心の周りの楕円になることを導いた．これは，ケプラーの観測によってすでに確立されている法則に一致する．しかしながら，物体の数を3に増やしただけで，問題は数学的に手に負えなくなってしまう．多くの小惑星の運動の要因となるのは，太陽や木星との間の重力だけなので，小惑星の運動を記述することは一種の三体問題となる[*7]．

賞金はフランスの数学者アンリ・ポアンカレが獲得した．実際に三体問題を解いたわけではなかったが，解決に至る最初の大きな一歩を踏み出したのである．

そこで，シャーロック・ホームズの世界に戻り，「小惑星の力学」はモリアーティがこの懸賞に応募した論文であると考えてみよう．さらに，モリアーティの応募論文に疑念を抱き，ホームズに調査を依頼するようオスカルII世に進言したものがいたとしてみよう．『最後の事件』では，オスカルII世を思わせる「スカンディナヴィアの王」の依頼で始めたホームズの仕事について述べられている．

モリアーティの論文が盗作であることをホームズが発見したのであ

れば，モリアーティは『最後の事件』の中で語られているように，教授職を辞任せざるを得なかっただろう．モリアーティがホームズを恨み，復讐のために犯罪組織を立ち上げるという第二の人生を歩むことになったのだろうか？ おそらく，スキャンダルを最小限に抑えるため何らかの取引がおこなわれ，ホームズは論文が盗作だったことを公表しないことに同意したのだろう．そのことは，『恐怖の谷』の中でホームズが「小惑星の力学」を深遠な業績と呼んでいることの説明になるだろう．

ミネソタ州セントポール市に住むラリー・ミネットはアメリカを舞台にしたホームズの冒険の物語を何冊も執筆している．そのうち，『シャーロック・ホームズとルーン文字の石碑の謎』の中で，オスカル II 世その人からミネソタ州のアレクサンドリアはずれにある石に彫られたルーン文字[*8] の碑文の真贋について調べるように依頼されている．この石碑の実在のモデルは，アレクサンドリアの博物館に展示されている．実は，わたしはこの本を読んで，次のようなことを思いついたのである．もしホームズが「小惑星の力学」の盗作疑惑を成功裏に解決したのなら，オスカル II 世がルーン石碑がほんものかどうかを調べるのに再びホームズを雇った可能性は高いのではないだろうか？

もしかしたら，ホームズがオスカル II 世に依頼された最初の事件を『シャーロック・ホームズと三体(ボディ)問題』と題して，誰かが書くようなことがあるかもしれない．この題名はダブルミーニングになっていて，もうひとつの意味は，ストーリーの展開中に殺害される三人の死体(ボディ)というわけだ．こんな本が出版されたら，わたしはきっと読みたくなるにちがいない．

ところで，以下に述べるのはモリアーティなら何の苦もなく解いたであろう三体問題の一種である．

三虫問題：三匹の昆虫 A, B, C が平面上にいて，それぞれ大きさのない点と考える．A は B に，B は C に，C は A に向かって動くとする(図 1 参照)．それぞれの昆虫は自分の目標に向かってまっすぐに進もうとするので，同じ速さで動くとしても実際に動く方向は常に変化する．その運動を記述せよ．

この問題は重力での三体問題とはいくつかの点で異なっている．第一に，重力問題はカオス的である，つまり，運動を記述するには出発点での位置を限りなく精確に知る必要がある[*9] のだが，三虫問題は規則的なので，その運動はかなり簡単な規則を見つけて記述することができる．第二に，三虫問題は自由度がはるかに少ない．時刻 0 での昆虫の位置がわかっていれば，その後の軌跡がすべて決まってしまう．三匹それぞれの位置を示す座標は 2 つの数で表される．この系が回転，反転などの下で不変である（平面にそうした変換を施しても問題が変わらない）ことを考えると，実際には自由度は 2 しか残っていない．

それとは対照的に，重力問題は，各物体の初期位置だけでなく初速度を知る必要があり，自由度は 12 以上になる（一般性を失うことなく，三体の重心を固定することができる*[10]）．互いに合同なもの，あるいは相似なものは同じだとみなすと，そのうちの 7 つは取り除くことができて，自由度の残りは 5 になる（三体がある平面上に留まると仮定したとしても*[11]，自由度はまだ 4 だけ残る）．

どちらの問題にも**簡単な場合**というものはある．重力問題に対しては，（一番軽い）一体がいわゆるラグランジュ点にあるという場合である．三体が太陽と木星と小惑星であるとみなすと，小惑星のラグランジュ点は，木星の公転軌道面上にあり，太陽と木星とで正三角形をなすような点が 2 つと，太陽と木星を結ぶ直線上に点が 3 つ（太陽と木星と小惑星がそれぞれ，ほかの 2 つの間にある 3 つの場合）*[12] である．

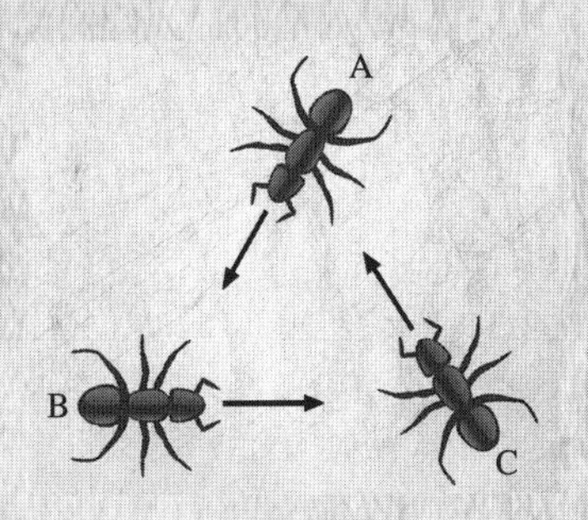

図 1　三虫問題．この瞬間に各昆虫の進む方向が示されている．

奇妙なことに三虫問題での簡単な場合は，これととてもよく似ているのである．もし昆虫の位置が正三角形をなしていれば，三匹の昆虫の軌跡はすべて対数螺旋*[13] を描いてその正三角形の中心に収束していく（これはよくパズルとして出されることがある）．三匹が一直線上にいるならば両端にいる昆虫はお互いをめざして真っすぐに進み，残りの一匹は自分の目標の昆虫の方向に進み，ぶつかった後はくっついたままで，その昆虫と一緒に動く．

しかしながら，2 つの問題の間の興味ぶかいちがいがここにある．重力問題の場合，物体の初期位置が正三角形に近い三角形になっていれば，正三角形の状態に収束するという意味で安定である．初期位置が直線上のラグランジュ点に近い状態であれば，小惑星は遠く離れるように動くという意味で不安定である．しかし，三虫問題では，正三角形の方が不安定で，直線の方が安定になる．

三虫問題に関係した数学の概略をこれから述べよう．この問題はエレガントな方法で解くことができる．昆虫の位置がなす三角形を考える．すでに昆虫には A, B, C というラベルがついているので，この三角形の頂角にも同じラベルを使い，さらに，それぞれの対辺に a, b, c というラベルを使おう．これは幾何学で三角形にラベルをつける際の標準的なやり方に準じている．

さて，B は C に向かって速さ 1 で動いているとする．しかし，C の動きも B と C の間の距離に影響を与える．もし C が鋭角なら C は B に近づき，C が鈍角なら C は B から遠ざかる．どちらの場合も（また C が直角である場合も），C が B に向かって動く速さは $\cos C$ となる．C が鈍角ならこの値は負になり，C が B に向かって負の速さで動くこと，つまり遠ざかることを意味する．

B が C に向かって速さ 1 で動いており，C が B に向かって速さ $\cos C$ で動いているので，

$$-\frac{\mathrm{d}a}{\mathrm{d}t} = 1 + \cos C$$

となり，同様にして，

$$-\frac{\mathrm{d}b}{\mathrm{d}t} = 1 + \cos A \quad \text{かつ} \quad -\frac{\mathrm{d}c}{\mathrm{d}t} = 1 + \cos B$$

となる．

このことは，三角形の周長 $a + b + c$ が単位時間あたり，$3 + \cos A + \cos B + \cos C$ の割合で短くなることを意味している．三角形がどんな形であれ，この割合が（昆虫が直線上にいるときの）4 と，（昆虫が正三角形をなすときの）$4\frac{1}{2}$ の間にあることを示すことができる．こうして，昆虫が一点に収束するまでにどれくらいかかるかをおよそ 6% の誤差の範囲で知ることができる．

ここでおなじみの余弦定理

$$c^2 = a^2 + b^2 - 2ab\cos C$$

と，この式の中の文字 a, b, c を（小文字と大文字を一緒に）置換することによって得られる類似の式を適用する．そうすると，上の 3 つの方程式のうち，最初のものは

$$-\frac{\mathrm{d}a}{\mathrm{d}t} = 1 + \frac{a^2 + b^2 - c^2}{2ab} = \frac{(a+b+c)(a+b-c)}{2ab}$$

となる．

同様にして得られる 3 つの方程式は，$\mathrm{d}a/\mathrm{d}t$, $\mathrm{d}b/\mathrm{d}t$, $\mathrm{d}c/\mathrm{d}t$ のそれぞれに $2abc/(a+b+c)$ を掛けることで時間のスケールを変更して，さら

に新しいパラメータ $x=b+c-a$, $y=c+a-b$, $x=a+b-c$ を導入すると，ずっと簡単になる．この新しい変数を使うと，

$$-\frac{\mathrm{d}x}{\mathrm{d}t}=xy, \quad -\frac{\mathrm{d}y}{\mathrm{d}t}=yz, \quad -\frac{\mathrm{d}z}{\mathrm{d}t}=zx$$

が得られる．

これで方程式はずっと簡単になった．x, y, z が常に正(ただし昆虫が一直線上に並べば 0 になる)であることを指摘しておく．これは，三角形の 2 辺の和は常に第 3 の辺よりも長いという，いわゆる三角不等式が成り立つためである．

しかしそのとき汽笛が鳴り，線路のポイントが音を立てながら，汽車は粉雪の舞うグルームブリッジ駅に到着したのである．事件現場に向かうため，ぬかるんだ野原を歩いているときも，サイモンは昆虫の三体問題について熱っぽく語るのをやめようとはしなかった．吹雪に見舞われた殺人現場であろうとも，数学を語るときはいつも楽しそうなサイモンの姿を見ると幸せな気分になれる．「それから，三匹の昆虫の位置関係を正三角形 Δ の内部の 1 点で表すことにしよう．つまり，正三角形 Δ の各辺からの距離が x, y, z に比例するような点を選ぶんだ．このことは次のことを意味する．三匹の昆虫の 2 通りの位置関係が Δ の同じ点に対応していれば，それぞれの位置関係が作る三角形は合同か相似になる．しかも，時間とともに変化するそれぞれの位置関係は，ともに Δ のまったく同じ点に対応し続ける．さらに，以下のことを示すことができる．

(a) 正三角形 Δ の点の軌跡は常に Δ の中心の周りを同じ向きにまわる(つまり，Δ の描き方によって時計回りか反時計回りかになる)．

(b) $x/y+y/z+z/x$ は絶えず増加している．」

「わたしは数学読み物を愛読しているが，問題について述べていても解答のない記事を読むとイライラする．たとえ，数学の素人でも容易に答えがわかるような場合でもね．」

わたしたちは館の庭園のベンチに腰かけた．そこからは堀の向こうに，犠牲者が頭を吹き飛ばされた部屋を覗き込むことができる．

そしてまたわたしはサイモンの書いたものを見たが，そこには彼がたっ

たいま述べた結論がより簡潔に書かれていた．

> …昆虫の初期位置が正三角形をなしている場合，あるいは，一直線上に並んでいる場合を除いて，三匹の昆虫の作る三角形は扁平になっていき，三匹の昆虫の位置関係はある直線に近づいていくだろうと結論できる．だが，扁平になった三角形の上の昆虫の運動はおおよそ螺旋のような形になる．だから，三匹の昆虫は順番に真ん中の位置になる．
> まだ答えのわからない疑問点も多いが，昆虫の軌跡がどうなるのか，これでかなりよくわかったように思える．

「事情を言っておくと，問題を考えてから，いま君に示した方程式の形にするのにはあまり時間はかからなかったんだが，そこから解答を完成させるまでには長い時間がかかったよ」とサイモンは言った．

サイモンの他人への思いやりと親切さをもってしても，サイモンは一般人の目線で数学を見ることはできない．サイモンにとって数学とは，何年にもわたる苦行の末にわずかなご褒美にありつけるというようなものではない．むしろ，ダイヤモンドでいっぱいの洞窟のようなものなのである．

創造性にあふれた才能の持ち主であるサイモンからすれば，「数学の素人」がしなければならないことは，洞窟に入るまでに必要な基本的なやり方を少し学ぶことだけである．その後，人生は数学の喜びで永遠に満たされる．苦行など必要なのだろうか？洞窟の中をぶらぶら歩き，楽しめばいいではないか．宝石はそこにあって，見つけ出されるのを待っているのだ．

その日の午後の時間，サイモンの心は半分はグルームブリッジ・ハウスの庭園にいて，そしてもう半分は宝石の詰まった洞窟の中にいたのである．「あと少しで，結論 (a) と (b) から，点が螺旋状の経路を進み，Δ の 3 辺にどんどん近づいていくことを導くことができる．このことはつまり，昆虫がだんだんと直線に近づき，それぞれが順番に真ん中の位置をとるということだ．」

サイモンは立ち止まり，布カバンに手を突っ込み，ボンベイ・ミックス[*14] の袋を探し出した．それから突然，サイモンは天体についての結論を口にした.

「この昆虫のダンス，つまり，位置が周期的に入れ替わるのは少し予想外だったが，重力の三体問題にもそうなる場合があるんだ.」

数分の間，ボンベイ・ミックスの袋のガサガサとする音と，サイモンがスナックを噛む音だけがしていた.

「この問題を考察した論文の完全版は『*Mathematics Today*』誌で読むことができるよ」とサイモンは言って，大きなあくびをして，通りがかったクジャクを驚かせた. 彼はスナックを布カバンに戻して立ち上がった.「それを読めば，いまの君よりも少しはわかってもらえるだろう. しかし，現時点でも，モリアーティとシャーロック・ホームズとの関係に光を当てられたことだけは君にも同意してもらいたいな.」ワトソンが「ソア橋」(『シャーロック・ホームズの事件簿』所収)の中で述べているように「解答のない問題は学生の興味を引くかもしれないが，一般の読者にはイライラさせられるだけのことだろう」.

[***The mystery of Groombridge Place*** by **Alexander Masters**: *Stuart*, *a life backwards*（邦訳：清野栄一訳『崩壊ホームレス―ある崖っぷちの人生』河出書房新社）でガーディアン紙の新人文学賞受賞. 2 作目 *The genius in my basement* がサイモン・ノートンの伝記. **Simon Norton**: 群論，特にモンスター群とモンストラス・ムーンシャイン理論(サイモン曰く「神の声」のような驚くべき理論)の世界屈指の専門家.]

訳註

*1 これはコナン・ドイルのシャーロック・ホームズものの長編『恐怖の谷』で起こる殺人事件の話である.

*2 デイリー・メールは 1896 年創刊のイギリスで最も古いタブロイド紙，デイリー・テレグラフは 1855 年創刊の一般紙サイズの新聞，デイリー・スケッチは 1909 年にマンチェスターで創刊されたタブロイド紙だが，種々の経緯の末デイリー・メールに吸収された. テレグラフは一般紙では第 1 位の，メールはタブロイド紙では第 2 位の発行部数を持つ.

*3 ケント州ターンブリッジ・ウェルズ近くのグルームブリッジ村にある堀で囲まれたマナー・ハウス(館)である. 最初の建物は 1239 年に建てられ，現在は観光名所になっている.

*4 ASDA は Associated Dairies の略で，1949 年創業のイギリス第二のスーパーマーケット. 1999 年，アメリカのウォルマートの傘下となる.

*5 その研究者たちはシャーロッキアンと呼ばれることがある.

*6 多体問題ということがある.

*7 このように三体のうちの一体がほかの二体に比べて極端に軽い場合，制限三体問題と呼ばれる. 小惑星の重力が太陽と木星に与える影響を無視することにするので，数学的な処理が容易になるのである.

*8 ゲルマン諸語の文字で，スカンディナヴィアでは中世後期まで用いられた．トールキンなどのイギリスのファンタジーでは古代人や妖精が使用するものとされている．
*9 初期位置がほんの少し異なるだけで，二体もしくは三体が衝突するか，三体のどれかもしくはすべてが無限遠方に飛び去るか，それとも安定的に限られた空間を動き続けるか，のどれになるかがわからないということが起こる．
*10 ニュートンの運動方程式は 2 階の常微分方程式なので，各々に位置と速度情報が必要であり，3 次元で考えているので一体あたりの自由度は 6，三体ならば 18 になる．三体の系全体の重心は等速直線運動をするので，それは固定されるように座標を選ぶことができ，6 自由度を固定することができる．
*11 多くの惑星の軌道面はあまり変わらないという事実からの仮定．一般的に力学だけから出てくるわけではない．
*12 この 3 点についてはオイラーの直線解とも言われる．
*13 自然界でよく観察される螺旋の一種で，定数 $a > 0, b$ に対して，極座標で $b\theta = \log(r/a)$ と書かれるものである．ここで，θ は偏角，r は原点からの距離で，原点に巻き込んでいく螺旋になっている．指数関数を使って $r = ae^{b\theta}$ と書くこともできるが，歴史的に指数関数より，対数関数の方が早く知られていたことからこの名がある．
*14 インド料理を起源とする小粒のスナック菓子の詰め合わせ．

50 Visions of Mathematics

31 ハノイの塔で数学と心理学が出会う

アンドレアス・M・ヒンツ，マリアンヌ・フライバーガー

ハノイの塔は素朴なパズルに見えるかもしれない(図 1 参照)．しかし，一皮めくればそこには美しい数学的な特徴と驚くほどのトリッキーな問題が多く潜んでいる．そしてこのゲームにはまた別の仕かけが隠れている．ルールが単純でバリエーションも豊かなハノイの塔は，心理学者が人々の認知能力を評価する際に好んで用いられているのである．このため筆者のひとりであるヒンツは思いがけず，心理学という領域にまで踏み込むことになった．

しかし，数学から始めよう．ゲームのルールは次のとおりである．杭が 3 本と，中央に穴の開いた大きさの異なる円盤がある．1 本の杭に，最大の円盤を一番下にして，小さいものほど上になるように積み重ねられている．ゲームの目的は，円盤を 1 枚ずつ動かして，塔の全体を別の杭に移すことだが，小さな円盤の上に大きな円盤を置くことは許されない．

ゲームの作戦

ゲームの局面を見渡す一番良い方法は，円盤の配置の仕方と動かし方のすべてを表すようなグラフを描くことである．ゲームで使う円盤の数を 3 枚だとしよう．円盤に 1, 2, 3 と名前をつけ，1 を最小の円盤，3 を最大の円盤とする．また，杭にも 1, 2, 3 と名前をつける．さて，杭 1 に円盤 1, 2 が置かれ，杭 2 に円盤 3 が置かれているとする．この円盤の配置を 3 つ組 (1, 1, 2) と表すことができる．3 つ組は左から順に円盤 1, 2, 3 に対応し，数はその円盤が置かれている杭の番号を示している．1 本の杭に置かれた円盤の順序について混乱することはない．なぜなら，大きさの順に置かれているはずだからである．だから，ゲームのルールに従った配置は 3 つ組で一意的に表すことができる．

さて，各3つ組に対応させた丸印を紙に描こう．1枚の円盤を動かしてある丸から別の丸に移れるならば，その2つの丸を線分で結ぶ．たとえば図2のように書ける．ルールに従った配置は全部で $3^3 = 27$ 通りある．これらすべてを並べて図3に示されるようなグラフに表すことができる．

これはハノイ・グラフと呼ばれ，H_3 と書かれる．添字の3はゲームで使用する円盤の枚数を表している．このグラフで，すべての円盤が杭1に積み重ねられていることを表す (1, 1, 1) から出発して，杭2か杭3のどちらかに順に積み重ねられていることを表す (2, 2, 2) か (3, 3, 3) に至るどんな経路も問題の解になっている．そのような経路で最短のものは明らかにグラフの一番左側の直線か一番右側の直線であり，どちらも円盤を7回だけ移動させている．

円盤を増やす

円盤の枚数を4, 5, 6, さらに任意の数 n に増やしたら，何が言えるだろうか？ グラフで表すとすてきな絵が現れる．円盤の数を4枚にしたハノイ・グラフ H_4 は，図4に描かれているように，H_3 と同じ形の3つのグラフからできていて，それぞれがほかの2つとただ1本の線分で結ばれている．このことから，このゲームに勝つための作戦がわかる．まず，H_3 での作戦を使って3枚の円盤を別の杭に移し，次に，最大の円盤 (4) を動かす．そして残りの3枚の円盤を，再度 H_3 での作戦を使って最大の円盤の上に移せば完成で，全部で $7 + 1 + 7 = 15$ 回動かせばよいことになる．

同じように，H_5 は3つの H_4 からできていて，H_6 は3つの H_5 からできていて，というように美しい入れ子構造が浮かび上がる．これはこのゲームの再帰的な性質によるものである．$(n + 1)$ 枚の円盤の配置は，最大の円盤を無視すれば，n 枚の円盤の配置と考えることができる．そして，最大の円盤は3本の杭のどれにも置くことができる．この3通りの配置それぞれに対し，残りの n 個の円盤を動かしてできる配置の集合

図 1　ハノイの塔．Copyright 2001 H. スタインライン．

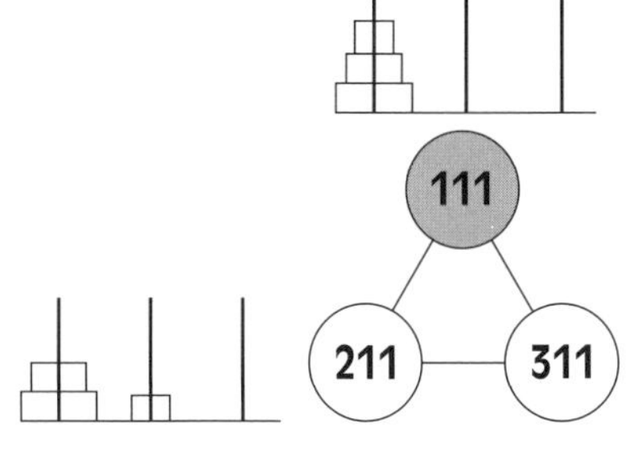

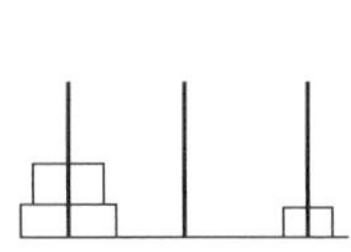

図 2　丸を結ぶ．

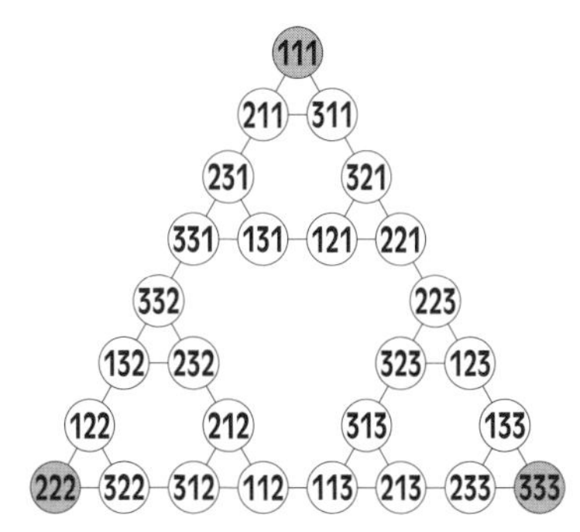

図 3　ハノイ・グラフ H_3．

は，H_n と同じ形になる．ちょっと考えれば，これら 3 つのうちどの 2 つもちょうど 1 本の線分で結ばれていることが納得できるだろう．

ここから直ちに興味ぶかい問題が提起される．円盤の枚数を際限なく増やしていくと，グラフについて何が言えるだろうか？ 図 5 の左図をご覧いただきたい．

この図はシェルピンスキの三角形で，もうひとつの無限プロセスから得られる．まず正三角形(辺だけでなく内部も含めて考える)から始め，3辺の中点を結んでできる(上下反対の)中間の正三角形を取り除く(その三角形の内部だけを取り除いて，辺は残す)．3つの正三角形が残り，それぞれから中央の正三角形を取り除くと，9個の正三角形が残る．残されたものの中からいつも中央の正三角形を取り除くということを無限に続ける．極限として得られるものがシェルピンスキの三角形である．

シェルピンスキ三角形は代表的なフラクタル図形のひとつである．シェルピンスキ三角形は自己相似形，つまり，これに含まれる小さい三角形のどれをとっても，残りを拡大すれば，全体の図形とまったく同じものが見える．また，この三角形が存在しているのは，「中間の次元」という奇妙な世界である．この世界は1次元の直線よりも「高次元」なのだが，面積は0であって，2次元の対象(もの)ではない．実際，そのフラクタル次元は $\log 3/\log 2 \approx 1.585$ であり，1と2の間になる．

ハノイの塔のゲームで円盤を追加するにつれ，対応するグラフは，適当に縮尺を変えると，ますますシェルピンスキの三角形に見えるようになっていく．そして，n が無限に大きくなると，極限として得られるものは，シェルピンスキの三角形とまったく同じ構造になる！

もうひとつの有名な三角形

数学者に愛されているもうひとつの三角形にも，同じように興味ぶかい関係がある．それはパスカルの三角形で，$(x+y)^k$ を展開した多項式に現れる係数を並べたものである．パスカルの三角形の最初の 2^n 行をとり，横か斜めに隣り合う奇数を結んで得られるグラフは，ハノイ・グラフ H_n と構造がまったく同じである(図5右図参照)．

この関係は美しいだけでなく便利でもある．この2つの三角形のうち，一方に対して証明するのが難しいことが，もう一方では証明がやさしいというときには，後者の証明を前者に適用できるかもしれない．たとえば，シェルピンスキの三角形の任意の2点の間の距離を考える．この距

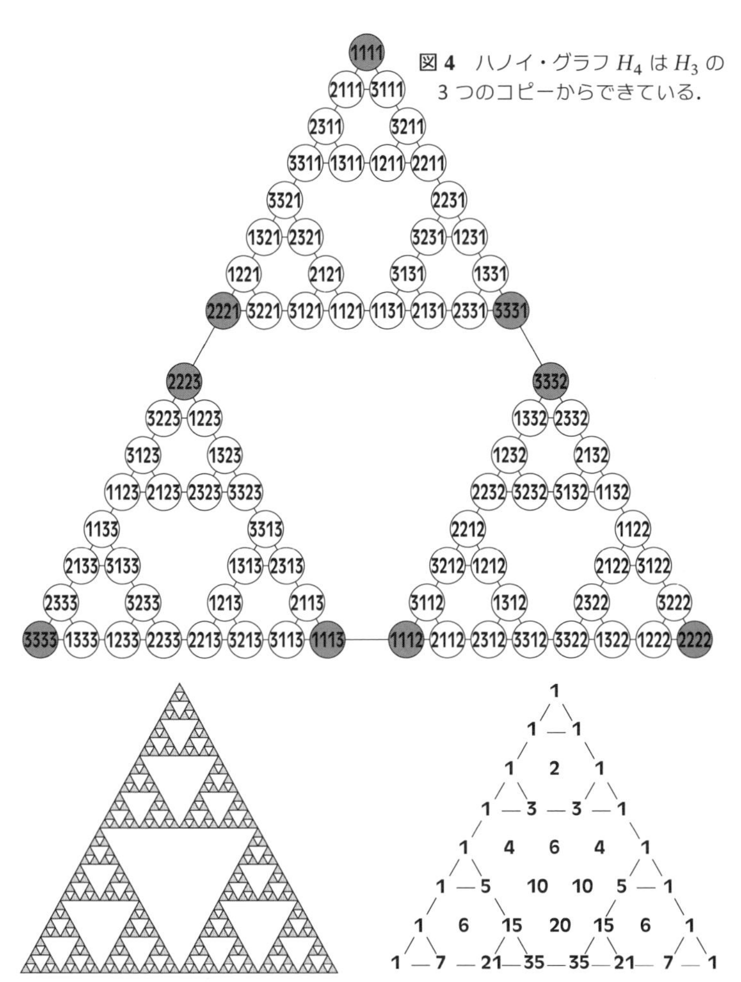

図 4　ハノイ・グラフ H_4 は H_3 の 3 つのコピーからできている.

図 5　(左)シェルピンスキの三角形, (右)パスカルの三角形の最初の 8 段で, 隣り合う奇数を結んだもの.

離の平均値はいくつになるだろうか？ この問題はしばらくの間数学者を悩ませたのだが, ハノイ・グラフを使ってその答えを見つけることができるのである. 答えは $466/885 \approx 0.53$ である(シェルピンスキの三角形の構成での最初の三角形の辺の長さを 1 と仮定している).

円盤を増やすことについてはこれくらいにしておくが，杭をもう 1 本増やすとどうなるだろうか？円盤を動かせる場所が増えるから，ゲームは簡単になる．しかしまた，グラフの整然とした構造が失われる．今度は，最大の円盤を動かせる配置が多くなり，途中でより小さい円盤すべてを 1 本の杭に積み重ねる必要がなくなる．

これによってグラフはより複雑になる．たとえば，杭が 4 本(で，円盤が 3 枚以上)なら，グラフはもはや平面グラフではない．つまり，紙には，直線が交差しないように描くことができないのである．数学者はこのようなグラフをまだよく理解してはいない．グラフがあまりにも絡み合いすぎているからである．つまり，簡単そうに見える問題でも答えるのが驚くほど難しいのだ．たとえば，杭の数を増やしたパズルを解く最短の手数はわかっていない．最短手順を求めるための作戦は存在して，この作戦による手数が最短であるというフレイム–スチュアートの予想が知られている*1．しかし，この予想は 70 年以上の時を経ても未解決である．コンピュータの助けを借り，30 枚までの円盤でのゲームに対しては証明されている*2．

では心理学については？

心理学者はしばらく前からハノイの塔を利用してきた．特に，事前に計画を立てられるか，あるいは，課題を小さく分割できるか，といった患者の能力を評価するために使われてきたのである．ゲームは簡単に説明でき，患者がどのようなステップを踏んで思考しているかを観察することができる．また，ゲームのルールを変えることも簡単である．円盤を増やすこともできるし，スタート時の円盤の配置やゴールとなる配置が，1 本の杭にすべての円盤が積み重ねられていないものにすることもできる．こうすると，課題はかなり難しいものになる．

しかし，ゲームの潜在的な力をフルに引き出すには数学的な専門知識が必要である．数学者と心理学者との協力関係はここから始まった．たとえば，認知症や脳卒中の患者の脳がどの領域で損なわれているかを評価するために医療現場で用いられている．

ハノイの塔は心理学者にとってきわめて有効であることが示されてきた．患者の円盤の動かし方を観察して，その手順と最短手順やほかの患者の手順とを比較したり，患者が手順のどこで行き詰まったかを記録したりするのである．この作業にハノイ・グラフは欠かせない．さらに，ハノイ・グラフなしではやっかいな問題に対しても，明確な解答が得られる．たとえば，あらゆるハノイ・グラフは連結，つまり，どんな 2 つの丸印もある経路で結ばれているので，スタートやゴールでの円盤の配置をどのように変えても，常にパズルを解くことができることがわかっている．

読者に解いていただくための問題を残しておこう．杭が 3 本，円盤が n 枚のとき，パズルを解く最短の手数が $2^n - 1$ であることを示せという問題である．n が大きくなるにつれ，この数は急速に大きくなることに注意すること．円盤の数をたとえば 64 枚として，今から 50 年前にゲームを始め，昼も夜も休みなく 1 秒に 1 枚の速さで動かしたとしても，現時点でまだ 32 番目の円盤すら手つかずだろう．そして，32 番目を動かしたとして，それが 64 番目にたどりつくまでの半分までできたなどと思ってはいけない！[*3]

［***The Tower of Hanoi: Where mathematics meets psychology*** by **Andreas M. Hinz**: University of Munich（LMU）教授(数学)．ハノイの塔のモデルの応用に関心．**Marianne Freiberger**: *Plus Magazine* 編集者．**初出** *Plus Magazine*，2012 年 11 月 16 日．］

参考文献

［1］ A. M. Hinz, S. Klavžar, U. Milutinović, and C. Petr (2013). *The Tower of Hanoi: Myths and maths*. Springer, Basel.

訳　註

[*1] この作戦はフレイム–スチュアートのアルゴリズムと呼ばれ，1941 年に J. S. フレイムと B. M. スチュアートによって独立に，最短の解法として提案された．

[*2] 本書の出版された 2014 年の後半に Thierry Bousch による証明が，“La quatrième tour de Hanoï”, *Bull. Belg. Math. Soc. Simon Stevin*. 21: 895–912 として公表された．ネットで見ることもできる．

[*3] 日本の高校で数学をちゃんと学んだ人ならそれほど難しい問題ではない．$a_{n+1} = 2a_n + 1$，$a_1 = 1$ を解けばよい．また，この漸化式が成り立つことは，少し考えればわかるだろう．

50 Visions of Mathematics

32 本当に世界は狭い

トニー・クリリー

空港のラウンジに座って，ロサンゼルス行きのフライトを待っていると，同じようにフライトを待っていたある男が話しかけてきた．彼は筆者にはあまりなじみのないアイオワからやってきたということだった．筆者はロンドンに住んでいるのだが，二人の間につながりがあることがわかるまでにあまり長くはかからなかった．彼の友人の従姉妹(いとこ)はニューヨークに住んでおり，ロンドン出身の人と結婚している．さらに，その結婚相手の父親は，筆者の叔父の隣に住んでいることもわかった．筆者が叔父と会ってコーヒーを飲んだのは，つい 2 か月ほど前のことだった．フライトの案内があり，出発ゲートに向かったが，別れぎわに「世界は狭いね」と言うほかなかったものである．

偶然に出会った人々と何らかの関係があるというのは奇跡としかいいようがない．しかし，それは本当にそれほど驚くべきことなのだろうか？

世界地図に，人を点で表し，つながりのある人どうしを線で結んでできる巨大なネットワークを想像してほしい．ちょうど飛行機のルートを示す地図のようなものだ．空港での会話ではいろいろなタイプのつながり方が現れた．友人関係あり，血縁関係あり，同じ場所に住んでいることありである．

また，現実とは別の「世界」を想像することもできる．世界中の人がみなお互いを知っているという極端な場合を考える．世界は四方八方に伸びる線でこんがらがってしまうだろう．この世界では，ランダムに選んだ二人の人が互いに直接に線で結ばれている．これとは対極的に，どの二人の人もつながりがないという世界も考えられる．この世界には線がまったくないということになる．現実の世界はこの両極端のどちらでもなく，多くの人とつながっている人もいれば，つながる人が少ない人や，誰ともつながっていない人もいる．二人の人が中間の人を介してつ

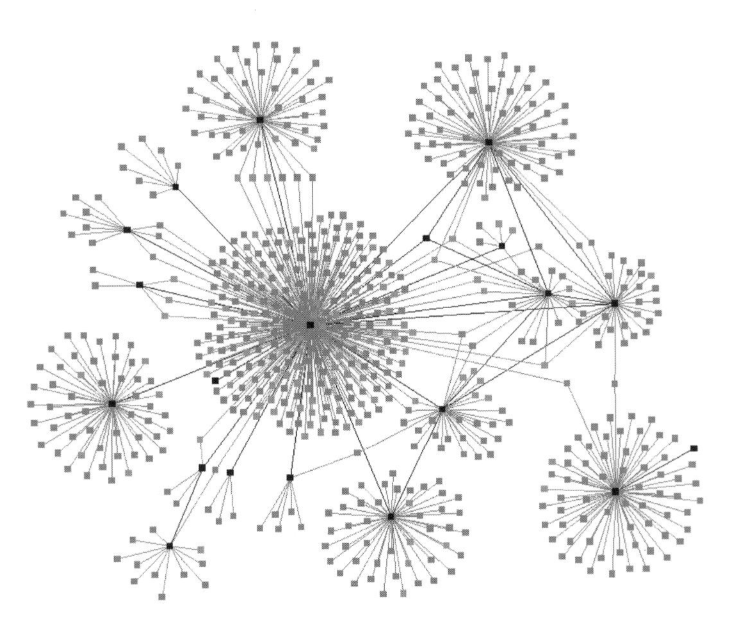

図 1　スモールワールド・ネットワーク. © AJ Cann, Creative Commons.

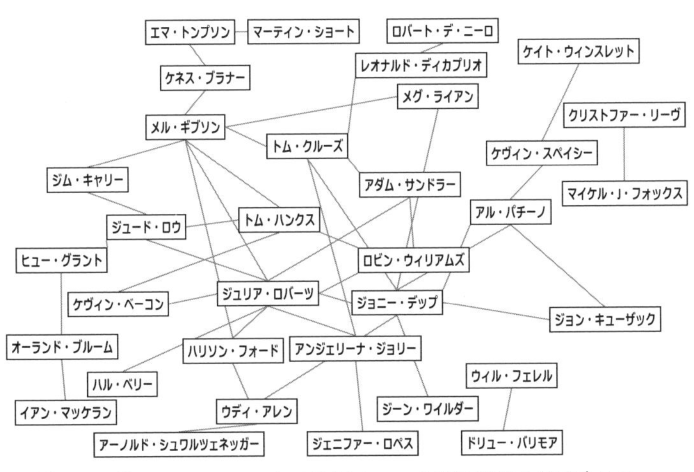

図 2　ケヴィン・ベーコンと 6 次以内でつながる俳優の集合[*1] は？
© Philipp Lenssen, Creative Commons, 一部改変.

ながっていることもあるだろう. つまり, A が B につながり, B が C につながるので, A は中間の B を介して C とつながるというようにである. また, 仲介する人が複数になることもあるだろう.

また, 現実に存在するが, 別の世界として, フェイスブックの登録者からなる世界もある. フェイスブックの登録者にはそれぞれ友達からなる集合がある. 何百という友達のいるユーザーは, ネットワークの中心という意味で**ハブ**と呼ばれることがある. 一方, 友達を家族に限定しているユーザーもいて, フェイスブックの中では比較的孤立していることになる. 空港で知り合った男のニューヨーク在住の女性はどうなのだろうか. 彼女はハブで, われわれをチェイン(**アイオワの男–友人–従姉妹–夫–父–叔父–筆者**)で結びつけたのだろうか？ これを, われわれの間には次数 6 の隔たりがあると言う. 6 というのはこのチェインに含まれる線分の数である.

始めの疑問は未解決のままである. つまり, このようなチェインが存在するのは驚くようなことなのだろうか？ ここが数学の出番である. ランダムに選んだ二人の間にこのような密接なつながりがあるという現象を説明する役に立つのである.

数学を語ろうとするとたいてい, 数世紀も前に発見された概念に立ち戻るものだが, この場合は対数の概念である. 対数の理論は 1600 年代初頭にジョン・ネイピアやヘンリー・ブリッグスといった人々によって, 本章の話とはまったく異なる目的のために開発されたのである. 当時, 大きな数の掛け算はたいへん面倒で時間もかかり, 実務的にも悩みの種になっていた.

そして, われわれの祖先の素晴らしいアイデアというのは, 対数表というものを作成するというものだった. 2 つの数の積を求めるときは, この表を使って 2 つの数をそれぞれ対数に換える. すると, その対数を足しその結果を表から逆に求めるだけで, 積の答えが得られるのである. 積はあっという間に, ずっと簡単な演算である和に置き換えられたのである. 対数の英語 logarithm という言葉は, 比と数を意味するギリシャ語に由来しているが, 対数の意味を理解するのにそのことを知る必要はない.

10 のベキの常用対数は整数で，計算が最も簡単になっている．われわれの数体系が 10 進記法なので，10 に着目するのは自然なことである．$100 = 10 \times 10 = 10^2$ だから 100 の常用対数は 2 であり，$1000 = 10 \times 10 \times 10 = 10^3$ だから 1000 の常用対数は 3 である．どちらの数もその対数は 0 の個数であることに気がつけば，手っ取りばやく計算できる．$\log(100) = 2$, $\log(1000) = 3$ であり，そして同じようにして $\log 10 = 1$ と書く．(たとえば) 536 の対数が知りたければ，対数表から探さなければいけないのだが，536 は 100 と 1000 の間にあるので，その対数が 2 と 3 の間にあることだけはすぐにわかる．実際，$\log(536) = 2.7292$ である．

この対数の理論がまさに，人と人をつなぐチェインの現象を理解するために必要なことだったのである．核心となる数学的な結果はアメリカの数学者ダンカン・ワッツとスティーヴン・ストロガッツによって証明され，1998 年の『ネイチャー』誌に論文として発表された．この論文は，科学のあらゆる分野の論文の中でも最も多く引用されたうちのひとつである．二人が証明したことを述べよう．人口を P とし，各人には直接の知り合いが K 人おり，その K 人はランダムに散らばっているとする．すると，隔たりの次数の平均は，人口の対数を，直接の知り合いの数の対数で割ったもの，つまり，記号で書くと

$$\frac{\log(P)}{\log(K)}$$

であるということである.

これが具体的にはどうなるかを見るために，イギリスのビディフォード[*2] のような小さな町を考えてみよう．現在の人口は約 1万5000 人である．だから，この場合，$P = 15000$ であり，各人の知り合いの数は(たとえば) $K = 20$ 人くらいとしてみよう．二人の示した数学的結果から

$$\frac{\log(15000)}{\log(20)}$$

を計算すればよいが，電卓を使えばこれは

$$\frac{4.1761}{1.3010}$$

となり，値は 3.2099 となる．これは，ビディフォードのどんな 2 人の間にも，3 次の隔たりがあると見込むことができるということである．つまり，もし，ビディフォードの喫茶店で初対面の A と B が会話を始めたとすれば，彼らが中間の二人の知人 C と D を見つけて，チェイン $A–C–D–B$ がつくれることが期待される．このとき，A と B の間には 3 次の隔たりがあることになる．

地球の全人口は現在 70 億だが，つながりが 0 の人が 20%いるとして，その分を考慮して人数から引き，$P = 56$ 億人として計算してみよう．知人の数は平均して（たとえば）$K = 40$ であるとすれば，ワッツとストロガッツの論文によって計算すれば，隔たりの次数の平均は

$$\frac{\log(5600000000)}{\log(40)}$$

となる．対数表からこれは，

$$\frac{9.7482}{1.6021} = 6.0846$$

となり，二人の人の間には平均して 6 次の隔たりがあることになる．

この隔たりの次数は，直接の知人が何人であるかという仮定によって変動する．しかし，直接の知人の数 K を 25 から 90 の範囲にして計算しなおしても，隔たりの平均次数は 7 から 5 の間でしか変わらない．

さらに，ワッツとストロガッツは，もし一部の人が遠く離れた人とつながりを持っていれば，隔たりの次数はより小さく，ときにはずっと小さくなることもあり得ることを示した．たとえば，ビディフォードのひとりの住民がニューヨークの誰かを知っていたなら，その人の友人はみなニューヨークの人々とつながりを持つことになる．ワッツとストロガッツは，人と人とのつながりはほとんどは短い距離を結んでいるが，まれに長い距離をつなぐ線のあるようなネットワークを**スモールワールド・ネットワーク**と呼んだ（図 1 参照）．スモールワールド・ネットワークは，現実生活で思いもかけぬようなつながりに出くわす様子をよく表している．

この隔たりの理論は，ケヴィン・ベーコンとの 6 次の隔たりと呼ばれるゲームにも深く関係している（図 2 参照）．ハリウッド俳優のケヴィン・

ベーコンはたくさんの映画に出演している．映画でベーコンと共演したことのある俳優は，ベーコンと直接につながっているとみなす．そして別の俳優 D が，ベーコンと共演した C とある映画で共演したとすると，この場合，D とベーコン(B)はチェイン D–C–B によってつながると言える．つながりは 2 次の隔たりに相当し，D はベーコン数 2 を持つと言う．ハリウッドはさておき，数学者は，同じように構成される**エルデシュ数**を誇りに思っている．エルデシュ数とは何だろうか？ ある人がエルデシュ数 2 を持つのは，その人が，ポール・エルデシュと共著の数学論文を書いたことのある人と共著の論文を書いたときである．エルデシュは非常にたくさんの論文を書いた研究者だが，彼は世界中を旅行し，数学者たちの家のドアをノックし，その家に滞在し，その人と論文を書き，そしてまた旅を続けていくという人だった．エルデシュは目に見える財産に関心がなく，金銭はほとんど人にあげてしまうのだが，数学には異常なほどの情熱を傾けていた．

さて，当初考えたほど偶然の産物というわけではないことがわかった．世界中の人が 6 次の隔たりを持つ，つまり，5 人の知り合いを介して誰もがつながると言えば，ニュースの見出しにもなるかもしれないが，6 次というのはランダムにつながる大きなネットワークの性質であって，平均という言葉が使われていることに注意しないといけない．ランダムに選んだ二人の人の間の隔たりの次数がずっと大きな数になる場合もあるかもしれない．理論が示しているのは隔たりの次数の平均であって，それが 6 であるというだけのことなのである．

つながりを研究する数学は通常**グラフ理論**に含まれると考えられている．「6 次の隔たり」に関する研究はグラフ理論の一分野である**ランダムグラフ理論**と結びついている．ランダムグラフ理論は最近の研究であるが，グラフ理論自身は 18 世紀にまで遡ることができる．すべての時代を通じて最も数多くの論文を書いた数学者であるレオンハルト・オイラーの研究が始まりである．ランダムグラフ理論は今日，精力的に研究されている分野であり，コンピュータサイエンスの応用としてとても役に立ち，重要視されている．また，人と人とのつながりについても，有用な成果を挙げている．この次，あなたが空港のラウンジや喫茶店にいるとき，周りを見回して，われわれの世界は本当にスモールワールドなのだと実感させてくれる数学理論について思いを馳せるのもよいだろう．

［***It's a small world really*** by **Tony Crilly**: 作家. 主著 *Arthur Cayley: Mathematician Laureate of the Victorian age*, *The big questions: Mathematics*（邦訳：熊谷玲美訳『ビッグクエスチョンズ―数学』ディスカヴァー・トゥエンティワン），*50 mathematical ideas you really need to know*（邦訳：野崎昭弘監訳・対馬妙訳『人生に必要な数学 50』近代科学社）．Middlesex University 名誉准教授（数理科学）．］

訳　註

*1 この図で示されるつながりは厳密には共演の関係ではなく，あるキーワードで検索した結果から機械的に判定したもの．また原図が作成されたのは 2006 年である．

*2 イングランド南西部のデヴォン州西北部の歴史のある漁港．

50 Visions of Mathematics

33 メッセージの数学

アラン・J・オー

メッセージとは誰もが書き送るものだ．恋人へのSMSであれ，友人への電子メールであれ，あるいは電報でさえもメッセージである．でも，このようなメッセージやデータは，たとえばApple社のクラウドサービスであるiCloudのように，IT知識の豊富な人にしかわからないようなインターネットの奥ぶかくに保存されているのに，どうしてあんなにも速く間違わずに送られるのだろうかという疑問を持つ人は驚くほど少ない．なるほど，物理学のちょっとした知識を使えば，そういうメッセージは波のようなもので送られるのだろうという推測くらいはできる．しかし，それだけでは高い正確さでデータが送られることの説明にはならない．実際，直観的にも，波が真空でない媒体を進んでいけば，障害，つまり**摂動**を受けて，伝えられる波に**エラー**が入って歪むだろうことはわかる．さらに，摂動は非可逆，つまり波に自己修復の機構は働かないだろう．だから，一番の問題は，にもかかわらず，どのようにして波がきわめて正確に伝わるのかということである．つまり，もっと実際的な言い方をするなら，日常的に速く正確なコミュニケーションを享受できるのはどうしてかということである．

メッセージ，情報，データ

このようなすべてのデータ，つまり**情報**が伝達される背後には基礎となる数学理論があることがわかる．インターネットを経由してスマートフォンなどのデバイスへ波を使ってデータを転送するというのは，1つの点から他の点へのデータ転送というもっと一般的な抽象概念の一例になっている．ここで，点とは送信者（つまり情報源）か受信者（つまり情報の宛先）かであり，たとえば，通信衛星であったり携帯電話であったりするものである．

情報伝達のこの一般的なモデルでは，送信者はまず情報やメッセージをエンコーダに送る．エンコーダは受け取ったメッセージを適切な数学的構造を使って単純な記号で表すという符号化の処理をおこなう．歴史的に重要な例は 2 進数，つまり 0 と 1 からなるビットを使って白黒画像を符号化するものであった．1960 年代に NASA によって実際に使われたこの方法では，画像をまず同じ大きさの小さな正方形に分割する．それぞれの正方形は黒一色か白一色かで塗られている．そして，エンコーダは，黒い正方形を数 1，白い正方形を数 0 を使って表して，1 と 0 が整然と並んだ列（数学用語では**生起行列**という）を作る．

次の段階で，符号化された情報（これを**データ**と呼ぶことにする）が受信者に送信される．この際，データは受信者まで，何らかの媒体（これを**通信路**と呼ぶ）の中を転送される．衛星通信の場合なら，通信路は大気や，銀河系の中の地表付近ということになる．最後に受信した端末（デコーダ）はデータを**復号化**する．つまり，デコーダは，エンコーダが情報に対して実行したのとはまったく反対の処理をしている．こうして受信者はもとの情報を手にするのである．図 1 に，今述べた流れをまとめてみた．

メッセージ転送のシステムは，きっともっと複雑なはずだ．さもなければ，この分野で仕事をしている数学者やエンジニアが，何もしないで給料を稼いでいるのかという，きわめて腹の立つ疑問が浮かぶのを抑えられないかもしれない．上述のモデルには問題点がふたつ含まれている．ひとつ目は，波の摂動という例から想像がつくだろうが，通信路でデータに乱れや**ノイズ**が混入することである．このことは転送されるデータの正確さや**信頼性**に影響する（図 2 の A を参照）．ふたつ目は，NASA の例からもわかることだが，画像を，そして一般にどんなメッセージも，数学的構造を使って 100%の正確さで表すことはできないということがあって，このため，**情報歪曲**と呼ばれるものが生じることである（図 2 の B を参照）．

これらの問題は解決済みなのだろうか，それとも適切に対処されてい

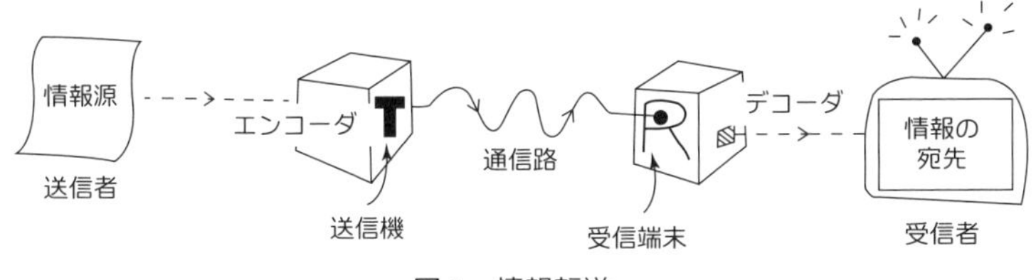

図 1　情報転送.

図 2　損なわれた正確さ(A)と情報歪曲(B).

るのだろうか？答えはイエスなのだが，完全にという訳ではない(実に入り組んでいる)．**通信路符号化問題**とも呼ばれる最初の問題点に関する数学者のアイデアとは，転送されるデータとは何の関係もない余分の要素(適切にも**冗長性**という数学の業界用語で呼ばれる)を付加することによって，ノイズがデータの信頼性に影響する可能性を低下させることができるということである．冗長性には，データの正確さを損なうような非可逆的かつ永久的な摂動の影響を受けにくくする効果がある．しかしながら，冗長性のためにデータ転送の速さ，つまり転送**率**が落ちることになる．なにしろ，送信機は通信路を通して常に余分の冗長なデータを送らなければならないのだから．最終的には何らかの妥協をしなければならないわけだが，可能かつ最良の妥協点はどこにあるのだろうか？

この疑問を念頭におきながら，第二の問題点(**情報源符号化問題**)を考える．メッセージをある数学的構造を使って表すには，メッセージに含まれるさまざまな要素を 1 つのデータとしてまとめるために用いる記号を定めておかなければならない．情報に歪みが生まれないように完全に情報を取り込むべきなのは明らかだが，それにはより多くの記号を使う必要が出てくる．技術者がこのことを気にかけるのは，できるだけ少ない記号を使って，情報をできるだけ圧縮したいという目標があるからである．だから妥協をしなければならないのだが，その最良の妥協点はどこかという問題が再浮上するのである．

シャノンの通信理論

1948 年に数学者クロード・エルウッド・シャノンは「通信の数学理論」というタイトルの 2 篇の論文を発表した．その論文では，情報転送の一般的な数学的モデルが述べられ，解析されている．それはまさしく，上で述べたのと同じものである．シャノンはデータ転送率と情報圧縮率の双方に本質的な限界があることを証明した．つまり，(i) 転送率がある大きさを超えると，データ転送の信頼性が失われるのは避けられず，(ii) 情報を圧縮してある大きさより小さくしようとする（つまり，記号の数を最低限にしようとする）と，必ず情報歪曲が起きるのである．

さて，このようにして発見された限界は一見すると明らかなことのように見えるが，少し細部まで注意してみれば，その魅力が実感できる．数学的に少し詳しく踏み込んでみると，シャノンが使っているのは確率論のアイデアである．シャノンは送信者と送信機の発するメッセージに含まれる各要素がある確率でランダムに作られるものとして，それぞれを**確率変数**に表してモデル化した．次にシャノンは，メッセージに含まれる情報の量を数学的にうまく表す尺度として**エントロピー**を定式化した．つまり，送信機を確率変数 X と表すと，X を変数とする関数 H を定義し，値 $H(X)$ が X のエントロピーとして知られるものに一致するようにしたのである．

この $H(X)$ が非常に強力な特性を持っていることがわかり，シャノンは以下の興味ぶかい事実を証明した．

- $H(X)$ は，情報源 X を歪曲させることなく，X のデータを圧縮できる限界を示す量である．言い換えれば，メッセージのエントロピー，つまり情報内容が高いほど，メッセージを少ししか圧縮することができない．

- 関数 H のアイデアは，**相互情報量**と呼ばれる数式にエレガントに拡張することができる．やや予想外のことだが，これが通信路を通る信頼できるデータ転送率の限界を示す量であることが証明された．言い換えれば，相互情報量が高いほど，信頼できるデータ転送率の最大値が大きくなる．

データ転送率が相互情報量の計算結果を超えると，データ転送は信頼できなくなるということだけでなく，さらに，転送率をこの値より小さくすることによって，通信の信頼性のレベルをいくらでも高くすることができるということもまた正しい．つまり，データ転送時の（ノイズによる）誤差として許容できる程度を決めてやれば，誤差の発生をそれ以下にできるデータ転送率を（相互情報量以下の値で）見出すことができる．同じように，圧縮されたデータ量がエントロピーを超えるようにすれば，情報歪曲をいくらでも小さくすることもできる．このような関係はいずれも，信頼性の低下や歪曲の程度がデータの圧縮率に連続的に関係しているはずだというわれわれの直観にはおそらく反するものだろう．圧縮率と転送率の双方に対して非常に厳密な閾値（いきち）があるために，それを超えようとすれば必ず障害がもたらされることになる．

問題は解決しているのか？

シャノンの知的な業績を考えれば，上のふたつの通信の基本問題は完全に決着したように見えるかもしれない．残念なことに，解決したとはとても言えない状態なのである．数学者やエンジニアは人知れず，圧縮率と転送率の限界に到達する方法を見つけ出そうとしている．実際，本質的に限界があることがわかることと，それを実際に達成することとは別のことであり，後者の問題の方がずっと難しいのはよくあることなのである．同時に，数学者はさまざまな抽象的な数学的構造を利用して，メッセージや情報を表す新しい方法を模索している．要するに，数学や工学のコミュニティでは，多くの研究が未完成なままなのである．

シャノンの輝かしいアイデアが，数学や工学のアイデアと同じレベルのものだと評価できる人は確かに多くはない(シャノンが情報理論の父と呼ばれていることに軽く驚く人もいるかもしれない)．しかし，少なくとも，シャノン理論のおかげで，ますます急速かつ不可避的に訪れるグローバル化の波に乗って，効率的かつ効果的に世界中で通信することができるということはご理解いただけたであろう．

[***The mathematics of messages*** by **Alan J. Aw**: 数学,（シンガポールの日差しの中での）ジョギング，クラシックやジャズピアノの愛好家. **初出** *Plus Magazine* コンテスト佳作.]

参考文献

[1] Claude Shannon (1948). A mathematical theory of communication. *Bell System Technical Journal*, vol. 27, pp. 379–423.
[2] Raymond Hill (1990). *A first course in coding theory*. Oxford Applied Mathematics and Computing Science Series: Oxford University Press, New York.
[3] James Gleick (2011). *The information: A history, a theory, a flood*. HarperCollins.

34 円錐曲線とかくれんぼ

レイチェル・トーマス

今日，犯罪者の追跡や遭難者の捜索の際に，政府や救助隊が，高度なエレクトロニクスや人工衛星のナビゲーションのような最先端技術に頼っているというのは驚くほどのことではない．しかし古代から知られた数学がこのようにまさしく現代的なかくれんぼに力を発揮していると知ったら，ちょっとした驚きを覚えるかもしれない．

ユークリッドとアルキメデスは**円錐曲線**を研究したギリシャ数学者の二人である*1．円錐曲線とは，図 1 に示したように，2 重の円錐*2 を平面で切り取ったときにできる図形である．この平面が円錐の軸に垂直ならば，得られる図形は円である．平面の角度が円錐の母線の傾きよりも小さければ，楕円が得られる．平面と母線の傾きが同じならば放物線となる．平面が上下両方の円錐を切る角度のときは，双曲線が得られる．

円錐曲線は，円錐をスライスするという物理的な方法以外にも，幾何的に明快な次のようなやり方で描くことができる．円は，中心(円の焦点)から同じ距離にある点の軌跡である．楕円は 2 つの焦点からの距離の和が同じ点の軌跡である(図 1 で $x+y$ がある定数 c に等しい)．双曲線は 2 つの焦点からの距離の差が同じ点の軌跡である($|x-y|$ がある定数 c に等しい)．放物線は焦点と**準線**と呼ばれる直線から等距離にある点の軌跡である($x=y$)．

もともとギリシャ人はその数学的性質に魅せられて円錐曲線を研究した．しかし，千年以上の時を経て，円錐曲線には現実世界における重要な応用があることがわかってきた．17 世紀の初めにはヨハネス・ケプラーが，太陽の周りをまわる惑星が楕円軌道を描くことに気づいた．同じく 17 世紀の初めにガリレオが作った初期の屈折望遠鏡には，断面が 2 つの交差する双曲線になるレンズが使われた．後になってニュートンは，断面に放物線が現れる皿状の鏡を使って反射望遠鏡を設計している．

さらに数世紀の時が流れ，現在では，円錐曲線の数学的性質にはきわめて現代的な応用が見つかっている．多くの携帯電話に搭載されているGPS 機能のおかげで，大勢の人が(たとえわたし自身のように方向音痴であっても)自分の現在地を知るという操作に慣れ親しんでいる．GPS 衛星は，どんなときもわれわれの頭上に 9 機ほどがいて，つねに信号を送り続けている．その信号には，GPS 衛星の正確な位置と発信時刻のデータが含まれている．携帯電話の中の GPS 受信機がこの信号を受け取ると，GPS 衛星からの現在地までの距離 d（信号が到達するまでの時間に光の速さを掛けたもの)が計算される．すると，GPS 衛星の位置を中心にした半径 d の円周上のどこかが現在地であることがわかる．おなじように，他の 2 つの GPS 衛星からの信号によって別の 2 つの円周上に現在地があるとわかるので，この 3 つの円周のただひとつの交点がピンポイントに現在地を定める．(このように 2 次元で考えることによってほんの少し簡単になるが，これはわれわれが地表という 2 次元の曲面上にいると仮定することができるからである[*3].)

三辺測量と呼ばれるこの方法(図 2 参照)では，目標の位置を測定するために，信号の送信機(この場合は GPS 衛星)が 3 機必要である．しかし，円以外の円錐曲線を使うと，この測定をもっと効率的にすることができる．

マルチスタティック・レーダー(図 3)は目標[*4] の位置を求めるために交差する楕円を利用している．今度は，わたしが目標に向けて信号を送信し，目標がその信号に応答する．それから，別の場所にいるあなたがその応答して発信された信号を拾う受信機を持っていると考えよう．わたしが送った最初の信号は，わたしと目標の間の未知の距離 x だけ進んで，応答信号は目標とあなたとの間の未知の距離 y を進む．

距離 x と y の値はわからないが，その和 $x+y$ は，わたしが信号を送ってからあなたが受信するまでのトータルの時間に光速を掛けたものになる．したがって，目標の位置はあなたとわたしの位置を焦点とするある楕円上のどこかにある．受信機を 3 機使うことによって得られる 3 つの楕円の交点として目標の位置がわかるので，必要なのは，たった 1 機の

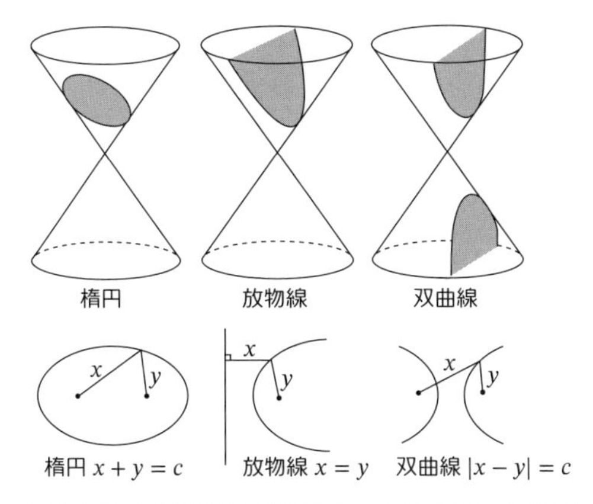

図 1　円錐曲線(円は楕円の特別なものと考えることができる).

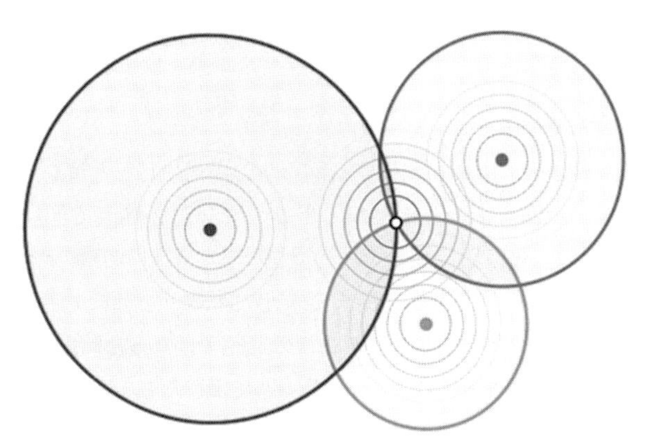

図 2　GPS 衛星を中心とする 3 つの円の交点が目標の位置をピンポイントで定める.

送信機と，そこから発信した最初の信号，目標からの応答の信号だけである.

この方法の欠点は，送信機からの信号に目標が直ちに応答すると仮定していることである. もし目標からの応答が保証できないとすれば，どうすればよいだろう？ もうひとつの円錐曲線がその答えを与えてくれる.

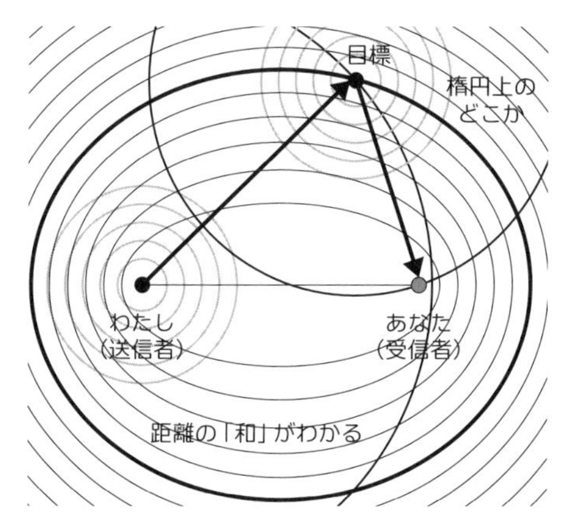

図 3　マルチスタティック・レーダーは，送信者(わたし)と受信者(あなた)を焦点とする，(c を定数として $x+y=c$ によって与えられる)楕円上に目標の位置を定める．

それは双曲線である．

双曲線を使うと，目標が発信する何らかの信号にじっと耳を澄ませていれば目標の位置を求めることができる．異なる 2 地点で信号が受信されると，その信号は目標から第一の受信機まで未知の距離 x を進んできたこと，目標から第二の受信機まで未知の距離 y を進んできたことになる．この 2 つの距離の差は，この 2 つの経路でかかった時間の差(つまり，2 地点での受信時刻のちがい)と光速とを掛けたものであることがわかる．したがって，目標の位置は 2 機の受信機を焦点とするある双曲線上のどこかにある．3 機の受信機があれば，そのうちの 2 機の選び方が 3 通りあり，双曲線が 3 つ得られる．その交点が 1 つに決まるので，目標が発する信号だけを使って目標の位置が定まるのである．このような目標に気づかれない技術は**マルチラテレーション**[*5] (図 4)と呼ばれ，第一次世界大戦では，砲撃の音を聴いて，敵の大砲の位置の範囲を特定するのに使われた．後に第二次世界大戦では，2 つの無線信号の時間差を測り，双曲線を利用するこのような技術を基礎にしたナビゲーションシステムが GEE と名づけられ，イギリス空軍によって使用された．今日でも

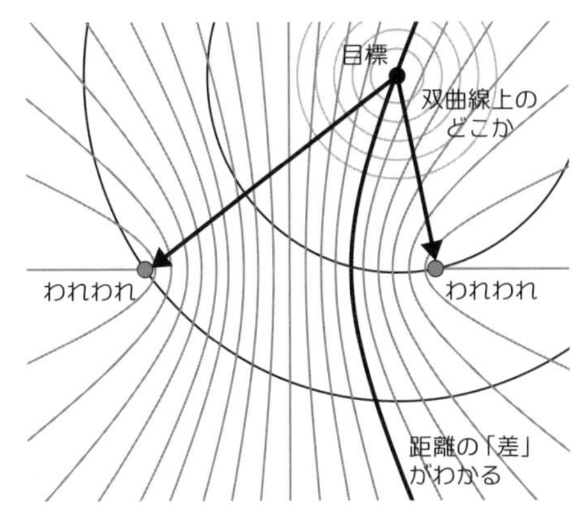

図 4　マルチラテレーションでは 2 つの受信機を焦点とする双曲線(c を定数として $|x-y|=c$ で与えられるもの)の上に目標の位置を定める.

この 2000 年前の数学は，さまよえる人々や隠れた敵を発見することに使われているのだ.

[***Conic section hide and seek*** by **Rachel Thomas**: *Plus Magazine* 編集者. **初出** *Plus Magazine*, 2012 年 6 月 20 日. 内務省主席科学アドバイザーのバーナード・シルヴァーマンがおこなった，ロンドン数学会とグレシャム・カレッジの年次共同講義に基づく.]

訳　註

*1 もちろん，ペルガのアポロニウスがギリシャ最大の円錐曲線研究者だが，一般にはあまり知られていないために，名前の知られている二人を挙げて古代からということを強調したかったのだろうか.

*2 空間の交わる 2 直線のうちの一方(母線と呼ぶ)を，他方の直線(軸と呼ぶ)のまわりに回転させて得られる曲面.

*3 本来，衛星からの距離だけでは，衛星を中心とする球面が定まるだけだが，われわれが地表にいるので，地表との交わりが地球表面上の円になるということ．衛星を，衛星の真下の地表の点と読み換えればよい.

*4 航空機などで，受信した信号を中継発信するトランスポンダと呼ばれる機器を搭載している状況を考えている．航空管制に用いられる.

*5 これは特に航空管制上の重要性から，複数地点受信方式航空監視システムと呼ばれて用いられている.

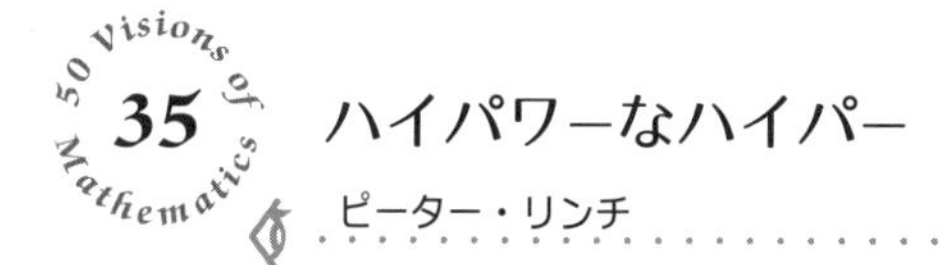

35 ハイパワーなハイパー

ピーター・リンチ

数学の最も強力な特性のひとつは，現象から構造を探り出し，統一的な一般論として記述できるという能力である．数学は，一見，無関係な異なる物理系の間に光を当て，驚くべき関係を何度も明らかにしてきた．ある系の解析手法が別の系を記述するのにうまく適用できることがわかるということがよくある．

このことを説明するために，3 次元空間の曲面である双曲放物面，つまり**ハイパー**[*1] がさまざまな場面でどのように姿を現すかを見ていくことにしよう．建築物，テニスボール，天気予報，ポテトチップスの間に予期せぬ関係が見つかるだろう．

曲線と曲面

2 次元で考えると，点 (x, y) は 2 つの座標 x と y で示される．それぞれ座標は独立に，そして自由に動けるので，点の自由度は 2 であると言う．方程式 $f(x, y) = 0$ を満たす点に限ることにすると，この方程式に解があれば次元は普通 1 だけ下がる．つまり，平面全体ではなく，1 次元の部分集合である曲線となるのである．方程式が線形であるような特別の場合には，この曲線は直線となる．

次元を 1 だけ上げて 3 次元空間を考えると，点 (x, y, z) は 3 つの座標 x, y, z で与えられる．方程式 $g(x, y, z) = 0$ を満たす点はある 2 次元曲面の上に限定される．線形方程式という特別な場合には，3 次元空間の中の平面となる．

3 次元空間で**曲線**を記述するには，2 つ目の方程式 $h(x, y, z) = 0$ を考えて，もう 1 次元下げる必要がある．両方の方程式が線形であれば，それぞれを満たす点は平面となり，その交わりは普通は直線となる．よ

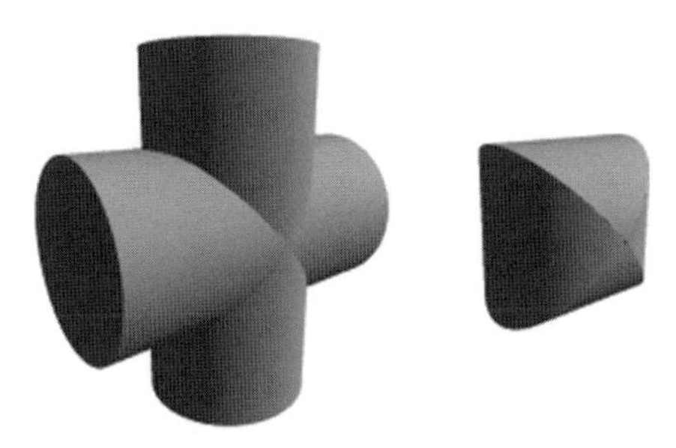

図 1　左図：2 つの直交する円柱面の交わりは 2 つの楕円からなる．
右図：2 つの円柱の共通部分の立体を陪円柱と言う．

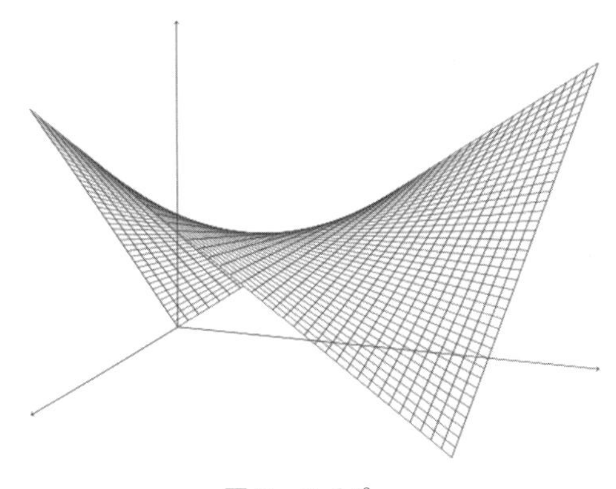

図 2　ハイパー．

り一般には，方程式は非線形であって，それぞれを満たす曲面が交われば，1 次元の曲線を描くことになる．

曲線の中でも大昔からよく知られているのが円錐曲線である．円錐曲線とは，平面と円錐の表面との交わりで得られる楕円，放物線，双曲線という 3 種類の曲線のことである．古くから徹底的に研究されており，レーダーのパラボラアンテナや惑星の軌道など，きわめて多くの物理系に見つけることができる．

空間曲線

ここまでに挙げた曲線の例はすべてある平面上に乗っているものばかりである．しかし，もし交差する曲面を表す方程式がともに非線形なら，交差してできる曲線はジェットコースターのように空間でねじれていることになる．断面が円である円柱を 2 つ考える．それぞれの軸が垂直に，1 点で交わるとしよう．

2 つの円柱の表面を表す方程式を足せば，オレンジのようなつぶれた球面である**偏球面**を表す方程式が得られる．また，一方の方程式を他方から引けば，2 つの平面を表す方程式が得られる．2 つの円柱面の交わりは 2 つの楕円からなっている[*2]．このように述べると抽象的で，難しそうに見えるかもしれないが，古い建物には，ヴォールトと呼ばれるかまぼこ形の天井が 2 つ直交するようにできているものがあり，その天井には 2 つの楕円ができているのをはっきりと見ることができる(図 1 参照)．

2 つの円柱の軸が直交し，円柱の底面の円の半径が等しいとき，この 2 つの円柱の共通部分である立体は**陪円柱**(bicylinder)と呼ばれる．アルキメデスも，また中国の数学者祖冲之も知っていた立体である．5 世紀に，祖冲之は陪円柱を使って球の体積を計算している．

次にこの 2 つの円柱を扁平にして底面が楕円になるようにする．この 2 つの楕円柱の軸と直交する座標軸に沿って，反対向きにずらす．それぞれの楕円柱の方程式は

$$2y^2 + (z + d)^2 = R^2, \qquad 2x^2 + (z - d)^2 = R^2$$

となる．ここで，R はもとの円柱の底面の円の半径で，$2d$ は 2 つの軸の間の距離である[*3]．この 2 つの方程式を足したり引いたりすると，

$$x^2 + y^2 + z^2 = a^2, \qquad x^2 - y^2 = 2dz$$

が得られる．これは半径 a ($a^2 = R^2 - d^2$)の球面と，もうひとつは**双曲放物面**(ハイパボリック・パラボロイド)の方程式である．ハイパボリック・パラボロイドは縮めて**ハイパー**と言うことがある(図 2 参照)．

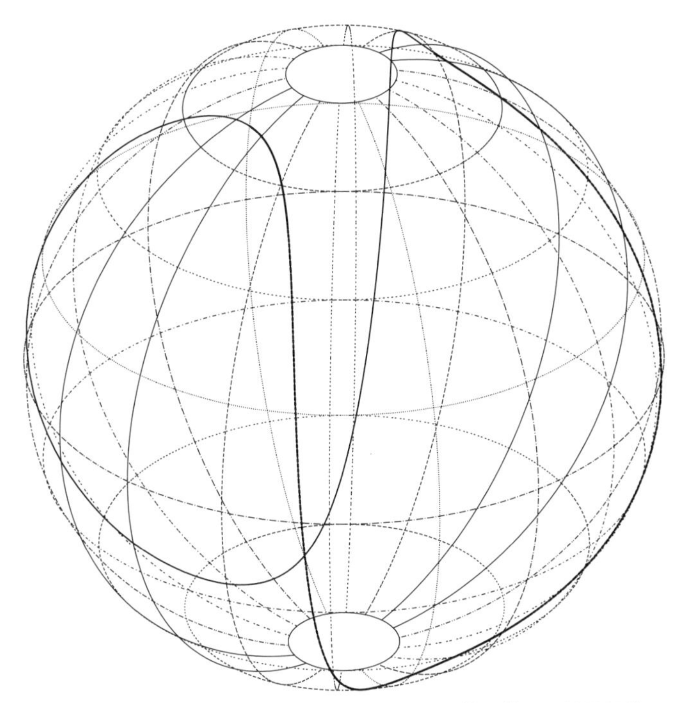

図 3　テニスボールの曲線, 2 つの離して置かれた楕円柱面の共通部分と, 球面とハイパボリック・パラボロイド, つまりハイパーとの共通部分.

古くから建築で使われているだけでなく, 現代的な建築でもハイパーは有用である. 20 世紀になると, シェル構造と呼ばれる薄い曲面の板からなる構造が建築に取り入れられるようになり, さらに曲面の数学理論が進展すると, ハイパーを使った非常に薄くて強固なヴォールトの建築物ができるようになった. ハイパーは**線織面**(せんしきめん), つまり, 直線を連続的に動かして作ることができるので, 馬の鞍のような形をした屋根を, 細長い平面の板を使って容易に作ることができるのである[*4].

図 3 では, 球面とハイパーの交わりによって定まる曲線を描いた. この曲線は野球のボールの縫い目やテニスボールの溝に似ている. 双曲放物面はポテトチップスというスナック菓子の形にもなっていて, ポテト

チップスの縁はテニスボールの曲線と同じような形をしている.

テニスボールから天気予報まで

テニスボールの溝の形ははっきりと決められているわけではなく, その描き方にはさまざまなやり方があるようだ. テニスの公式規則はあまり役に立たず, 2012 年の規則で定められているのは「表面を覆うフェルトは一様であること, 色が黄色か白であること. つなぎ目はあってもよいが, 縫い目があってはいけない(ステッチレスである)」だけである. 2 枚の平らなフェルトから, ボールを覆う球面を作るのは難しいのである. 偉大な数学者カール・フリードリヒ・ガウスはこれを厳密におこなうことが不可能であること, つまり, 平面から球面へ, まったく同じように移す写像が存在しないことを示した. しかし, 実際上は, ピーナッツのような形をした 2 枚のフェルトを組み合わせ, 少し引っ張ることで, テニスボールの表面にぴったりと合わせることができる.

テニスボールの曲線を表すモデルが数多く考え出されている. 実のところ, 独創的で多才な数学者ジョン・コンウェイによって,「正しい曲線」の定義の仕方は, 同値であることが自明な場合を除いてただ 1 通りである, という予想が立てられている. 言い換えると, 曲線を定義する方法は数多くあり, その結果としてできる曲線はすべて似てはいるが, 少しずつ異なることになるということである. テニスボールに描かれる曲線は 4 つの円弧の組み合わせによって実によく近似できる. この定義の仕方はテニスボールを製造する人にとってはありがたいかもしれないが, 数学者にとっては納得しにくい解答である. この組み合わされた曲線には解析的に見て面白い性質が何もないからである. 球面とハイパーとの共通部分として得られる曲線からはエレガントな方程式が得られる. この曲線もテニスボールの溝を定義するひとつの方法になっている.

テニスボールの曲線は, 平らなフェルトでボールを覆うという実用上の必要性から描かれたものである. しかし, その結果としてできる球面の分割の仕方には非常に実用的な利用法があることがわかった. 天気予報では大気の動きを示すのに，地球全体を格子状の点で覆うということをする．そこで普通の地図で使われることの多い緯度と経度による座標でおこなうと，大きな問題が起きてしまう．経線は北極や南極に向かうにつれて狭まっていくので，緯線と経線で作った格子では縮尺がひどく不均一になるのである．テニスボールの曲線を使って球面を 2 つの部分に分け，それぞれの部分に別の格子を描くことによってこの難点が回避できる．このやり方を，古代中国のシンボルにちなんで，陰陽格子と呼んでいる[*5]．

［***The high-power hypar*** by **Peter Lynch**: University College Dublin 数理科学スクール教授（気象学）．ブログは ⟨http://thatsmaths.com⟩．］

参考文献

［1］ Tao Kiang (1972). An old Chinese way of finding the volume of a sphere. *The Mathematical Gazette*, vol. 56, pp. 88–91. Reprinted in *The changing shape of geometry*, edited by C. Pritchard, Cambridge University Press (2003).
［2］ Robert Banks (1999). *Slicing pizzas, racing turtles, and further adventures in applied mathematics*. Princeton University Press.

訳　註

[*1] 双曲放物面は英語では hyperbolic paraboloid であり，その略称として 2 語の先頭をつないだ hypar が使われる．図 2 に示されているように，馬の鞍を無限に延長したような形．

[*2] 2 つの円柱の軸がそれぞれ x 軸と z 軸であり，半径が r であれば，円柱面の方程式は $y^2 + z^2 = r^2$ と $x^2 + y^2 = r^2$ となり，足せば $x^2 + 2y^2 + z^2 = 2r^2$ となって回転楕円面=偏球面となり，引けば $z^2 - x^2 = 0$，つまり $z = \pm x$ となって 2 つの平面になる．2 つの円柱の交わりはこの平面上にあり，x, y 平面上の円 $x^2 + y^2 = r^2$ を射影したものになって，楕円になる．また陪円柱は $y^2 + z^2 \leq r^2$ かつ $x^2 + y^2 \leq r^2$ となる．この体積は大学初年級の微積分で求めることができる．拙著であるが，『微積分演義下—積分と微分のはなし』(日本評論社)の第 6 章の演習問題 6.6 には詳しい解説がある．また，そこには，直交する 3 方向からの円柱の共通部分も扱われている．

[*3] 図 1 の 2 つの円柱の軸を x 軸と y 軸とするとその両方に直交するのは z 軸である．それぞれの円柱を z 軸と直交する方向から $1/\sqrt{2}$ 倍に押しつぶすと，$2y^2 + z^2 = R^2$, $2x^2 + z^2 = R^2$ という楕円柱になり，前者を z 軸に沿って d だけ押し下げ，後者を d だけ押し上げると，上の式で表したものになる．ちなみに $R \geq d$ のときは 2 つの楕円柱は交わるが，$R < d$ のときは交わらない．

[*4] シドニーのオペラハウスは有名である．

[*5] 片方の部分では普通の緯線と経線による格子を使い，もう片方では，その普通の格子を 90° 回転させたものを使う．それを陰と陽と呼んでいる．もちろん，それぞれの格子の描き方には，ほかにもさまざまな提案がされている．

50 Visions of Mathematics

36 つながりと広がり，パーコレーションの確率

コルヴァ・ローニー＝ドゥーガル，ヴィンス・ヴァッター

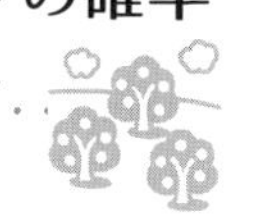

あなたが果樹園をいくつか持っている農家だったとしたら，と想像してみよう．あなたは人生においてストレスをほとんど感じないだろうが，夜中にベッドの上で寝苦しく寝返りをうつほどの悩みがひとつだけある．それは，木を枯らす病気の脅威だ．昆虫や鳥があなたの果樹園に病気を持ち込む可能性があり，1 本の木が感染してしまったら，その木から隣の木へと風によって病気が広がってしまうかもしれない．だから，新しい果樹園を作るときには葛藤を感じる．できるだけ多くの木を植えたいのだが，同時に病気が簡単には果樹園全体に広がらないように木と木の間を十分離して植えておきたい．

木が，図 1 の左図のように正方格子になるように，直線上に植えられていると仮定する．右図のようにそれぞれの木を点で表す．木をどれだけ離して植えるかによって，1 本の木から隣の木に病気が感染する確率 p が定まる．線分(**辺**と呼ばれる)は，1 本の木から隣り合う 4 本の木のうちのどれかに病気が感染したルートを表している．木を近くに植えるほど p は大きくなる一方で，木と木の間を狭くすれば，明らかにたくさんの木を植えることができるようになる．p の値がどれくらいなら病気の広がりに抵抗できるかを調べるために，果樹園の中の 1 本の木が病気になるという条件のもとで，多数の木が病気にかかる確率がどのくらいになるかを考えてみよう．

図 2 で，異なる 3 つの p の値に対して，確率 p でランダムに辺を加えることによって，果樹園に病気が広がる可能性をシミュレーションしてみた．左の図は，$p = 1/4$ なら，数本の木が病気になっても，病気はあまり広がっていかないことを示している．真ん中の $p = 1/2$ の図では，状況はより憂慮すべきものになる．大きな集まりも小さな集まりもできるので，最初に病気になった木が 1 本であったとして，果樹園が全体と

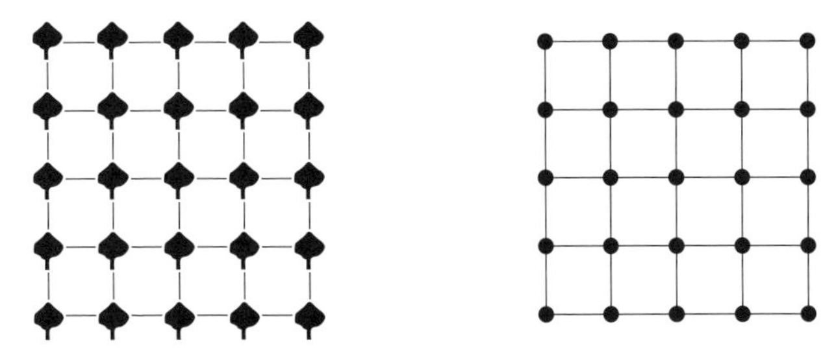

図 1　果樹園を数学的に図示する.

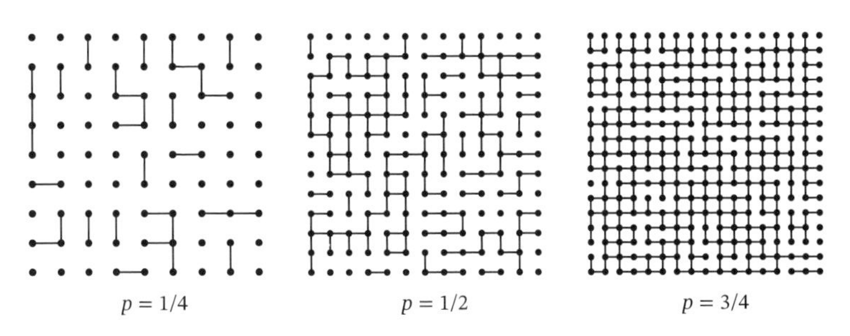

図 2　病気の広がりをシミュレーションした図.

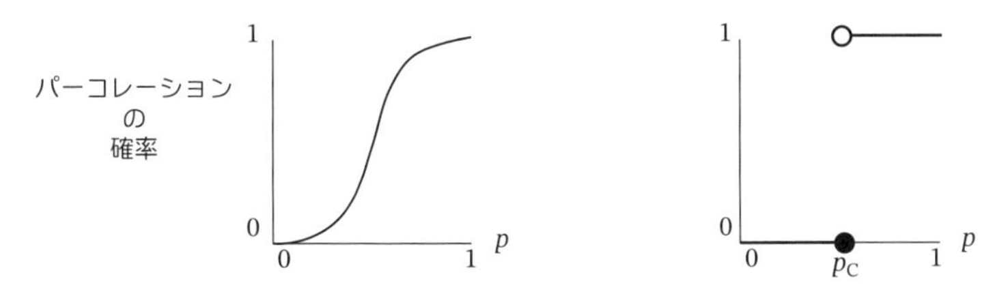

図 3　臨界確率 p_C を定義する.

して枯れてしまうこともあるだろうし，部分的にしか枯れないということもあるだろう．右側の $p = 3/4$ のときは，たとえ 1 本の木が病気にかかっただけとしても，感染は果樹園全体に広がっていくようである．

このような問題の数学的な研究は**パーコレーション理論**と呼ばれる．その応用の範囲は，新型インフルエンザの流行（患者と会った人に感染する確率を調べることによって，どれくらいの確率で大流行が起こるかを考える）から，地震予知（地震が近くの岩に小さな亀裂を引き起こすことによって，別の地震が近くで起こりやすくなる）までの広い範囲にわたっている．物理学者は，砂粒の間をしみこむ水のような極端に大きい系のパーコレーションを研究する．この場合，モデル化するには無限の格子でおこなうのが便利である．始めの果樹園の問題は次のように表される．1 本の木の感染が無限に多くの木に伝染する確率はいくつか？感染した木の集合が無限集合になり得るとき，系は**パーコレートする**と言う．

図 3 の左側のグラフのように，辺が存在する確率 p が増加するとともに，パーコレートする確率が 0 から 1 まで滑らかに変化するものと考えるかもしれない．しかし実際は，無限は気の利いたトリックを演じてくれる．1933 年にロシアの数学者アンドレイ・コルモゴロフは，現在ではコルモゴロフの 0-1 法則と呼ばれる定理を証明した．この定理によれば，事象の無限列（たとえば，無限回のコイン投げ）があれば，事象の有限集合によって決定できない結果（たとえば，表が出るのが無限回である）が起こる確率は必ず 0 か 1 のどちらかになる．実際，コイン投げの例では，表が出るのが無限回という結果は，両面が裏であるインチキのコインでない限り，確率 1 で起こる（もちろん，そのようなインチキのコインでは確率 0 となる）．無限の果樹園では，事象とは辺がある，または辺がない，かのどちらかであり，結果とは感染経路が**無限**に存在することである．この結果が起こるかどうかは，事象のどんな有限集合にも依存しない．なぜなら，辺の数が無限であったなら，有限個の部分に切り分けたとしても，そのうちの少なくとも 1 つには（もっと多いこともあるが）無限個の辺があることになるからである．したがって，図 3 の右側のグラフに示すように，パーコレートする確率は突然 0 から 1 に跳ね上がり，中間になることはない．このジャンプが起こる点は**臨界確率** p_C と呼ばれる．

物理学者たちは長い間，無限正方格子上でパーコレートする臨界確率を知ろうとしてきた．驚くことに，これはきわめて難しい問題であったのである．1960 年にテッド・ハリスが臨界確率は 1/2 より大きくないこ

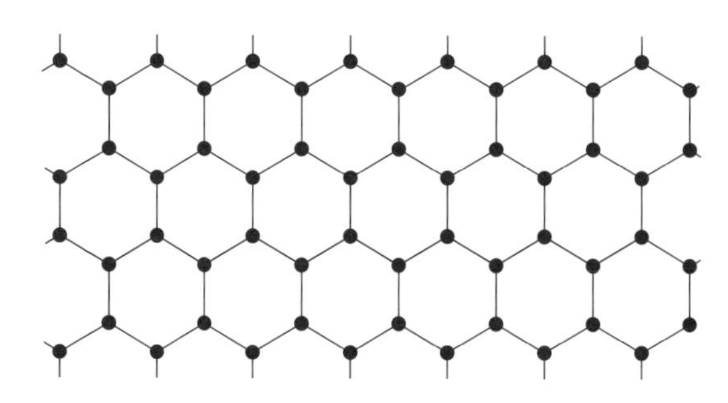

図 4　サイクスとエッサムによるハニカムの配列.

図 5　(左)実際の銀河.(右)シミュレーションした銀河. Copyright © 1986, American Association for the Advancement of Science.

とを示した. その後 20 年におよぶ研究が実を結び, もうひとりの数学者ハリー・ケステンによって臨界確率がちょうど 1/2 であることが示された. 1982 年, ケネス・G・ウィルソンはパーコレーションに関係した研究によってノーベル物理学賞を受賞し, 2006 年にはウェンデリン・ウェルナーが, 2010 年にはスタニスラフ・スミルノフが, フィールズ賞(数学に対するノーベル賞のようなものだが, 40 歳以下の数学者がおこなった研究に対してのみ与えられる)を受賞し, その受賞理由には少なくとも部分的にはパーコレーション理論に関する研究が含まれている.

ハリスとケステンの結果が示しているのは, もし病気に強い果樹園にしたいのなら，1 本の木から隣の木に病気が感染する確率が 1/2 より小さくなるほど木を十分離して植えるべきだということになる．しかし，木の並び方を変えることによってもっと多くの木を植えることは可能だろうか？ 1964 年に M. F. サイクスとジョン・エッサムは，図 4 のようなハニカムの配列にした場合，臨界確率が $1 - 2\sin(\pi/18)$，おおよそ 0.65 であることを示した．残念なことに，この配置では，木と木のあいだの距離が同じなら，植えられる木の本数は格子配列よりも少なくなってしまう．しかしながら，臨界確率がより大きいということは，木をより近くに植えることができることを意味する．なお，果樹園農家には一般的な防御法を示すことはできない．なぜなら，病気の種類によって，木と木のあいだをどれくらい離すべきかが変わってくるからである．

パーコレーション理論は銀河の進化をモデル化するためにも用いられてきた．ビッグバンの後，宇宙に形成された銀河は，星とガス領域の両方を含んでいる．このガス領域は崩壊して星を形成する．しかしながら，この崩壊を引き起こすには，何かきっかけがなければならない．このきっかけとして最も可能性が高いのは，既存の星が超新星爆発を起こして衝撃波を空間に送り出すことである．これから分子雲が形成され，それが凝集して新しい星が生まれる可能性がある．こうしてできた新しい星のうち最大のものが，今度はまた超新星になって，また別の星を形成するきっかけとなる新たな衝撃波を発する，というようにして，星が空間にパーコレートしていくことになる．このメカニズムは，ローレンス・シュルマンとフィリップ・ザイデンが（銀河の回転なども考慮に入れて）提唱し，モデル化もされて，1986 年に雑誌『サイエンス』に掲載された論文で発表された．図 5 の左側は現実の渦巻き銀河の写真であり，右側の画像はシュルマンとザイデンの星形成のパーコレーション・モデルによって作られたものである．

もしわれわれのいる銀河系において，新しい星の誕生が時空をあまねくパーコレートしていくことが確実となる臨界確率までになっていなかったならば，われわれの頭上にある空は何千年もかけてゆっくりと暗くなっていくだろう．それどころか，実際にわれわれの太陽が生まれることもなかったかもしれない．パーコレートする世界に暮らしているわれわれは何と幸運なことだろう！

［***Percolating possibilities*** by **Colva Roney-Dougal**: University of St Andrews 上級講師（純粋数学）．**Vince Vatter**: University of Florida 助教（数学）．］

参考文献

［1］ Dietrich Stauffer and Ammon Aharon (1994). *Introduction to percolation theory*. Taylor and Francis (2nd edition).

［2］ Lawrence Schulman and Philip Seiden (1986). Percolation and galaxies. *Science*, vol. 233, pp. 425–430.

50 Visions of Mathematics

37 アポロはどこにいる？

アダム・クチャルスキ

NASA（アメリカ航空宇宙局）は，月に人間を送る計画を決めた当初，問題を抱えていた．実際にはいくつもの問題があった．それは1960年の春のことで，NASAはまだ人間を宇宙に送ったことがないだけでなく，ソ連が人工衛星を軌道に乗せる競争に勝ったばかりのときだった．それから，技術的なこともあった．フロリダの打ち上げ場所から月までは38万4500キロメートルあるが，三人の宇宙飛行士をどうやって輸送するのか，そしてまた帰還させるのかという実際的な問題であり，それらすべてをソ連がやってしまう前にやらねばならなかった．

最大の障害は宇宙船の軌道を推定することであった．宇宙飛行士がどこを飛んでいるのかわからないのでは，NASAは彼らを月に送り込むことなどできる訳がなかった．カリフォルニアにあるNASAの動力学解析部門はそれまでに何か月もこの問題に取り組んでいたが，たいした成果はあがっていなかった．アポロ計画にとって幸いなことに，事態が変わろうとしていた．

軌道を計算することは，研究者にとってはまさしく同時にふたつの問題を解くことであり，難しいことはわかっていた．最初の問題は，現実の宇宙船は，物理の教科書にあるように，加速したり滑らかに動いたりはしてくれないことだった．宇宙船は月の重力のような常に変化する要因の影響を受けるが，その要因には解明されていないことが多かった．この要因の不確定さということは，たとえ科学者が宇宙船の正確な位置を観測できたとしても，それから先どのような軌道を進むのかについてはきちんとした予測ができないということを意味している．

しかし，第二の問題もあった．宇宙船の正確な位置が観測できないのである．宇宙船に搭載されるセンサーには宇宙船から見た地球と月の間の角を計算する六分儀とジャイロスコープ*1があるが，得られる観測

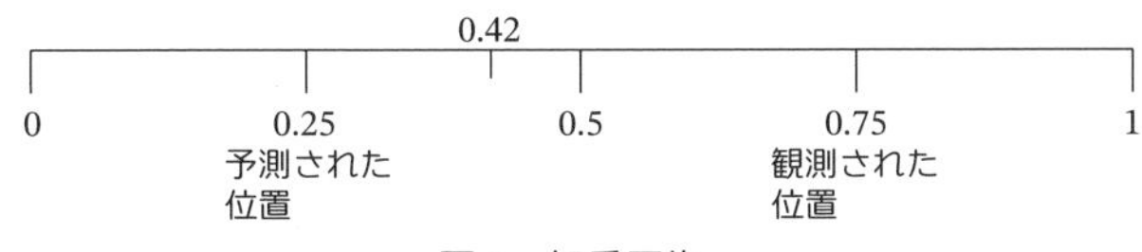

図 1　加重平均.

データに誤差が生じるのは避けられず，どのようにして宇宙船の正しい位置と速度に変換したらよいのかがはっきりわかっていなかった.

動力学解析部門を指揮する技術者スタンレイ・シュミットは当初，ソ連との冷戦の副産物である長距離ミサイルのために開発されたアイデアが使えるものと期待していた. しかしながら，ミサイル誘導システムはほとんど常に位置を測定できるが，アポロ宇宙船は忙しい任務のため，不規則な間隔でしか測定できないのである. シュミットとその同僚はすぐに，既存の方法では十分正確に位置の推定ができないことを悟った. 新しいアプローチが必要だったのだ.

次に起こったことは信じられないほどの幸運だった. 1960 年の秋，シュミットの古くからの友人が，ひとりの数学者をシュミットに紹介したのである. その友人は NASA の科学者たちがやっていた仕事について何も知らずに，訪問の手配をしたのだった. その数学者ルドルフ・カルマンはボルティモアを拠点としており，自身の最近の研究について議論をしに NASA を訪れたいと希望していた.

カルマンは電気工学を熟知しており，当時，一連の信頼できない測定結果から実際の値を推定する方法を見つけたところだった. しかし，カルマンの数学的な結果は疑いの目で見られており，カルマン自身もその理論を現実の問題に応用する方法をまだ見つけていなかった.

シュミットにとって，この理論に説得力があるかどうかなど問題ではなかった. カルマンの説明を聞いた後，シュミットはその方法をコピーしたものを NASA の技術者に配布し，カルマンと協力して宇宙船の問題に適用する方法を開発することにした. 1961 年の初頭には解決策が得られたのである.

カルマンの技法は**フィルター**と呼ばれ，ふたつのステップからできていた．最初のステップでは，ニュートン物理学を使って系の現在の状態（NASA の問題なら宇宙船の位置）を予測し，起こりうるランダムな影響の結果生じる不確実性の度合いを計算する．次にふたつ目のステップでは，ある程度の誤差を含むことが避けられない最新の観測値と，ひとつ目のステップで得られた予測値との加重平均を求めるのである．

簡単な例として，数直線上を 0 から 1 まで動く小さな宇宙船を考えよう．ある時刻での宇宙船の予測された位置を 1/4，観測された位置を 3/4 とする．観測値と比べた予測値の相対的な信頼性の度合いを K と表すと，加重平均は

$$\frac{1}{4}K + \frac{3}{4}(1 - K)$$

となる．予測値と観測値の精度の信頼性が同程度であれば，$K = 1/2$ と仮定できる．そのとき加重平均は 2 つの値を単純に平均した

$$\frac{\frac{1}{4} + \frac{3}{4}}{2} = \frac{1}{2}$$

となる．

しかしながら，カルマンフィルターではさらに巧妙なことをする．予測値に入り込むランダムさの度合いと，観測値に含まれると考えられる誤差の量を考慮し，両者を組み合わせて相対的な信頼性 K の最適な値を与える．もし予測値が観測値よりも信頼できるのであれば，予測値の方により大きな重みを与える．逆に観測値の方がより妥当なら，観測値の方を優位にする．

観測された位置より予測された位置の方に重みを増やした加重平均の例（重みを 2 倍にする）では $K = 2/3$ となる．この場合，フィルターは図 1 に示すように予測された位置により近い推定値

$$\frac{2}{3} \times \frac{1}{4} + \frac{1}{3} \times \frac{3}{4} = \frac{5}{12} = 0.42$$

が得られる．

カルマンフィルターでは正確な推定値が得られるだけでなく，観測するのと同時に働かせることができる．値の推定に必要なのは，過去の予測値と，宇宙船が観測した現在の値だけである．アポロに搭載されてい

るコンピュータの性能は限定的であって，このコンピュータですべての計算をしなければならないことを考えると，カルマンフィルターの単純さは非常に価値が高いものである．実際，カルマンフィルターは結局のところ，6 回にわたる有人月面着陸のすべてで使われただけでなく，国際宇宙ステーションの航行システムへの道を拓くものとなった．

アポロ計画が終了して数年後，スタンレイ・シュミットと同僚のひとりが軌道予測に関する研究を記述した報告書［1］を作成した．もちろん，彼らはカルマンフィルターを大いに称賛した．報告書には「現実にはありそうもない問題にばかりではあるが，幅広く適用できたので，このフィルターの応用可能な範囲については，まだ表面的にしか見えていないにちがいない．そして，数年後にはこのフィルターが使用される応用の数々に驚くことになるだろう」と書かれている．

まさにこの予言どおりになった．今日では，感染症の研究者は何が流行を引き起こすかを解明するためにカルマンフィルターを使っている．大気科学の研究者は気候パターンを理解するために使うし，経済学者は財務データにカルマンフィルターを応用する．

この技術は三人の宇宙飛行士を月へと導く方法として始まったものではあるが，この地球上にあるさまざまな問題に取り組むための貴重なツールへと進化したのである．

［***Finding Apollo*** by **Adam Kucharski**: London School of Hygiene and Tropical Medicine 感染症疫学科主任研究員．**初出** *Plus Magazine*，2012 年 10 月 11 日．］

参考文献

［1］ Leonard McGee and Stanley Schmidt (1985). *Discovery of the Kalman filter as a practical tool for aerospace and industry*. NASA Technical Memorandum 86847, available from ⟨https://ece.uwaterloo.ca/~ssundara/courses/kalman_apollo.pdf⟩. 現在は NASA のサイト https://ntrs.nasa.gov/archive/nasa/casi.ntrs.nasa.gov/19860003843.pdf で見られる（2020 年 7 月閲覧）．

［2］ Greg Welch and Gary Bishop (2006). *An introduction to the Kalman filter*. Technical Report 95-041, Department of Computer Science, University of North Carolina, available from ⟨http://www.cs.unc.edu/~welch/kalman/kalmanIntro.html⟩. (2020 年 7 月閲覧)

訳 註

*1 ジャイロスコープは角度だけでなく．角速度と角加速度を検出する機能がある．

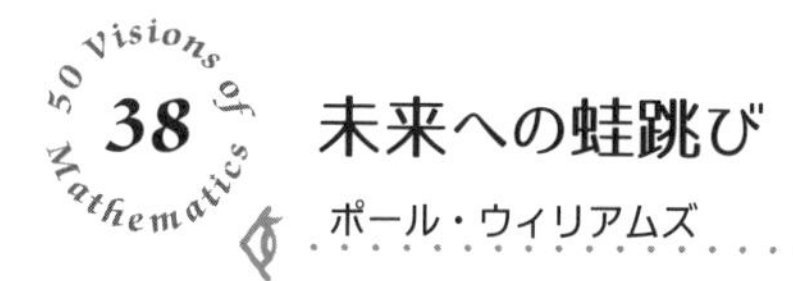

38 未来への蛙跳び

ポール・ウィリアムズ

ほとんどの人にとって蛙跳び（リープフロッグ）は昔ながらの子どもの遊びである．学校時代の楽しい思い出としてご記憶の方も，今まさに学校でやっているという方もおられるかもしれない．遊び方は，ひとりが前かがみになり，その背中を別のひとりが後ろから走って跳び越していくというものである．遅くとも 16 世紀にはこのような遊びがあったようである（図 1 参照）．

オックスフォード英語辞典によれば，この蛙跳び（リープフロッグ）という言葉が最初に記録されたのは，1600 年，ウィリアム・シェイクスピアの『ヘンリー五世』の次の台詞（せりふ）である．

> If I could win thee at leapfrog,
> Or with vawting with my armour on my backe,
> Into my saddle,
> Without brag be it spoken,
> Ide make compare with any[*1].

蛙跳びは世界中でおこなわれているが，国がちがえば，跳ぶ動物もちがっている．フランスでは「羊跳び」だし，日本では「馬跳び」だし，ルーマニアでは「山羊跳び」である．

16 世紀の子どもの遊戯が現代数学とどんな関係があるのだろうか？わたしのような数理科学者にとって，蛙跳び（リープフロッグ）は単なる子どもの遊びではない．リープフロッグ法とは，蛙跳びをする子どもにたとえて名づけられた数学的技法である．現在では天気や気候を予測する際に，リープフロッグ法は核心となる技法となっている．

数学と応用研究所（IMA）が設立されたころ，大気科学の研究者たちは天気をコンピュータ上でシミュレーションできるモデルを世界で初めて開発しようと頑張っていた．このモデルは，大気と海洋の現象を解明する物理法則を，数学的に非線形方程式で表してまとめたものである．や

図 1　フランドルルネサンスの画家ピーテル・ブリューゲル(父)の「子供の遊戯」(1560)から.

がてモデルは高度に進化していき，そのコンピュータのプログラムは数百万行のコードを含み，1 秒あたり数百兆回の計算を要するものになった. このような計算を実行できるのは世界最速のスーパーコンピュータだけである. 今日では，天気予報と気候の予測のため，気象に関係する国の機関では日常的にこのモデルを使っている.

蛙跳び(リープフロッグ)をするのは子どもたちだけではない. 天気や気候のモデルもなのである. モデルにおけるリープフロッグ法の役割は，未来の予測ができるように，時計を進めて天気を変化させることである. 蛙跳び(リープフロッグ)ではかがんだ子どもを後ろから前へと跳び越すように，そのモデルで過去から未来へと現在を跳び越すのである. 数学の言葉で言えば，大気や海洋の状態を表す変数の瞬間的な変化率，つまり時間微分の現在の値を傾きとする直線を使う. 過去(1 つ前)の時点での変数の値からこの直線を引いて，未来(1 つ後)の時点での変数の値を推定するのである*2.

現実世界では時間は連続的に流れるが，コンピュータシミュレーションでは時間の値は離散化(とびとびに)して計算するので，モデルは上記のように進めなければならない. 数学の言葉で言えば，大気と海洋の流体を記述する微分方程式を時間に関して離散化して，代数的な有限差分方程式に変換するのである. 明日の天気を予測するのに必要な作業は，1 日を数百の時間帯に分割し，そのほんの数分間の時間帯での天気をひとつひとつ予測することである．

蛙跳びの経験がある人ならご存知のように，ジャンプは不安定で倒れやすいものだ．ひとりの背中を跳び越すのは難なくできても，何人もの背中を続けて素早く跳び越すとなると危険なのである．コンピュータモデルでの数学的蛙跳び（リープフロッグ）でも同じである．リープフロッグ法の各ステップではモデルが未来に進んでいくが，リープフロッグ法に固有な不安定性も増えることになる．ついには不安定性が大きくなりすぎて，モデルがクラッシュすると言われている．

アンドレ・ロベール(1929–1993)という才気あふれるカナダの大気科学研究者が約 50 年前に，モデルが壊れないようにする数学的な接着剤とでもいうべきものを考案することによってこの問題を解決した．この接着剤は現在ロベールフィルターと呼ばれており，その粘着性のおかげで不安定性が大きくなるのを防いでいる．その仕組みは子どもの遊びとの類似性によって説明するのが良いだろう．要するに，ロベールフィルターは巧妙な力を発揮するのである．蛙跳びをした人が高く跳び上がりすぎたときは下向きに抑え，地面に落ちそうになると上向きに支える力なのである．ロベールフィルターの見えない手は，蛙跳びをする人の軌道が安定になるよう支えるのだ．ロベールフィルターはほとんどの天気・気候モデルにほぼ 50 年にわたって使われてきたし，今でも広く使われ続けている．

ロベールフィルターはリープフロッグ法を安定させ，モデルがクラッシュするのを巧妙に防ぐが，残念なことに，モデルに誤差を持ち込みもするのだ．社会や経済にとっての気象の重要性を考えると，天気・気候モデルはできるだけ精確でなければならないので，この誤差は問題である．たとえば，『アメリカ気象学会誌』に掲載された調査によると，アメリカでは天気予報に年間 3 億 1500 万ドルの価値があると計算されている．アメリカ海洋大気庁は，天気予報の精度の低さによる電力需要の過小予測と過大予測のために生じるコストは年間数億ドルと推定している．アメリカ航空運送協会は悪天候による航空機の遅れで生じるコストは年間 4200 万ドルかかり，そのうち 1300 万ドルは天気予報の改善により回避できる可能性があると計算している.

誤差による経済的なコストに加えて，社会的なコストもある．大気や海洋で生じる現象には，その巨大な破壊力のために，社会にとって重大な危険となるものも多い．たとえば，ハリケーン，台風，温帯低気圧の暴風，津波，エルニーニョ現象などである．こうした現象は，洪水，地滑り，旱魃（かんばつ），熱波，山火事などのさまざまな問題を引き起こす可能性がある．天気のモデルの精確さを増すことは，こうした災害による社会的影響を最小限に抑えるのに役立つから重要なのである．気候モデルの精確さを増すことは，モデルによる予測が国際的な政治交渉で使われるので，同じく重要である.

このようなすべての理由から，50年近くも使われてきたロベールの見えない手が引き起こす誤差を修正しなくてはならなかった．必要だったのは，ほんの少し異なる時刻にそれぞれ反対の方向に押す一対の手だったのである．それぞれの手が加える力は誤差を引き起こすが，その力は大きさが等しく向きは反対である．2つの力は互いに打ち消し合うので，トータルでは力は生まれない．この打ち消し合いによりロベールフィルターが引き起こす誤差は大幅に減少し，モデルの精度が増すのである．蛙跳び（リープフロッグ）の不安定性を防ぎ，モデルを壊さないようにするもうひとつの接着剤と言えるだろう．さらに，この方法は既存のモデルに組み込むのが容易であり，コンピュータのプログラムではコードを数行追加するだけでよいのである.

修正ロベールフィルターが開発されて以来，天気予報や海洋シミュレーションの精度が大幅に向上することがわかってきた．ある大気モデルでは，修正フィルターつきの5日先の天気予報は，修正前のフィルターでの4日先の天気予報と同じくらいの精度であることがわかった．したがって，修正フィルターは熱帯における中期間の天気予報においては，決定的に重要なあと1日分の予報を精確におこなう性能を追加してくれたのである．修正フィルターは今では，嵐，雲，天候，津波のモデルを含む世界中のほかのさまざまな大気と海洋のモデルに組み込まれている．この数学的かつ科学的な進歩の裏に，わたしが学校でやっていた単純な遊びがあったということを少しは謙虚に受け止めなくてはなるまい．

科学の進歩が，実は子どもの遊びに関係していたということもあるものなのだ！

［***Leapfrogging into the future*** by **Paul Williams**: University of Reading 王立協会大学主任研究員．**初出** *Mathematics Today* 共同コンテスト最優秀作．］

参考文献

［1］ Jacob Aron (2010). *Mathematics matters: Predicting climate change*. IMA/EPSRC leaflet, also published in *Mathematics Today*, December, pp. 302–303.

［2］ Damian Carrington (2011). How better time travel will improve climate modelling. *The Guardian*, 4 February 2011. 〈http://www.guardian.co.uk/environment/damian-carrington-blog/2011/feb/04/time-travel-climate-modelling〉（2013 年 1 月閲覧）．

［3］ Paul Williams (2009). A proposed modification to the Robert–Asselin time filter. *Monthly Weather Review*, vol. 137, pp. 2538–2546.

訳　註

*1 第五幕二場．この引用文は 1600 年に刊行された最初の四折版での台詞．今日流布されている日本語の翻訳は後年の版を底本としているようで，この引用文とは微妙に表現が異なる．ヘンリー五世が後に王妃となるキャサリンに求愛する場面で，「蛙(馬)跳びをすることで，あるいは，甲冑を身につけ馬の鞍に飛び乗ることで汝(キャサリン)を勝ち得られるなら，自慢するわけではないが，余は誰にもひけはとらない」くらいの意味．

*2 リープフロッグ法は，2 階の常微分方程式の数値積分法で，位置と速度を交互にずらして時間発展させるもの．通常のオイラー法より精度が高く，周期運動で安定な挙動をする．ルンゲ–クッタ法のようなさらに高精度の方法もあるが，却って後述のように誤差が増大していくことが避けられない．

50 Visions of Mathematics

39 3D スキャナーのやっかいな幾何

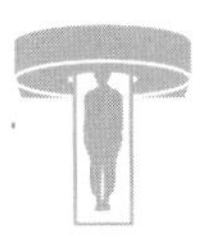

リチャード・エルウィズ

1895 年に科学者ヴィルヘルム・レントゲンが予期せぬ名声を得たのは，妻の手の不思議な写真を撮ったときのことだった．生きている妻の指の骨そのものが写っている写真のニュースは驚きとともに広がった．結婚指輪もまたくっきりと写っていたが，皮膚や筋肉は透明になっていて，まるで魔法のようであった．レントゲンの **X 線**は，嵐が巻き起こるように大きく報道され，電磁気についての物理学者の理解にも革命を起こすことになった．医学への影響もまたきわめて大きく，現在では世界中の病院で，毎年何億もの X 線写真が撮影されていて，正しい診断のための役に立ち，数えきれないほどたくさんの命を救っている．しかし今日の医者は，レントゲンの最初の発明のような 2 次元の平面的な画像に必ずしも満足してはいない．単純な腕の骨折なら従来の X 線写真でも十分かもしれない．しかし，癌の腫瘍の精確な大きさと位置を知りたければ，さらに生体のすみずみまでを記述した 3 次元のマップが必要になる．1960 年代から 1970 年代にかけて，このための技術として，**コンピュータ断層撮影**（CAT, computed axial tomography）というスキャン装置が開発された．

レントゲンの平面的な X 線写真から，今日の 3 次元 CAT へと技術が発展していく道すじでは，物理学や工学における進歩が関連している．しかしそれ以外にも，きわめて厄介な幾何の問題，つまり，たくさんの 2 次元の画像からどうやって患者の 3 次元構造を再構成できるかという問題を解決しなければならなかった．折よく，1917 年には，オーストリアの数学者ヨハン・ラドンがこの問題を研究し解決していたのだが，当時のラドン自身は，この研究にそのような重要な応用があるとは思ってもいなかったのだった．

X 線写真

19 世紀の当時，新聞は X 線の発見を歓迎し，センセーショナルに報道したが，今日では，X 線が魔法ではなくある種の放射線であって，可視光に似ているが，波長がずっと短いものだということがわかっている．確かに，医療用 X 線の波長はおよそ 0.01 ナノメートルで，通常の赤色光の 4 万倍の短さである．この波長のちがいが，X 線に強力な力を与えているのである．可視光が(ガラスのようなわずかの例外を除いて)ほとんどの固体を透過することができないのに対して，X 線にはそれができるのである．

しかし，X 線がすべての物質に妨害されずまっすぐに透過するだけならば，医療の役にはほとんど立たないだろう．物質に照射された放射線のうち，ある割合で，吸収や散乱をされたりするということが重要なのである．さらに，(骨のような)ある種の物質は(筋肉や脂肪のような)ほかの物質よりも多くの放射線を吸収する．このように吸収率に差があるために，エネルギーの強い放射線に照射されると濃い色に変化する印画紙を敷いておくと，対象物が何であるかという情報を含む画像が映し出されるのである．

対象物の X 線写真は，役には立つが，すべてのことを教えてくれるわけではない．それがなぜかを見るために，ある未知の対象の X 線による画像が示されたとして，もとの 3 次元構造を推測するという問題を考えてみよう．もし画像の中のある点が明るいとすると，その点に照射された放射線のエネルギーのほとんどは途中で吸収もしくは散乱されたかであると推論できる．困ったことに，このような明るい点は，物体が薄い金属の板であっても，木のような吸収性は低いが厚みのある物質であっても，同じように生じる可能性があるのである．1 枚の画像からはそのちがいを見分ける方法はない．医療現場における従来の X 線写真が役に立つのは，撮影されるさまざまな器官や骨の 3 次元的なおおよその位置を医療スタッフが心得ているからである．

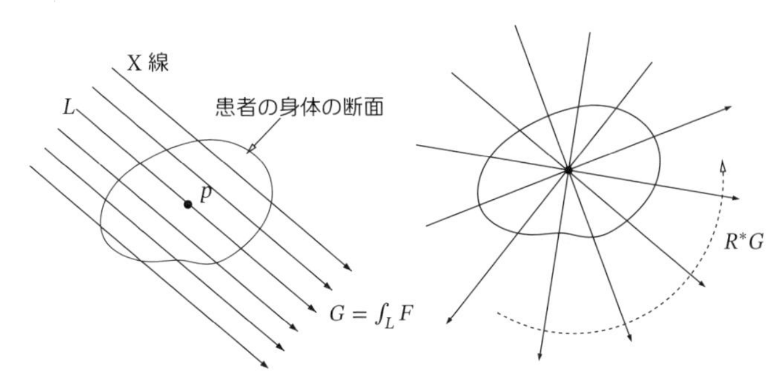

図 1　(左)ラドン変換 $G = RF$ の定義と(右)その双対変換 R^*G.

CAT スキャンと断面

CAT スキャンは X 線写真よりもっと良いことができる. この装置の原理は従来の X 線写真と本質的には同じである. ちがいは, 撮影される画像が 1 枚ではなく, 患者の身体を同時に(もしくはほとんど同時に)多方向から撮影することにある. その後, さまざまな画像を集めて, 身体の 3 次元のマップを作るのだが, ここで本格的に数学が関係してくるのである.

3 次元空間のある点(p と呼ぼう)の座標 (x, y, z) という入力に対するある数学的な規則, つまり**関数**(F と呼ぼう)を見つけることが, 幾何学的に考える上で望ましい. その関数は出力として, 点 p での物質の吸収率 $F(p)$ を返すものであると都合が良い. p が筋肉内の点であれば, X 線は容易に筋肉を透過するので, 吸収率 $F(p)$ の値は小さくなる. p が骨の中のどこかであれば, 吸収率 $F(p)$ の値はずっと大きくなり, 人工的な金属関節の中にあれば吸収率 $F(p)$ の値はさらに大きくなる. したがって, あらゆる点 p での吸収率(関数 F の値)がわかれば, 患者の完全な 3 次元マップという必要としていた情報が得られるのである.

3 次元の関数 F を見つける問題を考察するとまず, それが実は 2 次元の問題に帰着するということがわかる. 現代の CAT スキャナーでは, 患者の身体の一方の側にある一列の X 線管から, 反対側にある一列の検出器へ向けて X 線が平行に放射される．その後，X 線管と検出器はそれぞれ患者のまわりを 180° 回転していく．このとき，各検出器は同じ X 線管からの X 線を受けるようにし，すべての X 線が，患者の身体の同じ 2 次元の断面上を通るように保つ(CAT の中の ‘A’ という文字は ‘axial’(同軸の)からきている)．もしこうすることによって断面の幾何学的構造が完全に理解できるならば，必要な 3 次元マップを得るには，すべての断面のデータを正しい順序に集めるだけでよい．したがって，幾何学的には，問題の核心となるのは，X 線のデータから患者の身体の 2 次元断面を再構成できるかどうか，ということになる．

ラドン変換

求めるものは，2 次元の対象のあらゆる点に対し，そこでの X 線の吸収率を返す関数 F である．これが上述のプロセスによってスキャンした目的である．難点は，このデータがスキャナーからは得られないということである．個々の放射線(これを L と呼ぼう)の終点でスキャナーが検出するのは，その放射線が通過したすべての物質による吸収率を**合わせたもの**である．つまり，放射線の直線 L 上の各点での関数 F の値の和になる．数学では普通，この種の連続和を，大文字の S (sum，和を表す)を引き伸ばした形に似た積分記号で表す．ここでも，この総和を $\int_L F$ と表そう．

つまり，スキャナーから得られるのは吸収率の関数 F に関係はしているが異なる新しい関数である．この新しい関数は F の**ラドン変換**と呼ばれる(図 1 参照)．これを RF と書こう(R はラドン，Radon の頭文字)．ラドン変換 RF は，関数 F とは入力も出力も異なる関数である．関数 F の入力は空間の点 p の座標で，出力はこの点での吸収率であるのに対し，ラドン変換 RF の入力は放射線(直線 L)で，出力は直線 L に沿った吸収の全体，すなわち総和 $\int_L F$ である．

さて，あらゆる点での吸収率の関数 F の値がわかっていれば，どんな直線に対してもラドン変換 RF を計算することは簡単なことだろう．しかし，ここで直面している問題は方向が逆である．つまり，スキャナーが検出するのはさまざまな放射線（直線 L）に対するラドン変換 RF の値なのに，知りたいのはすべての点 p に対する吸収率を表す関数 F の値なのである．すると，数学的に中心となる問題は，与えられたデータから逆向きに，本当に求めたいもの，つまり関数 F 自身を具体的に記述する方法があるかどうか，ということになる．幸運なことに，ヨハン・ラドンの与えた答えはイエスであった．

ラドン反転

患者をスキャンし，スキャンされた 1 つの断面に焦点を当てて考えよう．スキャンによって得られたデータからわかる新しい関数 G というのは，本質的には，入力が直線 L であり，出力として，L に沿った吸収率の総和を返す関数である．数学として取り組むべきことは，$G = RF$ となるような関数 F を正しく求めることである．この問題は**ラドン反転**と呼ばれ，断層撮影において解くべき中心的な数学の問題である．

この問題を解くための第一歩として一番よいのはスキャンによって得られた関数 G のいわゆる**双対変換**を計算することである．その計算とは，特定の 1 本の直線に含まれる各点の吸収率の総和をとるのではなく，固定した 1 点 p を通るすべての直線にわたって，各直線での吸収率の平均をとることである．この平均を，本書だけの記号ではあるが，$\int_p G$ と書くことにしよう．G の双対変換とは，関数 G に関連した新しい関数であり記号 R^*G で表す．そして入力としては点 p をとり，p を通るすべての直線での吸収率の平均 $\int_p G$ を出力するものである．

双対変換 R^*G の数値は求めていたものではない．残念ながら，点 p におけるこの関数 R^*G の値は点 p での吸収率ではなく，点 p を通るすべての直線での吸収率の平均である．実際に欲しかったものは，点 p に近い点の方が，遠くにある点よりも大きく寄与するように，ある重みをつけて平均したものである．これでいよいよ，最終的に必要な数学的手法を述べる段階までやってきた．

ラドン自身による反転問題の研究は積分幾何学という分野における画期的な業績となった．その後，この問題ではほかにも多くの手法が開発されてきた．そのほとんどが，双対変換 R^*G から各点の吸収率 F に変形する計算のために同じアイデアを利用している．そのアイデアというのは，もうひとつの変換，すなわち，数学界におけるスーパースターである**フーリエ変換**を使うものである．フーリエ変換はもともと，一見すると無関係な波の理論から始まった．

フーリエ変換

最も単純で，最も滑らかで，最も対称的なタイプの波は，上下左右に完全な対称性のある正弦波である．しかし，オシロスコープに現れる波形を見ると，人間の心臓の鼓動や楽器が奏でる音といった物理的な波のほとんどは，はるかに複雑な形をしている．しかし，19 世紀の初めにジョゼフ・フーリエは，そのようなあらゆる波形がいくつかの正弦波をうまく組み合わせて作られるという根本的な事実を発見した．必要なことは，さまざまな周波数の正弦波を集めて，それぞれの出力レベルを正しく調整することだけである．この出力レベルというのは，音の波で言えば，音量に相当するものである．もとの複雑な波形から各周波数に適切な音量レベルを割り当てる規則が，フーリエ変換として知られているものである．

フーリエ変換は現代世界では，たとえば，音のサンプリングのような技術にとって，はかりしれないほどの価値がある．この技術によって，物理的な波はデジタル信号に変換される．実際，あらゆるモバイル通信機器の内部には，送信された電磁波の中に埋め込まれた信号を復元するためにフーリエ変換を実行するコンピュータ・チップが実装されている．

患者の体内の組織が波からできているとは想像しづらいので，フーリエ変換が CAT スキャンにどう関係してくるのだろうか，と思うかもしれない．まず，フーリエ変換はラドン変換より，反転の計算をするのがずっと簡単なのである．実際，フーリエ変換を計算するやり方と，フーリエ変換の反転を求めるやり方はほとんど同じなのである．このようにエレガントな対称性があるおかげで，フーリエ変換はとても使い勝手のよいものになっている．次に，フーリエ変換とラドン変換のあいだには，申し分のないほど有用な関係がある．数学的な微調整をしてやれば，フーリエ変換は，ラドン変換の双対変換 R^*G から吸収率 F を再構成するのに必要な計算手続きをきちんと与えてくれるのである．

双対変換 R^*G を計算してからフーリエ変換をするという過程はいくぶん複雑ではあるのだが，1963 年にアラン・マクリオド・コーマックはそれを体系的かつアルゴリズム的におこなう方法を確立した．しかしながら，1971 年の最初の医療用 CAT では，画像を再構成するこの方法の計算には 2.5 時間もかかった．しかし，数世代にわたって改良されてきた現代のコンピュータとアルゴリズムの力によって，今ではその計算はほとんど瞬時に終わってしまう．実際，このような計算がまさに，世界中の病院で患者が CAT スキャナーに入り込むたびになされているのである．

［***The troublesome geometry of CAT scanning*** by **Richard Elwes**: University of Leeds 講師．数学ライター．］

参考文献

［1］ Richard Elwes (2013). *Chaotic fishponds and mirror universes*. Quercus.
［2］ Chris Budd and Cathryn Mitchell (2008). Saving lives: The mathematics of tomography. *Plus Magazine*, ⟨http://plus.maths.org/content/saving-lives-mathematics-tomography⟩.

40 カタストロフとクレオド

ポール・テイラー

数学を**純粋数学**と**応用数学**の陣営に分けることは(統計学の発明は言うまでもなく)比較的最近の現象である．このような分け方は20世紀の中ごろにはすっかり定着し，純粋数学の陣営にいたG. H. ハーディが，現実に役立つ数学は退屈で，自明で，「ほんものの数学」とはほど遠いものにすぎないと主張したほどだ．しかしこの応用(アプライド)数学，すなわち利用された(アプライド)数学という名称からも，協力関係が一方的であることが示唆される．つまり，科学者や産業界が問題をささげ，慈悲ぶかい数学者は乞い願う者に解答を授け，それを受け取ったものたちの研究分野が進歩していく，という具合だ．現実ははるかに泥臭く，より興味ぶかいものである(より哲学的な観点については第11章も参照のこと)．

数学者にはほかの専門家との協力関係によるたくさんの収穫があり，まったく新しい領域の開発や新しいアイデアの探究のきっかけとなる刺激を受けることもしばしばだった．数学者と他分野の研究者との互恵的な関係を示す好例がカタストロフ理論の発展である．1970年代にカタストロフ理論の人気が高まり，物理学から社会科学や経済学まで幅広い範囲の問題への応用が見出されたが，それは20世紀の最も優れた生物学者と，同じように優れた数学者との協力の結果のたまものであった．

状況をはっきりさせるために，その生物学者の話から始めよう．『ネイチャー』誌に記載されたプロフィールに「最後のルネッサンス生物学者」と述べられているコンラッド・ハル・ウォディントンは決して定量的な思考に不案内なわけではなかった．ウォディントンは第二次世界大戦中，オペレーションズ・リサーチに従事し，数学と統計学を駆使して，大西洋の戦いで採用された対潜水艦戦術を開発した．ウォディントンが後に書き残したところによれば，戦争を遂行する中でこの任務は不当にも過小評価されたということである．1944年までにドイツのUボートの脅

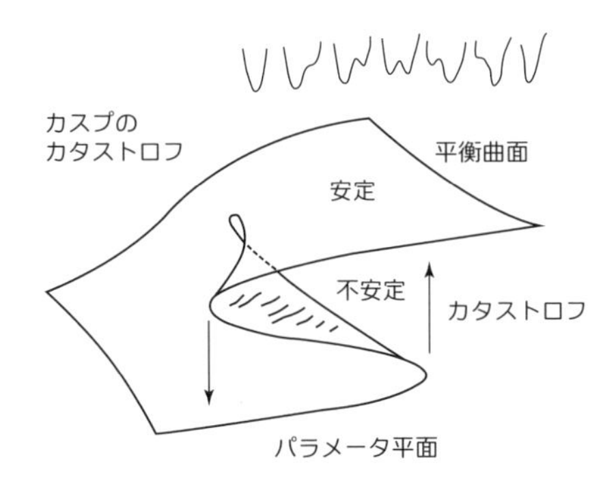

図 1　カスプのカタストロフに対する平衡値の曲面（ポテンシャル V は 4 次）．2 つの水平方向は制御パラメータ a, b に対応し，垂直方向は変数 x である．2 つの折り目のカタストロフの軌跡はパラメータ平面に射影したときカスプをなす．

威は，新技術と連合軍の優れた空軍力の前に減少していき，ウォディントンは任務から離れエジンバラ大学の遺伝学の講座主任を務めることになり，それからは終生エジンバラにとどまった．

ウォディントンの大きな関心事は**エピジェネティクス**にあった．エピジェネティクスは，生物の発育を特徴づける遺伝子と遺伝子以外の要因との相互作用を記述するためにウォディントンが造った言葉である．あなたの肝臓を構成する細胞はあなたの皮膚を形づくる細胞と同じ遺伝子を持っているが，この同じ遺伝子が異なる仕方で発現し，まったく異なる種類の細胞を形成したものなのである．ウォディントンは細胞の最終的な形が決定されるプロセスを，丘の上を自由に転がるボール（雨の粒）というような風景になぞらえた．ウォディントンは丘を走る溝を**クレオド**と名づけた，このクレオドは細胞が形成されていく過程を表し，クレオドが深いほど，外部からの攪乱に抗して安定であると考えた．クレオドは何度も分岐するが，これは多様性（多様な種類の細胞に分化する能力）という性質がある細胞から最終的な形態に定まる様子をモデル化したもので，ボールが止まった地点が細胞の最終的な姿を表している．

この描写で重要なことは，突然変異による生物の形質の変化ははっきり現れるか，まったく目に見えないかのどちらかである，ということである．始めにどの軌道をとるかによって，あるいは分かれ道でどちらの谷に進むかによって風景は変わり，この突然変異によってボールはまったく異なる終点にたどりつく．一方，ボールが深い谷の底を進んでいる限りは進路の変更は起こりにくい．つまり，途中で小さな突然変異が累積していっても見た目には大きな変化がなく，ボールの経路が不安定になるほど地形に大きな変化があってはじめて，ボールは隣の谷へ移っていくことになる．

今度は数学者の番である．このように，ボールが通る溝が地形の変化に応じて組み合わさったり完全に消えたりするという生き生きしたイメージに刺激を受けたのが著名な数学者であるルネ・トムである．トムはトポロジーと呼ばれる純粋数学の領域でフィールズ賞（数学における最高の賞で，ノーベル賞にあたるもの）を受賞していた．しかしながら，トムはそれ以前からすでに，たった 1 つの対称な形をした卵から生物が誕生しトポロジー的に複雑な形をしたさまざまな器官が現れてくる様子に興味を抱いており，生物の発達について研究していた．エピジェネティックな風景というアイデアに導かれてトムは，力学系の考え方からどのような地形があり得るか，パラメータを変更すると安定な軌道がどのように変化するかについて考えるようになっていた．

一番簡単な例を挙げよう．上に述べたボールの力学で，ボールが x の位置にあると仮定する．トムはボールのポテンシャル・エネルギー $V(x)$ が

$$V(x) = x^3 + ax$$

という形の関数で表されると考えた．ここで，a は**制御パラメータ**と呼ばれ，実験の際には値を変えることができる．ニュートンの運動法則によって，粒子に働く**力**は関数 $V(x)$ の導関数をマイナスにしたものである．この力が 0 のときボールは平衡状態にある（つまり位置を変えない）．これは $V(x)$ の導関数が 0 になる点，つまり，$3x^2 + a = 0$ となる x の値で起こる．a の値が負のときは，平衡状態となる x の値は **2 つ**ある．ひとつは安定（最小値）であり，ボールを平衡の位置から少し動かしてもボー

ルの位置があまり変わらないことを意味する．もうひとつは不安定(最大値)であり，平衡の位置から少し動かすとどんどん離れていく(不安定な平衡の例には，バランスよく垂直に立てた状態の鉛筆がある)．しかし，$a \geq 0$ に対しては方程式には実数解はなく，したがって平衡状態はない．さて，ボールが重力の作用を受け，安定な平衡状態の近くにあるとして，a が負の値から段々に大きくなっていくとしよう．始めはボールの位置は非常にゆっくりと変化していくが，a が 0 を過ぎると，安定な平衡点と不安定な平衡点が合わさって消えてしまう．ボールは突然に落ちて，x の負の方向に絶えず速さを増しながら走り去っていく．

このように突然，挙動が切り替わる原因となるトポロジーは**折り目のカタストロフ**として知られている．トムの業績は，2 つ以下の変数と 4 つ以下に設定されたパラメータを含むどんなポテンシャル関数に対しても，不連続点のトポロジー的な挙動はちょうど 7 種類の基本カタストロフによって記述されることを示し，このような特異点を研究する手段を提供したことにある．

トムが考察した次に簡単なカタストロフは，図 1 に示された**カスプ(尖った点)のカタストロフ**である．ここで，2 つの水平方向は制御パラメータ a と b，高さは変数 x で表される．カスプのカタストロフの曲面は 4 次のポテンシャル関数 $V(x) = x^4 + ax^2 + bx$ の導関数で，方程式

$$4x^3 + 2ax + b = 0$$

を満たす．この曲面は平衡値の軌跡を示している．もし制御パラメータが曲面の奥の方で右から左に動けば，平衡状態のすべての変化は小さく滑らかである．一方，もし右から左への移動が図の手前の方でおこなわれたなら，平衡状態の変化はパラメータが曲面の折り返しの縁(へり)(折り目)を越すまでは滑らかだが，そこで離れて下のシートに落ちる(図の下向きの矢印)．パラメータの小さな変化が平衡値のジャンプを引き起こすのである．これは，今日，気象変化の研究で活用されている考え方である**転換点**(ティッピング・ポイント)の例になっている．より複雑なカタストロフにはエレガントな名前の**ツバメの尾のカタストロフ**と**蝶のカタストロフ**があり，両方と

もに光学，構造力学など多くの分野における重要な応用がある．

カタストロフ理論が科学と経済学に対して多大な貢献をしたという主張は批判を受けている．カタストロフ理論には旧来の方法では証明できなかった結果があったとしてもごくわずかだというのである．今日では，知的な人々の間ではカタストロフ理論の万能性を否定する方が主流であり，初期のカタストロフ理論の支持者の中には，さまざまな問題への有効性について風呂敷を広げすぎていた人がいたことは認めねばならない．それにもかかわらず，カタストロフ理論はさまざまな分野で使われ続けている．幸いなことに，エピジェネティクスのポテンシャルを風景として描いたモデルは，コンピュータを使ってウォディントンの時代には不可能であったような計算をすることで，近年ふたたび脚光を浴びているので，カタストロフ理論は，その発端となった問題への応用がさらに見つかるかもしれない．しかし現在では，生物学者との共同研究により美しくエレガントな数学的結果がもたらされたというだけでなく，この両者の結びつきから数学が受けている利益の方が生物学が受けたものより大きいようにも思われる．

カタストロフ理論がどれだけの分野で役に立つかにかかわりなく，その理論内部に秘められたエレガントなものが見つかり，多くの人々の想像力を掻き立てたことは，ここ 50 年における数学の発展の中ではこの上もなく興味ぶかいものとなっている．ほかの分野の専門家との共同研究はその分野にとって有益であるだけでなく，数学においても次の大きなアイデアにつながるかもしれないことを忘れてはいけない．

［***Of catastrophes and creodes*** by **Paul Taylor**: University of Oxford ニューカレッジ大学院生（システムバイオロジー）．**初出** *Mathematics Today* 共同コンテスト優秀作．］

参考文献

［1］ G. H. Hardy (1940). *A mathematician's apology*. Cambridge University Press. 邦訳：G. H. ハーディ著，柳生孝昭訳『ある数学者の生涯と弁明』(丸善出版)．
［2］ Tim Poston and Ian Stewart (2012). *Catastrophe theory and its applications*. Dover Publications. 邦訳：T. ポストン・I. スチュアート著，野口広・伊藤隆一・戸川美郎訳『カタストロフィー理論とその応用，理論編，応用編』(サイエンス社)．
［3］ René Thom (1994). *Structural stability and morphogenesis*. Westview Press. 邦訳：R. トム著，彌永昌吉・宇敷重広訳『構造安定性と形態形成』(岩波書店)．

50 Visions of Mathematics

41 数学を使ってひと儲け?

アリステア・フィット

最初にはっきりさせておこう.これからの話は恐らくあなたが知りたいことを教えてはくれないだろう.あなたはあっという間にお金持ちになる方法を学ぶことはできないし,筆者がどうやってギャンブルで莫大な財産(何もないけど)を蓄えてきたかという話を読むこともないし,筆者が本業を止めてプロのギャンブラーになろうという計画(このことを完全にあきらめたわけではないが)を読むこともないだろう.本章で知ることになるのは,ギャンブルと数学がどのように関係するかであり,ギャンブルで優位に立つために数学的知識が使えるかであり,そしてギャンブルを「知的」な問題として扱おうとする人々が現在,何を考えているか,である.

もちろん,この短い文章にヒントを得て,戦略のいくつかを試したいという誘惑に駆られるかもしれないので,言い訳ではなく,以下のようないつもの警告をしておこう.

> **この章で述べられる主張は筆者の個人的な見解で,まったくの見当ちがいであるかもしれず,あなたがここで読んだことに基づいて,たとえ1ペニーでも賭けをするならば,その責任はすべてあなたが負うべきもので,筆者は—もちろん数学と応用研究所(IMA)も—あなたの損失について責任を負わない[*1].**

カモ,大穴ねらい,鞘取り人

現在のギャンブルにはどんな人が関わっているのだろう?大多数は戦略もなく客として賭けをするカモである.主に楽しみのために賭け,ほとんどの場合,少額を失い,過去のデータをろくに記憶していないような人たちである.彼らについてはこれ以上のコメントはしない(われわれはカモになることを非難するものではない.賭けごとはささやかな楽しみにもなれば，有害で依存症的なものにもなりうるが，この話とは関係がない）．カモ以外には（われわれがめざす）数学を駆使するプロのギャンブラーもいる．彼らは利益を得るために賭けをするのであって，何を対象に賭けているかに関心がない．金を稼げると判断すれば賭け，試しに賭けてみるというようなことはしない．

プロのギャンブラーは本質的に，大穴ねらいと鞘取り人という 2 つに分かれる．

大穴ねらい　大穴ねらいがたったひとつ常に心得ておくべきことは，彼らが勝つだろうと思う選択（何でもよいが便宜的にそれを馬と呼ぼう）に賭けるのではないことである．その代わり，配当（オッズ）が過大についた馬に賭けるのだ．これはたいていの場合，損をするだけだが，戦略に忠実に従い，（以下に述べる）**勝利を期待**できる勝負にだけ賭けをおこなうのなら，全体として利益を挙げられることは保証される．このような戦略を実行するためには，いつも忍耐強く多大なデータを収集して，モデルを作り上げていかなければならない．また，実際に賭けをするためには，大人数のチームを組んで絶えまない状況の変化に対応することが必要になるかもしれない．このような戦略で大きな利益を得ている人は非常に少ない（この手法がどれくらい信頼に足るものかはこの章の末尾の参考文献を参照されたい．また，グーグルでビル・ベンターという名前を検索するとおもしろいことがわかるかもしれない[*2]）．

鞘取り人　大穴ねらいとは対照的に，鞘取り人はレースの結果にはまったく無関心で，どの馬が勝ちそうかということを考えることもしない．その代わり，彼らは（正直になろう，われわれは）レースの結果にかかわらず，自分に利益をもたらすような仕組み（例は下記参照）が賭けのシステムの中に見つかるかどうかを探すのである．つまり，われわれが賭けるのは，われわれが勝てるとわかっているときだけである．鞘取り人の手法には非常に単純だが実は役に立たないものもあれば，役に立つが極端に複雑なものもあることがわかる．ここが数学の出番なのである．注意：この段階になると，みんないつも「もし鞘取りが可能ならば，なぜあなたは億万長者じゃないんですか？」と尋ねてくる．この非常にもっともな疑問は後で答えることにしよう.

単純な賭けの理論

これ以降を理解するためには，言葉を少し用意しなければばならない．まず，オッズはいつも**小数**で表すことにする.「ある馬に(たとえば)4.5 賭ける」は，倍率 4.5 で 1 ポンドを賭けることを意味する．もしその馬が勝てば，利益は 3.5 ポンド(4.5 ポンド引く賭け金 1 ポンド)であり，もし馬が負ければ，利益は −1 ポンド(損失)である．事象 X の確率を $\mathrm{Prob}(X)$ と書くことにしよう. すると，勝利を**期待**できる賭け(大穴ねらいにとっては生活の糧だ)とは単に

$$(\mathrm{Prob}(\text{勝つ}) \times (\text{勝ち利益}) - \mathrm{Prob}(\text{負ける}) \times \text{賭け金})$$

の値が 0 より大きい賭けのことである.

どのように**鞘取り**が考えられるのだろうか？ 2 頭の馬のレースで，それぞれの馬のオッズが W_1 と W_2 であるとする. そのとき，もし

$$R = \frac{1}{W_1} + \frac{1}{W_2} < 1$$

であれば, それぞれの馬に $\lambda_1 = P/(W_1(1-R))$ と $\lambda_2 = P/(W_2(1-R))$ だけの額をベットすれば, レースの結果がどうであろうと, P だけの利益が保証されることになる(馬 1 が勝てば $\lambda_1(W_1-1)$ の利益と，λ_2 の損失があり，馬 2 が勝ったときも同様となる*3). ほんの少しの努力をすれば, N 頭の馬のレースに対しても同様の結果をもたらす公式を導くことができる. もちろん現実の競馬では，こんなことはできない. こういう賭け方ができるときはオッズにゆがみがあると言われるが, R の値はいつも 1 を超えるように設定されているので，このやり方では鞘取りができないようになっている. にもかかわらず，以下で見るように, このことは鞘取りが不可能であることを意味しないのである.

鞘取りと賭博市場

鞘取り人は誰と賭けをしているのだろうか？実は，胴元であるブックメーカーを相手にしているのではない．かつては，賭けに関わる人のほとんどが，オンラインの大手のブックメーカーにアカウントを作って賭けをしていた．しかし，このシステムはあまり長くは続かなかった．なぜなら，ブックメーカーのやり方は明快で，あなたが「うまく」やっているのを彼らが検知すると，彼らはあなたのアカウントを凍結するか，非常に少額の賭けしか認めないことにして，あなたに足かせをはめるのである．このことは，スポーツを対象とするギャンブラーすべてにとって大きな問題であったが，2000 年に最初の賭博のオンライン市場が発足して状況が変わった．Betdaq や Betfair のような賭博市場の役割は本質的にオークションにおける eBay*4 と同じである．賭博市場にブックメーカーは一切関与していない．多数の参加者が互いに賭けを申し込み，コンピュータが瞬時に賭けを成立させている（ロンドン証券取引所と同じように進行する）．

賭博市場は勝者から数パーセントの手数料を受け取ることによって利益を挙げている（寛大にも負けたときの手数料はタダだ）．従来のブックメーカーに対し，賭博市場の大きな新機軸となったのは，勝ち馬に賭けるという「買い注文」だけでなく，勝た**ない**馬に賭けるという「売り注文」ができるようにしたことである．負け馬に賭けるというのは，勝ち馬に賭けるのとはちょうど反対になり，たとえば，ある馬の負けるオッズが 9.4 で，それに 2 ポンドを賭けると，その馬が勝てなければ 2 ポンドの利益になるが，もしその駄馬が勝ってしまったら，16.80 ポンド（$= 2\times(9.4-1)$ ポンド）の損失になる．

最も単純な鞘取り　筆者が知っている最も単純な鞘取りは，恐らく一日に何度かは実行できそうなチャンスが訪れる．ブックメーカーは，ほとんどのレースに対し，同じ馬の単勝と複勝（賭けた馬が 2 着以内になれば賭けた人の勝ちになる）に同じ金額を賭けるという単複セットを販売している．このセットで複勝の方に対して支払われる配当は，単勝のオッズにある決まった分数を掛けたものである(たとえば，6 頭の馬のレースでは，賭けた馬が 2 着までに入ると，単勝のオッズの 1/4 が支払われる)．単複セットに賭ける額，単勝を売りに出す額，複勝を売りに出す額，の 3 つを未知数とする簡単な 3 元連立 1 次方程式を解くことができれば，ある馬の単複セットをブックメーカーから買い，賭博市場で単勝と複勝を(正しく計算した額だけ)売りに出して，一定の利益が保証されるようにできる．たとえば，ウルヴァーハンプトン市で開催された，2013 年 3 月 8 日 19 時 10 分出走の 8 頭の馬のレースで，アサイーズという出走馬に対して，ブックメーカーを相手に単勝のオッズ 5.00 の単複セットに賭けることができ，賭博市場で単勝と複勝をそれぞれオッズ 5.08 と 1.75 で売りに出すことができた(これからどのように鞘取りすればよいのかの詳細は演習問題として残しておく)．残念なことに，前にも説明したように，ブックメーカーはすぐにあなたがしていることを見抜いて，あなたを追い出すだろう．

鞘取りへの挑戦　上記の最も単純な鞘取りは実際には役に立たないので，どうしたらよいのだろうか？ 答えは，賭博市場だけで可能な別の鞘取りをおこなうということである．人気のある賭博市場では，さまざまなスポーツを対象とした賭けに対して，想像できる限り自由に鞘取りの計画を練ることができる．テニス(多様で流動性のある巨大な市場にとってまさしく魅力的なスポーツだ)の市場からは特にさまざまなアイデアが考えられるが，賭けを組み合わせて鞘取りを見つけるのは難しくない．課題は，高い有用性(つまり，利益率が高く，売りと買いに使える手持ちの金額の上限に達しないで実行できる)があり，かつ使えるチャンスがひんぱんに訪れる鞘取りを見つけることである．

ボットによる戦い

ここまでの記述から，鞘取りとは，非常にたくさんの賭けに対して，価格が戦略の実行にちょうどよい金額になった瞬間に，慎重に計算された額で賭けるということをいつも実行していなくてはいけないものと想像されたかもしれない．当然のことだが，こんなことを手動でおこなうのは不可能なので，賭けへの参加を自動的におこなうプログラム（ボット）を使わなくてはならない．ほとんどの市場ではボットが利用できるようになっており，自分が定めた条件に応じて自動的に賭けられるように設定しておくことを利用者に勧めている．典型的な鞘取りの戦略はおおよそ，次のようなステップからなっている．

- 賭博市場から必要なデータを（たとえば，PYTHON や Beautiful-Soup などのプログラミング言語で書かれたスクリプトを使って）抽出し，実行可能な鞘取りを見つける

- 抽出したデータから，あらかじめプログラム化しておいた公式に従って，利益が得られるような賭け方を計算する

- さまざまな賭博市場で上記の賭けを実行するためにボットを使う

何が結論なのだろうか？ ひとことで言えば，賭博市場からリスクなしに利益を得ることが，（ほんの少し基礎的な数学を使って）容易に可能であるということである．難しいところは主に，(1) 賭けを実行するプロセスを自動化すること，(2) 十分ひんぱんにチャンスが起こり，十分な有用性のある鞘取りを見つけること，(3) 得られる利益があまり小さくならないやり方を見つけること，である．ほとんどの場合，あなたは金持ちにはならないだろうが，きっと楽しむことができるだろうし，おまけに多少はおこづかい稼ぎができるかもしれない．予定のページ数が尽きてしまったので，鞘取りと賭けの期待値に関するより複雑な数学的な性質について議論をすることはできないが，興味ぶかい数学的課題がいくつかあることは疑いもなく，勉強を続ければ価値のある論文を書くことができるかもしれない（もちろん，賭けの研究の黄金律，つまり，公表するのは実用に適さないが，アイデアはすばらしいものだけにとどめておくこと，を忘れないならば，である）．

［***The mathematics of sports gambling*** by **Alistair Fitt**: Oxford Brookes University 副学長代理（研究・学識交流）．］

参考文献

[1] Patrick Veitch (2009). *Enemy number one: The secrets of the UK's most feared professional punter*. Racing Post.

訳 註

*1 もちろん，日本語版の出版社および訳者も責任を負わない.

*2 ビル・ベンターは，競馬の予想でコンピュータを使った確率モデルを考案したとして有名な人物.

*3 実際に計算すると，どちらの場合も $\frac{P}{1-R}\frac{W_1W_2 - W_1 - W_2}{W_1W_2} = P\frac{1-R}{1-R} = P$ となる.

*4 eBay はインターネットオークションを展開するアメリカの会社で，日本にも進出したが，先行していた Yahoo!オークションに勝てず撤退している.

50 Visions of Mathematics

42 命をリスクにさらす

デイヴィッド・シュピーゲルホールター

エクスタシー[*1]の摂取は乗馬への熱中，つまり「エクアジー」[*2]よりも危険なわけではない．この主張はイギリス薬物乱用諮問委員会の委員長だったデイヴィッド・ナットによって2009年になされた．上記をはじめとした一連の発言のため，ナットは解任されることになった．ナットは自分の主張を裏づけるために，乗馬とエクスタシー摂取とで，死に至る危険性を比較する統計を用いた．ナットの発言が騒動を巻き起こしたのは，この統計そのものが理由というより，違法な薬物と趣味として親しまれる乗馬とを比較する，ナットの文化に対する姿勢のためだったが，ナットが提起した問題は興味ぶかい．つまり，小さいけれど致命的なリスクは，どのようにすれば比べることができるのだろうか？

致死的なリスクの大きさを示すわかりやすい単位があるとよいだろう．1970年代にロナルド・ハワードは，100万分の1の死亡確率を意味する**マイクロモート**という単位を使うことを提唱した．重大なリスクというものは一般には非常に小さいが，この単位を使えば，ひと目でわかるような整数値で表されることになって扱いやすくなる．たとえば，全身麻酔の（全身麻酔を使った手術のではなく）死亡リスクは10万分の1，つまり10万回の手術につき1人が死亡すると言われる．これは1回の手術が10マイクロモートに相当するということである．

2010年にイングランドとウェールズで「外的要因」によって死亡した1万8000人のことを考えてみよう．これは，5400万の全人口の中で，事故，殺人，自殺などで死亡した人のことである．平均すると，1日あたり

$$\frac{18000}{54\times 365}\approx 1\text{マイクロモート}$$

となるので，1マイクロモートとは，全人口が日々さらされている致死的リスクをひとりひとりに「配分」した平均値とみなせる．だから，過度に

心配することのない程度のリスクである.

100 万分の 1 の死亡確率をロシアンルーレットのようなものでたとえてみよう. 20 枚のコインを空中に投げ, すべてのコインが表になったら, コインを投げた人が処刑されるというものだ(このことが起こる確率は $1/2^{20}$ で, 大雑把には 100 万分の 1 である).

リスクをマイクロモートで表すということは, そのリスクにさらされる時間なり何なりの量を示す単位から換算する必要がある. リスクにどの程度さらされるかの測り方はリスクごとに異なるわけだが, マイクロモートを使うことで, さまざまなリスクの要因を統一的に比較することができるのである. もちろん, 知ることができるのは, 全人口で平均したリスクだけであり, あなた個人のリスクはもちろん, 全人口からランダムに抽出されたある個人のリスクも表すことはできない. しかしながら, このおおよその数値によって, 特定の状況に対するリスクを合理的に評価することができるようになる.

マイクロモートの数値をどのように解釈するかは, 確率とは何かという哲学の問題であり, その立場によって異なる. つまり,「真のリスク」というものが外在し, 計算によって得られる確率の値は真のリスクの推定値であるという立場と, 確率は現在までに得られた情報に基づいた主観的な判断にすぎないという立場のどちらをとるのか, ということである, ここでは, 後者の解釈をするということにしたい.

交通事故のリスク

交通事故死のリスクの値は交通手段の種類によって定まり, 時間経過に比例すると仮定し, イギリスのさまざまな交通手段で 100 マイル(約 160 キロメートル)を旅行する際どれくらいのマイクロモートが累積されるかを検討してみよう. 2010 年のデータでは次のようになる.

歩　行: 100 マイルあたり 4 マイクロモート
自転車: 100 マイルあたり 4 マイクロモート
バイク: 100 マイルあたり 16 マイクロモート
自動車: 100 マイルあたり 0.3 マイクロモート

医療でのリスク

病院に行くリスクはどうなるだろうか？ イングランドの病院に入院している患者数は1日あたり1万3500人ほどで，そのうちの何人かが病気のために亡くなることは避けられない．しかしながら，入院患者の死亡すべてが不可避というわけではない．2008年7月から2009年6月までの1年間に，医療過誤のために亡くなった3735例が国立患者安全局に報告されているが，実際の数はこれよりはるかに多いものと考えられる．この報告件数では，1日あたり約10人で，こうした避けることができたはずの死亡例に外来患者がほとんど含まれないと仮定すれば，1万3200分の1の平均リスクということになる．だから，病院に1日いることで，平均すると，少なくとも75マイクロモートのリスクにさらされることになる．これは，500マイル（約800キロメートル）くらい，たとえば，ロンドンとブラックプール間をバイクで往復した場合の平均リスクに相当する．もちろん，どんな人々を対象にするかによって状況は変わるが，病院がハイリスクの場所であるという結論に変わりはない．

夜間病院（イングランド）：	75マイクロモート
帝王切開（イングランドとウェールズ）：	170マイクロモート
出産（世界平均）：	2100マイクロモート
出産（イギリス全土）：	120マイクロモート
全身麻酔（イギリス全土）：	10マイクロモート

交通手段によるリスクと医療のリスクの数値を比較すると有益な情報が得られる．たとえば，全身麻酔は，平均すると，70マイル（約110キロメートル）のバイク走行と同じ死亡リスクがあるのである．

レジャーのリスク

ここでは，リスクは事故だけから生じると仮定している．事故さえ起こさなければ，持続的な影響のために病気を引き起こすことはない安全な行動だけを考えている．すると，1回の行動あたりのマイクロモートを考えることもできるだろう．乗馬やスキューバ・ダイビングなどの1回あたりのマイクロモートを見てみよう.

ハング・グライダー: 1回あたり8マイクロモート
マラソン: 1回あたり7マイクロモート
スキューバ・ダイビング: 1回あたり5マイクロモート
スキー(1日): 1回あたり1マイクロモート

マイクロライフを生きる

これまで挙げてきたのは突然死のリスクであったが, われわれを取り巻くリスクの中にはすぐに命にかかわるわけではないものも多い. 喫煙, 飲酒, 暴食, 運動不足など, 注意すべき生活習慣上の問題点すべてを考えてみよう. 次に説明する**マイクロライフ**の目的は, 習慣的なリスクにさらされたとき平均してどれだけのライフ(生命)を失うかを示して, さまざまな生活習慣のリスクを比較可能にすることである.

1マイクロライフとはあなたの平均余命のうちの30分に相当する. この言葉は, 30分を100万倍すると, 20代の人の平均余命に近い約57年であるということに由来している.

30歳の人が, 平均して1マイクロライフを失う行動を挙げてみよう.

- 煙草を2本喫う.
- アルコールを7単位(たとえばビールなら1リットルほど)飲む.
- 5 kgの太りすぎ. 1日あたり.

もちろんこれは, 煙草を喫ったり, 酒を飲んだりすれば必ず起こる結果であるわけではない. 一生のうちに生じる影響を累積し, 全人口にわたって平均した結果である. さらに, 多くの仮定に基づいた非常に粗っぽい数字である. 煙草を2本喫ってそれで止めたというだけのことが, 長い時間を経た後にどのように影響するかについては, さまざまな理由から述べることはできない. 理由のひとつは, マイクロライフは, 明らかに対照的な人々(たとえば, 煙草を喫う人と喫わない人)の間の比較に基づいており, その習慣を止めてしまった人は考慮に入れていない. もうひとつの理由は, ある習慣を持つ特定の人がその習慣を持たなかったとしたらどうなっていたかを知るすべはないからである．

平均余命の変化と1日あたりのマイクロライフの間には単純な関係がある．30歳くらいで，平均余命が50年，つまり1万8000日の人を考えよう．平均余命を1年（1万7500マイクロライフ）縮めるような日常習慣があれば，それによって毎日1マイクロライフずつ消費しているという意味になる．

速く生き，若くして死ぬ

マイクロライフを言い換えて，人々はそれぞれのライフスタイルに従って，異なる速さで生活しているという見方をしてもよい．たとえば，1日に20本の煙草を喫う人はほぼ10マイクロライフを消費し，1日を24時間ではなく，おおよそ29時間の速さで死に向かって突き進んでいると解釈することができるだろう．このように老化が進行する度合いを数値で表すというやり方は，人々の生活習慣を変えさせるのに効果的であることがわかってきている．たとえば，「肺年齢」とは，肺の働きが，何歳くらいの健康な人の肺に相当するかを示している．「心臓年齢」もまた一般的な概念になりつつある．

興味ぶかいことに，平均余命はこの25年間，毎年3か月（つまり毎日12マイクロライフ）ほど増加しているのである．このことは，次のように解釈できよう．生きているだけで1日に48マイクロライフを消費しているが，死からもまた1日に12マイクロライフずつ遠ざかっている．つまり，医療制度と健康的なライフスタイルのおかげで1日に12マイクロライフのボーナスを受け取っていることになる．

マイクロモートとマイクロライフ

数学的には，100万分の1の死亡確率である1マイクロモートのリスクに身をさらすことは，100万分の1だけ余命を減らすことに相当する．それゆえ，1マイクロモートの深刻なリスクを冒す若者は余命をほぼ1

マイクロライフ減らすリスクに自らをさらすことにほかならない(20代の若者の未来には30分の100万倍だけの時間があることを思い起こそう). 年齢がもっと高くなると, 同じリスクを冒せば, 余命はやはり100万分の1だけ減ることになるが, 時間に換算すればもっと短く, おそらく15分かそこらを失うだけである. しかしながら, 危険な行動による深刻なリスクは平均余命の変化では十分に表せないので, 別の単位を使う方が適切であるようだ.

イギリス政府もまたマイクロライフの価値を考慮している. イギリスの国立医療技術評価機構(NICE)のガイドラインによれば, 健康的に1年間延命することが期待できる医療に対しては, 国民保健サービスから3万ポンド支出させる. 健康的な1年間というのはおおよそ1万7500マイクロライフである. このことは, NICEが1マイクロライフに1.70ポンドという価値を与えたことを意味している. イギリス運輸省は「統計的な命の価値」を160万ポンドと評価している. それは, 100万分の1の死亡確率, つまり1マイクロモートを減らすために運輸省は1.60ポンドを支払う用意があることを意味している. だから, この2つの政府機関がマイクロライフとマイクロモートに対して同程度の価値を置いていることになる.

マイクロモートとマイクロライフの間にはひとつの大きなちがいがある. もし無事にバイクを走り終えたなら, このマイクロモートの履歴は消し去られ, 翌日はふたたびゼロから始まるのである. しかし, 一日中煙草を喫い, ポークパイを食べて暮らせば, あなたのマイクロライフ消費は累積されていく. それは宝くじのようなものである. あなたが毎日購入する宝くじは永遠に有効なので, 勝つ確率は毎日増えていく. ただこの場合, 勝って死亡するのを望む人は誰もいない.

[***Risking your life*** by **David Spiegelhalter**: University of Cambridge ウイントン教授(リスクコミュニケーション). **初出** *Plus Magazine*, 2010年7月12日, 2012年1月11日.]

訳　註

*1 LSDに似た幻覚剤の一種.

*2 英語ではequasyで, equine addiction syndromeという馬依存症候群とでも訳すべき言葉から, デイヴィッド・ナットがエクスタシーに似た語として造った語.

50 Visions of Mathematics

43 フェイルセーフかフェイルデンジャラスか？

アフマー・ワディー，アラン・チャンプニーズ

ピラミッドや高層ビルから，トーマス・テルフォード，イザムバード・キングダム・ブルネル，ギュスターヴ・エッフェル，オヴ・アラップのような著名人*1 まで，構造工学には豊かな歴史がある．構造技術に従事するエンジニアは安全性にこだわりがあり，自然を原因とするものであれそうでないものであれ，あらゆる種類の危険に耐えられるよう無数の措置を講じている．エンジニアにとって，よく言われるように，「失敗は選択肢にはない」*2．しかし，世間の注目を集めるような大惨事は起こりうる．そのときエンジニアは，科学的知見によって裏づけられた範囲を超えて技術を用いたことに対し，あるいは単なるお粗末な技術のゆえに責められることもしばしばである．大惨事の例には，テイ橋やタコマナローズ橋の災害*3，1960 年代と 1970 年代に何度も起こった箱型の桁を持つ橋の崩落，2001 年 9 月 11 日のニューヨークの同時多発テロで飛行機による直接の攻撃を受けなかったにもかかわらず崩壊した建物などがある．

航空宇宙産業や原子力産業のように安全性が重要な産業と同じく，土木工学でも専門家は安全性を強く意識しており，失敗から学ぶことには熟達している．事故が起こると，その根本的な原因を解明するための調査委員会が設置される．イギリスでは行為準則という規則が定められ，数多くの国内機関あるいは国際的な機関によって，その規則が遵守されているかを確認している．その目的は，同じような失敗が二度と起こることのないようにすることである．

その一方で，これから見ていくように，新しい数学的な研究によって，構造物に異常が生じることに対する新しい考え方が誕生しつつある．急速に変化する現代社会では，環境問題や社会問題がますます増えており，事態が悪い方向に進むのを予測しなくてはならない．地震，津波，熱帯

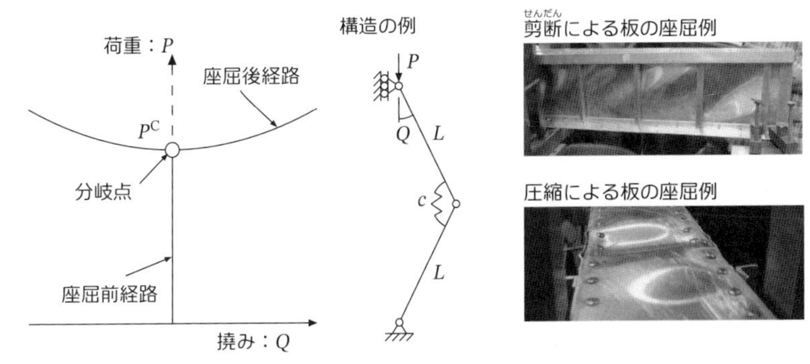

図 1　「安全な」構造の変形．荷重 P が臨界座屈荷重 P^{C} を超えても構造は耐えられる．(左)典型的な荷重と撓みの関係のグラフ．(中)荷重 P で安全な反応をするバネで接続されたモデル．(右)板で造られた梁の実例．

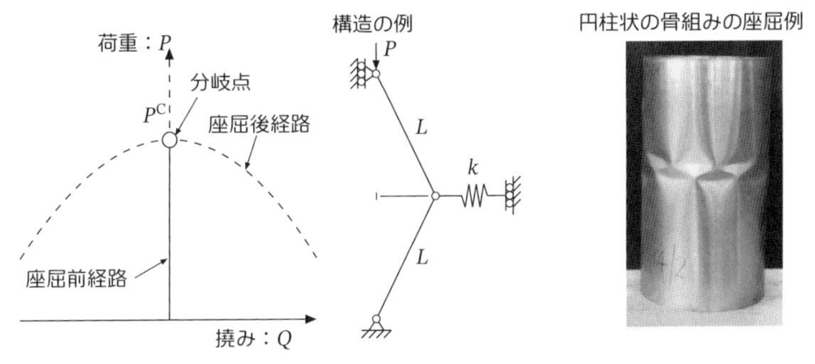

図 2　「危険な」機械系の応答．臨界座屈荷重 P^{C} で座屈した後，荷重 P を小さくしなければならない．(左)典型的な荷重と撓みの関係のグラフ．(中)荷重 P で危険な反応をするバネで接続されたモデル．(右)円柱状の骨組みの実例．

性暴風雨(台風やハリケーン)など，設計時には想定していなかった条件に建築物がさらされるかもしれない．さらに，都市化されていく社会では，その人工的な環境が，想像以上にひどいものになりかねない．したがって，本質的に問うべきことは，構造物がいつ異常事態に直面するかを正確に予測することではないだろう．残念ながら，異常事態のすべてを避けることはできない．そして，どの構造物に異常が起こるかという問いに答える見通しはほとんど立たない．だからむしろ問うべきなのは，大惨事をもたらしかねない危険に対し，構造物が脆弱かどうか，あるいは，異常事態による被害を制御できるかどうか，というフェイルセーフの考え方なのである．さらに，異常事態に対し危険が高まる，つまりフェイルデンジャラスと予測される構造物は，必ず悪いものなのだろうか，という問いについても考えてみよう．

構造工学のエンジニアは予測可能であることを好む傾向にある．エンジニアは，桁，フレーム，床，壁などのようなパーツを使用する際に，荷重に対して徐々に撓(たわ)んでいくように設計されたものを好む．つまり，加えられた力（**荷重**）による構造物の撓みの大きさが，荷重の大きさに厳密に比例するというものである．これは**線形な**挙動と呼ばれている．たとえば，100 キロニュートンの荷重（10 トンの大型バスの重量に相当する）が鋼鉄の桁にかかると，桁の撓みの量が荷重の方向に距離が 1 ミリ増すとしよう．桁が線形な挙動をするとは，荷重を倍の 200 キロニュートンにすれば，撓みも 2 倍の 2 ミリになる，ということである．しかしながら，荷重が設計のレベルを超えるとこの厳密な比例関係が失われることがある．つまり，構造物の変形が**非線形**になる．非線形の変形とは，たとえば，荷重が 1000 キロニュートンに増えると桁の撓みが（10 ミリではなく）100 ミリになるといったことである．つまり，増えた荷重に比例する以上に撓みが増えるのである．この現象が生じる原因は一般に，構造物の**剛性**（撓みに対する荷重の比として定義される）が減少してしまうことである．

1970 年代の**カタストロフ理論**（第 40 章参照）を振り返ってみると，非線形の変形が，安定性の増加あるいは悪化にどのように影響するかについて，数学的に多くのことが明らかになっている．特に，カタストロフ理論によれば，どのようにして構造物の座屈と呼ばれる現象，つまり，安定な平衡状態から不安定な平衡状態への変形が発生するのかを予測することができる．

不安定な平衡の例として簡単なものに，一点でバランスをとって直立させた鉛筆がある．理論的には，鉛筆は真っ直ぐ立ったままのはずだが，現実にはほんの少し揺れるだけで鉛筆は倒れてしまう．いったん倒れて

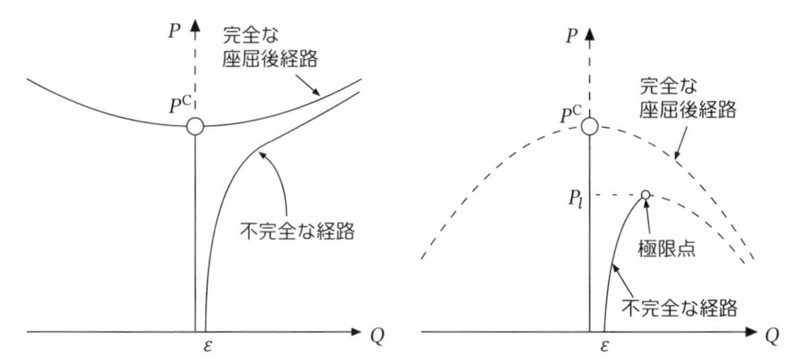

図 3　初期状態が ε だけ不完全な場合の影響.（左）安全な機械系.（右）危険な機械系.

しまえば，鉛筆は安定な平衡状態になり，横になったままである．そうなれば，少しぐらいの揺れなら鉛筆の位置に大きく影響することはない．

座屈が起こりやすいのは，細長いパーツから造られ，圧力がかかっている構造物である．たとえば，建物，橋，航空機，海上の石油プラットフォーム，パイプラインなどに見受けられる柱や梁のように，大きな外部荷重に耐えなければならないものである．構造物に座屈を引き起こす荷重の大きさを**臨界**座屈荷重と呼び，P^C という記号で表す．実は，臨界座屈荷重の大きさは，何度も実証を重ねた従来の線形理論を使って求めることができる．しかしながら，座屈が生じた後の構造物の性質を計算するには，非線形な変形の影響を含めて考えなければならない．このことにより，座屈後の構造物にどれくらいの強度が残っているかという重要な情報が得られる．

図 1 と図 2 にそれぞれ安全な構造と危険な構造が表されている．それぞれの中央の図に示されているモデルは非常に単純化した（しかし，現実の構造を表している）モデルで，2 枚の板が蝶番（ちょうつがい）のようにつながっている．その接続部には図 1 では，弧状に伸縮するバネが働き 2 枚の板がまっすぐに（撓まないように）つながるよう保たれる．一方，図 2 では，直線状に伸縮するバネが働き 2 枚の板がまっすぐにつながるように保たれる．これらのモデルはそれぞれ，その左に示される荷重 P と撓み Q の

関係を示すグラフを再現するものである．ニュートンの運動法則を直接的に適用することでこの関係が定まる．最も簡単なモデルは初期状態が「完全な」形状，つまり，荷重がかかっていない($P = 0$)とき，撓みがなく($Q = 0$)，接続部のバネには荷重がかかっていない，というものである．それから荷重 P が増えていっても始めのうちは何も起こらない($Q = 0$ のまま)．しかしながら，荷重 P が臨界荷重 P^{C} まで増えると，P と Q の関係のグラフは**分岐点**に到達し，モデルは初期状態の撓みのない形状を保てなくなり，不安定になる．このとき，座屈後のモデルの状態にはふたつの可能性がある．グラフの分岐点で $Q > 0$ に相当するのは，接合部で右に撓む場合で，$Q < 0$ に相当するのが左に撓む場合である．初期状態が完全な形状ならば，左右どちらに撓むかは半々の確率であるが，不完全な形状，すなわち，すでに左右どちらかに撓みがあれば，Q の正負の符号はそれに応じて決まる．

座屈時の非線形な変形の性質によって安全か危険かが決まる．**安全な**構造のモデルでは座屈が起きた後，臨界荷重よりも大きな荷重に耐えることができるが(図 1 左のグラフ参照)，一方，**危険な**構造のモデルでは臨界荷重 P^{C} で座屈が起きるとカタストロフが起こり，図 2 左のグラフが示すように，その後はずっと小さな荷重($P < P^{C}$)にしか耐えられなくなる．安全な構造で，座屈後に強度が増す原因は，座屈による撓みの形状による．すなわち，構造物の中で，たとえば薄い金属でできた板が 2 本の軸のまわりに曲がった形となったことによる効果である．このような形になるためには，曲面を引き伸ばすような物理的な力が働かなくてはならない．1 本の軸のまわりに曲げるだけなら引き伸ばす力は必要がない．そのことは，1 枚の紙を曲げてみれば，引っ張るまでもなく，きれいな円柱ができることからわかる．同じ紙をサッカーボールの表面に巻き付けてみよう．今度は 2 本の軸のまわりに曲げなければならない．もちろん紙を物理的に引き伸ばさずにサッカーボールの表面をすきまなく覆うことはできない．表面を引き伸ばすこの力の反作用により，外部からの荷重 P に抵抗する力が生じる．したがって，引き伸ばしの量が増えるにつれ，平衡状態を保つためには，荷重 P もまた増やさねばならな

い．このように変形した構造の例は，図 1 の右側の写真に示されている．危険な構造ではこの反作用の力が生じない．座屈した構造物が強度の低い性質の形状になってしまうのである．そのため，平衡状態を維持するためには，荷重を減らさなければならない．

図 3 は，図 1 と図 2 のモデルにおいて，初期状態の構造の形状が不完全な場合の影響を示している．図 3 に**不完全な経路**として示されている曲線の方が，現実の構造物の荷重と撓みの関係をよりよく表している．というのは，ゆがみのまったくないパーツ（柱，梁など）だけを使って構造物を造るなど実際上は不可能だからである．図 1 と図 2 で示したバネで接合されただけの単純なモデルの例では，不完全な初期状態とは，バネに負荷がかからず，構造物にも荷重がかからない（$P = 0$）のに，蝶番の位置が始めから左右にずれていることを意味する．そのずれの量は図 3 のグラフで $Q = \varepsilon$ と表されている．完全な初期状態とは異なり，左右の対称性はなくなっているが，安全な構造での不完全な経路のグラフを見れば，P^{C} より大きい荷重に安全に耐えることができることがわかる．

しかしながら，危険な構造での不完全な経路のグラフでは，耐えられる荷重に最大値がある（最大点もしくは**極限点** $P = P_l < P^{\mathrm{C}}$ のこと）．さらに，不完全な度合いが大きいほど，P_l と P^{C} の差は大きくなる．したがって，現実の危険な構造物では決して臨界座屈荷重 P^{C} まで持ちこたえることはできない．より異常が発生しやすくなり，座屈の結果は文字どおり壊滅（カタストロフィック）的になる可能性がある．

いったん座屈すると，図 1 と図 2 の写真に見られるように，構造物の物理的形状は，定性的に特徴のある変形パターンをなす．安全な例では座屈により変形した箇所が分散し，波型のパターンになる．通常は，滑らかでゆっくりとした変化である．一見，損傷しているようだが，パニックになる必要はない．これとは対照的に，危険な場合には図 2 の撓んだ円柱のように，構造物は突然，変形し，その形はくぼみの生じた箇所が全体に分散せず，特定のところに集中しているものになる．このような変形が起こる瞬間，一気にエネルギーが放出されることがあり，大きな音として聞こえる．たとえば，空き缶を立てて踏みつぶしたときの音がそうである．座屈後の構造物の変形の仕方にこのような2つのタイプがあることが，さまざまな座屈の問題に一般化できることが，最近になって数学的に示されている．

また，より複雑な構造物では，安全と危険が混ざったものになり得ることが理論的に明らかになった．特に興味ぶかい現象は**セル座屈**として知られるものである．コンチェルティーナ[*4]を演奏する際にその蛇腹部分を押し縮めていくと，次々と折れ曲がりが発生する．1つの折れ曲がり（座屈）が生じると，その部分（セル）だけがつぶれるが，そのつぶれた形状によって再び構造全体の強度が上がることになる．

このセル座屈は，たとえば自動車の衝突時に衝撃エネルギーを吸収するためにうまく利用することができる．自動車の車体にあるクランプルゾーン[*5]は，本質的には，次々と座屈が生じるように設計されたパーツである．このパーツに生じる座屈によって，衝突エネルギーの一部がここで吸収され，乗っている人に伝わるのを防ぐのである．同じような原理がプラスティックの卵ケースにも適用されている．それは中のデリケートな卵を守りながら落下時の衝撃を吸収するように座屈すべく設計されている．同じアイデアは，地震や爆発のような大きな外的な危険に対し，原子力発電所のような重要なインフラや政府所在地を守るため，建造物に適用することもできるだろう．

構造物に座屈のような異常事態が生じるのは，どんな代償を払っても回避すべきことのように考えがちである．しかしこれは一面的な見方である．非線形な数学のおかげで，エンジニアは起こりうる異常事態が壊滅的なのか否かがわかるようになってきている．非線形の理論を使えば，構造物をフェイルセーフまたはフェイルデンジャラスに設計することができる．そう，フェイル**デンジャラス**に設計するのである！一体全体，なんのためにそんなことをするのだろう？危険な異常事態の際にセル座屈を発生させれば，エネルギーを吸収するまさにこのプロセスのおかげで，部分的に崩壊したとしても，それ以外の重要なところを安全に保つことができる，という点で有用なのである．

［***Fail safe or fail dangerous?*** by **Ahmer Wadee**: Imperial College 准教授（非線形力学）．

Alan Champneys: University of Bristol 教授(応用非線形数学).]

参考文献

[1] James Gordon (2003). *Structures: Or why things don't fall down*. DaCapo Press (2nd edition).

[2] Alan Champneys, Giles Hunt, and Michael Thompson (eds) (1999). *Localization and solitary waves in solid mechanics*. Advanced Series in Nonlinear Dynamics, vol. 12. World Scientific.

[3] Giles Hunt, Mark Peletier, Alan Champneys, Patrick Woods, Ahmer Wadee, Chris Budd, and Gabriel Lord (2000). Cellular buckling in long structures. *Nonlinear Dynamics*, vol. 21, pp. 3–29.

訳 註

*1 いずれも有名な土木建築家で，関係したものは多いが，第5章で述べたブルネル以外の人について，関連した主な建築物を挙げておく．テルフォードは多くの橋や運河，中でもポントカステ水路橋は谷を越える橋でありながら，水路でもあるというもので，世界遺産に指定されている．エッフェルはパリのエッフェル塔，アラップはシドニーのオペラハウス．

*2 さまざまな事故に見舞われたため，予定した月着陸を果たせなかったが，乗組員全員が無事帰還したアポロ13号のエピソードを映画化した『アポロ13』のセリフ "Failure is not an option." のこと．

*3 テイ橋はスコットランドのテイ湾に架けられた鉄道橋で，1879年12月28日の夜，走行中の列車を巻き込んで崩落した．タコマナローズ橋はアメリカ，ワシントン州のタコマナローズという海峡に架けられた吊橋で，1940年11月7日に強風の影響で自励振動により崩落．崩落の様子が映画用のカメラで記録されていて，現在でもネットで見ることができる．

*4 六角ちょうちん形のアコーディオンに似た楽器で，蛇腹を押したり引いたりする．

*5 衝撃吸収帯とも言われる．車の前後にあって，衝突時に潰れることによって衝撃を吸収する部分のこと．

50 Visions of Mathematics

44 高速道路の数学

エディー・ウィルソン

自動車を運転していたら，こんな経験をすることもあるだろう．忙しい一日，しかし高速道路の車の流れは順調のようだ．ところが突然，前方の車のブレーキ灯が点き，すべての車が急停止する．その後，車の列は 5 分あるいは 10 分ほどにわたってじりじりと進むが，列の先頭に出てみたとき，渋滞がなぜ起こったのかを説明できるようなはっきりした障害が見あたらない．事故もないし，道路工事もないし，車線が狭くなることもない．では，渋滞の原因は何なのだろう？

列の先頭に出てスピードを上げると，ありがちなことだが，ほんの数分で，原因不明の新たに生じた列の最後尾につく羽目になる．たとえば，今が夏で，ウェスト・カントリーや湖水地方のようなイングランドでも人気のある行楽地にドライブするのであれば，このパターンが一日中繰り返されることになる．このような渋滞にははっきりした原因がなく，**自然渋滞**あるいは幻の渋滞(phantom traffic jam)と呼ばれることがある．

どうしたら交通渋滞の原因を科学的に解明できるのだろうか？ 後述するように，最近では，高速道路は交通量を調整できるように管理されており，この副産物として，道路を走る車の台数やスピードを計測するシステムが作られた．このシステムは，各車線におよそ 500 メートルおきに埋められたループコイルに発生させた電磁誘導を用いている．このループコイルが埋められている路面には，黒い長方形が見える．もしそのような場所を通ることがあっても，路面を見つめすぎないように．

ループコイルのシステムから得られたデータを使って，交通渋滞がどのようにして発生するかを詳細に把握することができる．図 1 には典型的なグラフが示されている．このグラフは数理物理学のアイデアに従って，高速道路の状況を**時空**座標でプロットしたものだ．このプロットでは，車の軌跡の傾きは距離/時間，すなわち速度を表す．渋滞に突入す

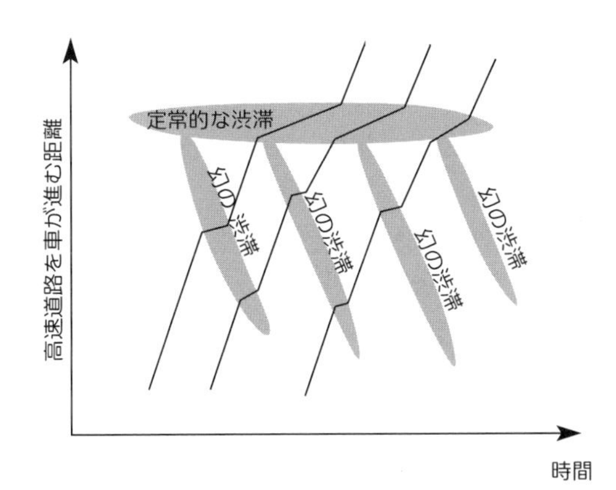

図 1　高速道路の交通の流れの時空図．縦軸は車の進む距離を，横軸は時間の経過を示す．典型的な動きをする車 3 台の経路(**軌跡**と呼ばれる)を実線でプロットした．どれも左下から右上へ傾いた線になる．

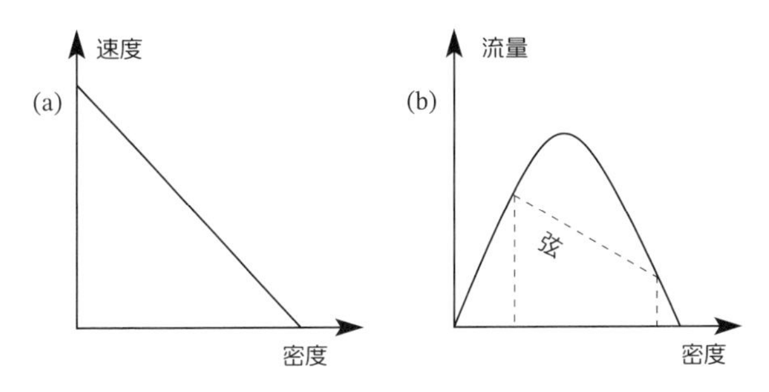

図 2　交通の流量の基本的なグラフ．(a) 速度と密度とのあいだにある線形の関係，(b) 流量と密度のあいだにある 2 次の関係．異なる密度の 2 地点を結ぶ波の速度は，流れ・密度のグラフを切る弦の傾きで与えられる．この弦が右下に傾いているということは波が逆向きに進むことを表している．

ると車は減速する．その地点がグラフの灰色の部分で示されている．渋滞には 2 つの典型的なパターンがある．ひとつは決まった位置で起こる定常的な渋滞で，高速道路の合流点で混雑が起きて発生するものだ．グラフでは水平の帯で示されている．車の流れはまずここで止まる．もうひとつは，この決まった位置での渋滞から生まれ，**進んでは止まる波**のように伝播する渋滞である．この図では左上から右下への帯で示されている．この帯の傾きは車の軌跡の傾きとは逆なので，渋滞の波の進行方向は交通の流れとは逆向きになる．だから，渋滞を引き起こした原因を見つけることがほとんどないのは，それがずっと以前に自分の車のかなり前方で起こり，それから高速道路を逆走し，波のように自分の車に向かってくるものだからである．

実は，この波の速さは世界中どこでもほとんど同じで，時速 15〜20 キロメートルである．さらに，個々の波もなかなか壊れにくく，4 時間から 5 時間もの間，道路を逆方向に 100 キロメートルも進むことも珍しくない．

自然渋滞を説明するためには，なぜ波が後ろ向きに動くのか，そしてなぜ発生地点から波が生まれるのかの両方を理解する必要がある．ふたつ目の疑問は難しいので，まず波の後ろ向きの伝播を考えることにしよう．

交通の流れがパイプの中の気体の流れに似ていることに気づけば，それが鍵になる．つまり，個々の車は気体の分子と同じだと考えるのだ．高速道路をヘリコプターから見下ろしてみよう．すると，個々のドライバーの些細な行動まで観察できるかもしれないが，ヘリコプターが十分高ければ，見えるのはおおよその交通量だけになるだろう．この交通量は**密度**と呼ばれ，車の台数を道路の長さで割って測られる．さらに気体と同じように，車の平均速度も考えられる．それから，密度と速度に関連した量そして**流量**が考えられ，これは単位時間あたりの車の台数である．つまり，道路脇に立って車を観察していたとして，たとえば 1 分間に通り過ぎていく車の台数のことである．

速度と流量と密度にはどのような関係があるのだろうか？図 2 を見てほしい．まず，密度が増すにつれ，速度が低下する傾向にあることがわかる．これは，前方の車に近づきすぎると，ドライバーは安全に気をつけて運転するようになるからである．非常に単純な線形モデルでは

$$v = v_{最大}(1 - d/d_{渋滞})$$

となる．ここで，v は速度で，$v_{最大}$ は制限速度，たとえばイギリスでは時速

70 マイル(≈ 112 km/h)である. d は密度, $d_{渋滞}$ はすべての車が停止した渋滞時の密度であり, 高速道路の 1 車線について, 1 マイルあたり 150 台(≈ 1 キロメートルあたり 90 台)くらいだろう. さらに, 流量=速度×密度 であることがわかっている. つまり,

$$流量 = v_{最大}d(1 - d/d_{渋滞})$$

となる. 流量は d の 2 次関数となり, グラフでは上に凸になる(2 次方程式については第 17 章に詳しい). 図 2 (b)参照. わかりやすく言えば, 密度が非常に低ければ, 速度は速く, この 2 つの積は小さくなる. 逆に, 密度が非常に高ければ, 速度は遅くなるが, 2 つの積はやはり小さくなる. しかし密度が中間の値 $d = d_{渋滞}/2$ ならば, 流量は最大値 $v_{最大}d_{最大}/4$ となる. この例では, 1 時間あたり $70 \times 150/4 = 2625$ 台である. ただし, これは現実で目のあたりにする密度よりも少し高いが, それは速度と密度のあいだに線形の関係があるとするこのモデルが現実を近似したものにすぎないからである.

図 2 のような基本的なグラフが何の役に立つのだろうか? まず, 有名なイギリスの数学者ジェイムズ・ライトヒル卿(第 27 章参照)は, 1950 年代に交通流に対し気体力学の方程式を立てて解き, 波の速度が図 2 (b)に示されたグラフを切る弦の傾きに等しいことを示した. 数学的に段階を踏んだ証明はすっ飛ばしているが, このような議論を進めていくことで, 幻の交通渋滞の速度と後ろ向きに進む理由を示すことができるのだ.

基本的なグラフが次に示しているのは, 速度を落とす(したがって密度を増す)ことによって, 交通の流量を増加させることができるかもしれないということである. この主張は直観に著しく反するが, イギリス高速道路庁が導入した**管理高速道路**(managed motorway, 現在では smart motorway という)の計画の際にも議論された. このコンセプトに従った高速道路は現在イギリス全土で普及している. 管理高速道路では, 混雑時には, 制限速度が時速 60 マイルに, さらには 50 マイルに(それぞれほぼ時速 97km と 80km)に引き下げられる.

制限速度を下げることが渋滞をなくすよい方法であることは確かであ

る．しかし，そのメカニズムは難解で，その理由を理解するには，自然渋滞を最初に引き起こす原因が何かという問題に立ち戻らないといけない．このためにはライトヒルの理論は十分ではないことがわかり，個々のドライバーの行動を詳細に考慮した**ミクロな**シミュレーション・モデルを考える必要がある．そのようなモデルの簡単な例は，マーティン・トライバーが管理している素晴らしいウェブサイトで試すことができる．そのサイトは参考文献に挙げてある．

ミクロなシミュレーション・モデルを数学的に解析すると，個々のドライバーの行動が，ある条件下ではきわめて**不安定**な要因になりかねないことが示される．これは，渋滞を引き起こすには，流れに小さな**キック**をすればこと足りるということだ．そのキックというのは，たとえば，たったひとりのドライバーのミスによる危険な車線変更でも十分なくらいなのである．危険な車線変更をしでかした車のすぐ後ろにいたドライバーはブレーキを踏む．その後ろのドライバーはもう少し強くブレーキを踏み，さらにその後ろのドライバーはもっと強く踏む，というようになる．まもなく，キックの影響は大きくなり，自然渋滞が発生するのだ．

したがって，自然渋滞を減らすために高速道路の管理では 2 つのことをすべきである．まず，キックの原因を減らすこと（これが，管理高速道路の第二期では，ドライバーのための公式ガイダンスの中で不必要な車線変更をしないよう指示されている理由である），次にドライバーの行動を安定させるようにすることである．交通量の多いときに流れの速度を抑えるとドライバーはより安定的に運転し，自然渋滞が少なくなることが観測されているが，**なぜ**そうなるのかはまだ基本的なことしかわかっていない．今もなお研究中のテーマである．それはともかく，読者がこの次に高速道路で渋滞に巻き込まれたときには，進んでは止まる波のパターンを正確に観察したりして，渋滞原因のスケープゴートを探すのではなく，交通の本質，交通にはつきものの不安定性について少し考えてみたりするのもいいかもしれない．

［***Motorway mathematics*** by **Eddie Wilson**: University of Bristol 教授（高度道路交通システム）．］

参考文献

[1] James Lighthill and Gerald Whitham (1955). On kinematic waves II: A theory of traffic flow on long crowded roads. *Proceedings of the Royal Society A*, vol. 229, pp. 317–345.

[2] Martin Treiber, Arne Kesting (2011). *Microsimulation of road traffic flow.* ⟨http://www.traffic-simulation.de/⟩ (2013 年 5 月 11 日閲覧)

50 Visions of Mathematics

45 肥満の数学

カーソン・C・チャウ

1975年から2005年までの間に，アメリカ人の成人の平均体重はほぼ10キログラム[*1]増加した．肥満している成人の割合は50パーセントも増え，このような肥満率の増加傾向はほとんどの先進諸国で見受けられる．問題はなぜかということである．20世紀のほとんどの間，平均体重は比較的安定していたのに，なぜそれから増加するようになったのだろうか？原因についての一致した見解はない．しかし，数学なら答えを得るための助けができる．

肥満が蔓延する原因を理解するには，何が人の体重の変化を引き起こすのかを知る必要がある．直接的なアプローチは，対照実験と呼ばれるものである．対照実験とは，食生活やライフスタイルのさまざまな条件のクラスに被験者を無作為に割り当てて，何が体重増加の原因となるかを観察する，という実験である．しかしながら，数十年とまではいかなくても，数年にわたって，人の食生活や行動をすべて追跡する難しさがあるだけでなく，実験のあいだ被験者の食生活とライフスタイルが一定に保たれていることもまた確認しなければならない．かつてそのような実験が完全におこなわれたことはなく，不完全な試みではあいまいな結論しか得られなかった．その代わりとなる戦略が数学を使うことである．基礎となる生物学に基づいた体重増加の数学モデルならば問題に直接的に答えることができるかもしれない．

生物学に数学を使うことには長い歴史があるが，成功の程度はさまざまである．主な問題は，生物学があまりにも複雑なことである．人体は，相互に作用する臓器，細胞，分子が入り組んでいて，その振る舞いは完全には理解されていない．リアルな環境にいるのとおなじような人間の生活を完璧に再現する数学モデルを作ろうとすることはわれわれの現在の能力をはるかに超えたものである．しかしながら，応用数学の戦略は陳腐ではあるが，現象にとって真に重要な要素を選び抜き，より単純なモデルを作るというものである．このようなアプローチがあらゆる問題に対してうまくいくという保証はないが，幸いにも体重増加については，数学モデルを作る指針として信頼できる物理学の法則がいくつかある．まず注意すべきことは，人間が効率的な熱機関であり，熱力学の法則の制約を受けるということである．人が食べる食物と体の組織には，分子結合の中に蓄えられた化学エネルギーが含まれている．このエネルギーが放出されるのは，燃料が燃えるとき，より正確に言えば，酸化されるときである．原理的に言うなら，ピーナッツを炒っても，ジャガイモを焼いても，恐ろしく聞こえるかもしれないが，人体の燃焼によっても家を暖めることはできるだろう．人間は食物によってエネルギーを得て，体の機能を維持し動き回ることができる．熱力学の第一法則によればエネルギーは保存されるので，食べた食物のエネルギーがその後どうなるかは，燃焼されるか，排泄されるか，蓄えられるかの 3 通りしかない．こうしたエネルギーについて，食べたもの，燃焼されたもの，排泄されたものをそれぞれ定量化することができるならば，蓄えられたエネルギーがどれくらいか，それゆえどれくらい体重が増えたかが計算できる．したがって目標は，食物の摂取量・エネルギー排出量・エネルギー消費量の変化に応じて，体重がどれだけ変化するかを示す数学モデルを作るということになる．人間の体は一般に非常に効率的なので，エネルギー排出量はあまり多くない．

人体の組織のすべてが同じ量のエネルギーを含んでいるわけではないという事実から，問題はもう少し複雑になる．食物や人体の主なエネルギー含有成分は主要栄養素である脂肪，たんぱく質，炭水化物である．1 グラムの脂肪は約 38 kJ（キロジュール）のエネルギーを含み，たんぱく質と炭水化物は 1 グラムで約 17 キロジュールのエネルギーを含む．人が口にする食物は通常，これら主要栄養素の 3 つすべてを含んでいる．エネルギーのバランスがとれているなら，食べたもののすべては燃焼されるか排泄されるかのどちらかになる．しかし，バランスが崩れていれば，余分なエネルギーとして蓄えられるか，不足分を何らかの組織の燃焼によって補うことになる．食物摂取が過剰な場合には，体は余分なエネルギーをさまざまな組織にどのように分配するかを決めなければいけない．このプロセスは非常に複雑かもしれないが，自然は親切にもエネルギー分配のルールを単純なものにしてくれた．つまり，脂肪をほとんど含まない非脂肪組織の総量に対する脂肪組織の総量の割合の増加率は，体脂肪の総量に比例するのである．つまり運命は残酷なことに，食べすぎてしまうと，肥えている人ほど，さらに肥えやすくなるのである．

モデルを完成するためには，人が毎日どれだけのエネルギーを燃焼するかを知る必要がある．これは，二酸化炭素の排出量に対する酸素の消費量を測ることによって決められる．実験によれば，単位時間あたりのエネルギー消費量は，体の脂肪成分と非脂肪成分のそれぞれの重量に比例するという公式によってよく近似されるということである．つまり，単位時間あたりのエネルギー消費量は $E = aF + bL + c$ と書くことができる．ここで，F と L はそれぞれ脂肪成分と非脂肪成分の重量であり，定数 a, b, c の値は実験的に測ることができる．

このことから最終的に，脂肪成分 F と非脂肪成分 L の時間に対する変化率 $\mathrm{d}F/\mathrm{d}t$ と $\mathrm{d}L/\mathrm{d}t$ の数学モデルが導かれる．最も単純な形で書けば，2 元**連立常微分方程式**

$$\rho_F \frac{\mathrm{d}F}{\mathrm{d}t} = (1-p)(I-E),$$
$$\rho_L \frac{\mathrm{d}L}{\mathrm{d}t} = p(I-E),$$

に従うのである．ここで，E は単位時間あたりのエネルギー消費量であって，F と L に関して線形な関数，ρ_L は非脂肪組織のエネルギー密度，ρ_F は脂肪組織のエネルギー密度，p は F の関数である．I は有効な食物の量，つまり単位時間あたりに体内に摂取され，エネルギーに転化する食物の量である．体の消化と吸収に非効率性があるため，摂取した食物の量よりも小さくなる．体重は F と L の和である．モデルの中のすべてのパラメータが実験によって定められるので，この連立方程式は，単位時間あたりの食物摂取量が与えられたとき，脂肪成分と非脂肪成分が時間とともにどのように変化するかを完全に示す解答を与えてくれる．言い換えれば，どれだけ食べたかがわかれば，体重がどうなっていくかがわかるのである．体の活動の量を変えれば，エネルギー消費量を変えることになり，これもまた完全に定量化することができる．

このような連立方程式の解が，時間とともにどのように変化していくタイプの関数になるかは，完全に分類することができる．一般に，このような連立方程式には**アトラクタ**と呼ばれる値の集合がある．つまり，時間が経つにつれて，F と L の値はこのアトラクタに向かって収束していく．アトラクタは，F と L がそれぞれ 1 つの値に収束する**定常状態**と呼ばれるものになるかもしれないし，集合の中の複数の値の間を規則的に振動する周期軌道かもしれないし，もっと複雑なもの，さらにはカオス的な振動になるかもしれない．この最後の可能性は 2 変数しかないこのような連立方程式では起こり得ない．実際，この場合，アトラクタが定常状態で，1 次元の曲線になることが証明できる．だから，定常状態はたったひとつではなく，定常状態の集合は連続的な曲線となる．異なる初期条件から出発する解が，その曲線上にある異なる定常状態に向かうことになるかもしれない．このことから思いがけないことがわかる．つまり，同じものを食べ，同じライフスタイルで生活する一卵性双生児が，エネルギーバランスが完全であっても，人生における些細なちがいのため，脂肪の量と体重に大きな差が現れるということがありうるのである．

この 1 次元アトラクタの存在からもうひとつの重要な結果が導かれる．つまり，たいていの場合，この連立方程式はもっと簡単な 1 階の線形微分方程式

$$\rho \frac{\mathrm{d}M}{\mathrm{d}t} = I - \varepsilon(M - M_0)$$

で近似できるのである．ここで，M は現在の体重，M_0 は基準となる体重の初期値，ρ は体組織の有効なエネルギーの密度，I は単位時間あたりの食物の（有効な）全摂取量である．

さて，この簡単な方程式は多くの役に立つことを教えてくれる．第一には，食事量に対して体重がどのように変化するかを正確に解くことができる．毎日ほぼきまった量の食物を摂取するとして，食生活やライフ

スタイルを変えると，体重 M は新しい定常状態に移って落ち着くことが方程式によって予測されるのである．体重が新たな値に落ち着くまでの時間は**時定数**と呼ばれるが，時定数の長さは ρ と ε の比で与えられ，平均的な人に対しては年のオーダーになっている．毎日の食物摂取量を変えれば，それから 3 年ほどかかって，新しい定常状態に至るまでの道のりの 95% まで到達したことになる．

第二に，食物摂取量をどれだけ変化させれば体重がどれくらい変わるかを直接的に定量化することができる．定常状態は $M = M_0 + I/\varepsilon$（$dM/dt = 0$ となる M の値）によって与えられる．平均的な人では，$\varepsilon = 100$ kJ/kg である．つまり，毎日の食生活で 100 キロジュール変化させると体重は 1 キログラム変わることになるが，そうなるためには 3 年ほどかかるのである．

最後に，この簡単な公式を使うと，1975 年から 2005 年までにアメリカ人の体重が 10 キログラム増加した理由は，毎日の摂取量が平均でちょうど 1000 キロジュール増えたためである，と説明ができる．農業のデータによれば，1 日の 1 人あたりの有効な食物量は 20 世紀の間，ほぼ一定であったが，その後，1975 年から 2005 年までの間に着実に 3000 キロジュール増えたことを示している．この数学モデルによるデータ解析によって，このような食物供給量の増加は，肥満の蔓延を説明するに十分なほどであったことが証明されたことになる．それどころか，モデルの示すところによれば，アメリカ人が増加した食物をすべて消費していたなら，現実よりもさらに体重が増えているはずである．このことから，肥満の増加だけでなく，同時に食物廃棄の増加も起こっていたことが示されたことになり，これは食物廃棄に関する実際のデータからも確認されている．

［***The mathematics of obesity*** by **Carson C. Chow**: National Institutes of Health 糖尿病・消化器・腎疾病研究所，生物モデル実験室上級調査官.］

訳　註

*1 厳密に言えば，キログラムは重量というより質量を測るものだが，ここでは一般的な用語を採用しておく．

50 Visions of Mathematics

46

豚は飛ばず，豚インフルエンザが飛ぶ

エレン・ブルックス＝ポロック，ケン・イームズ

メキシコ・シティの東，丘に囲まれたラ・グローリアはまったく目立たない小さな町である．人口は 2000 を少し超す程度で，多くは平日にシティへ通勤している．少し離れたところに大きな養豚場があるが，世界の注目を集めることはほとんどなかった．ただし 2009 年 3 月までは，である．そのころ，新型インフルエンザがアメリカ大陸で確認されたのだ．新しいウイルスはヒトインフルエンザと鳥インフルエンザと豚インフルエンザの要素を併せ持ち，メキシコが発生源であると思われた．近くに養豚場があること，メキシコ・シティと人の行き来があること，600 人ほどの住民に呼吸器の症状が見られたという報告とから，ラ・グローリアこそがおおもとだと言われるようになった．

豚インフルエンザが本当にラ・グローリアで始まったのかどうかということは，すぐに世界的な問題となった．当初メキシコが最も深刻な打撃を受けたが，新しいウイルスはさらに広がっていった．4 月の末までには観光客が帰国の際にイギリスに運び込み，やがて世界中に拡散していった．世界各国の保健当局は対応に振り回された．公衆衛生のキャンペーンが始まり，学校が閉鎖され，抗ウイルス薬の供給が用意され，ワクチンが注文された．

イギリスでは 100 万人ほどが感染した．筆者のうちのひとり（エレン）はかからずに済んだが，もうひとり（ケン）はそれほど幸運ではなかった．ケンが誰からうつされたかはわからないが，パートナーにうつしてしまったことはわかっている．ケンのパートナーは，数日間もベッドで咳き込んでいたケンに同情し，お茶を運ぶというあやまちを犯したのだ．病気の流行をシミュレーションする数学的モデル作りに熱中している研究者にとって，豚インフルエンザに感染したというこの体験はありがたいものではないが，現実を味わう貴重な機会となった．

感染症のモデル化

1927 年にエジンバラ大学の二人の科学者，ウィリアム・カーマックとアンダーソン・マッケンドリックは，新しい病気が人々の間に広がっていく様子を説明する，今ではよく知られた SIR モデル*1 についての論文を発表した．感染症の終息する時期と理由を説明するためのメカニズムを研究する際に，二人が鍵になるものとして注目したのは，感染症の進行の度合いは，SIR モデルから導かれるある 1 つの数に依存しているということであった．それは，「一般に，その感染症に固有な感染率・回復率・死亡率に依存する，人口密度の閾値が存在して，もし人口密度がこの閾値以下であれば流行は発生しない」というものである．

感染者の数ではなく，**未感染者**（感受性者，すなわちこれから感染する可能性のある人，ともいう）の数が流行の発生を左右することがわかり，流行が起こらないようにするために決定的となる結論が得られた．たとえばワクチン接種は，感染症の流行が起こり得る，感受性者の最小数によって戦略が立てられる．この閾値を超えると流行が起こってしまう可能性があるからである．

カーマックとマッケンドリックの洞察は感染症の広がり方を理解するための第一歩となったが，現実の世界はずっと複雑で興味ぶかい．2009 年の豚インフルエンザの流行は，集団の中で感染症が広がっていくことを説明するためには，集団の人口の大きさに加えて，集団の構造が重要であることを示したのである．

流行を数学的に説明するためのモデルを作成するときはたいてい，カーマックとマッケンドリックの方程式に類似の連立方程式から始める．集団の人口を N とし，集団内のそれぞれの人は感受性者，感染者，回復者（免疫保持者）のいずれかのグループに属すると仮定する．時刻 t におけるそれぞれのグループの人数をそれぞれ $S(t)$, $I(t)$, $R(t)$ とする．

最も簡単なモデルでは，**回復率** γ と**伝搬率** β という 2 つのパラメータを用いる*2．流行の初期段階では，この 2 つを推定するために最大の努力が払われる．回復率 γ は最初の数例を詳しくモニターすることに

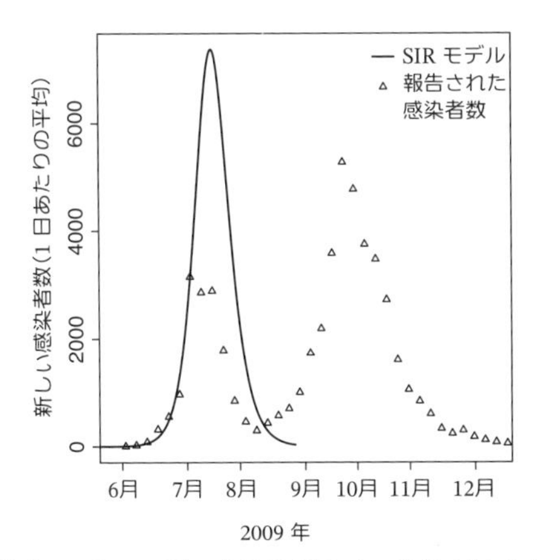

図 1　豚インフルエンザのようなパラメータ(1 日あたりの回復率 $\gamma = 0.5$ で, $R_0 = 1.3$, 報告率 $= 0.1$, $N = 6000$ 万人)の場合, 標準的な SIR モデルによって作られる流行曲線が実線であり, 実際に報告された患者数を比較のために示しておいた.

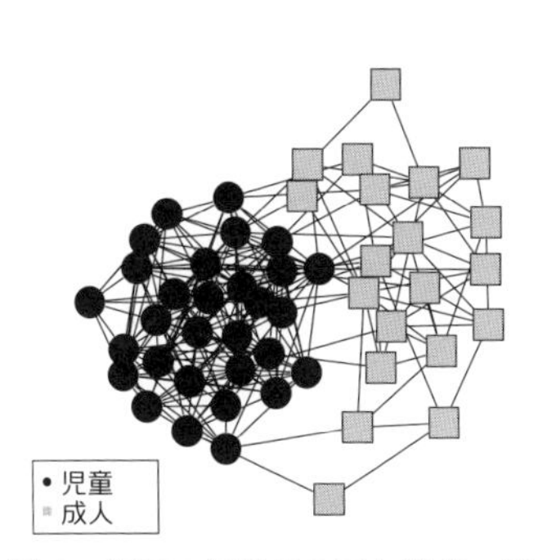

図 2　集団の年齢から見た構成. 児童(円)には成人(四角)よりも強い相互の関係がある.

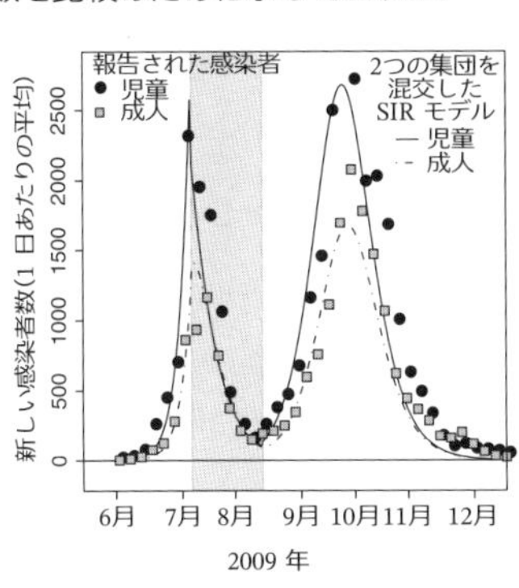

図 3　休暇中の社会的な接触の減少を組み込んだ, 年齢構成のある SIR モデルによって作られる流行曲線.

よって測定できる. 伝搬率 β は, 誰かと接触するという物理的なプロセスと, 感染が生じるという生物学的なプロセスに関係しているので, 直接に測定することは難しい. インフルエンザの場合, 感染の多くが軽度で, 検知されないので, 伝搬率 β を測定するのはさらに難しい.

基本的なモデルでは，集団内の誰もがほかのあらゆる人と同じ一定の頻度で接触すると仮定する．したがって，感染者はそれぞれ $\beta S(t)/N$ の率で新しい感染者を作ることになる．ここで，全人口に対する感受性者の割合 $S(t)/N$ を掛けているのは，感染者が接触したことで，新たに感染しうる人数を考えているからである．感染症が広がるのは，新しく感染する人の数が，病気から回復する人の数を上回る場合である．つまり，$\beta I(t)S(t)/N > \gamma I(t)$ が成り立つときである．カーマックとマッケンドリックが示した，流行が発生するための条件となる重要な閾値は，病気の**基本再生産数**（比）と呼ばれ，$R_0 := \beta/\gamma$ と表される．基本再生産数 R_0 は，1 人の平均的な感染者が未感染者の中から新たに感染させた人の数の平均値を示す数値だ．この閾値は，感染者 1 人に着目したとき，それぞれの人が平均的に 1 人より多い二次感染者を発生させれば流行が起こるということに等しく，それは流行が始まるときに基本再生産数 $R_0 > 1$ であるということを意味する．

イギリスでの豚インフルエンザのモデル化

豚インフルエンザの流行の初期段階から，基本再生産数 R_0 は約 1.3，回復率 γ は 1 日あたり約 0.5 と評価された．患者数の初期値を $I(t = 0) = 60$ としよう．つまり，最初に 6000 万人の全人口のうち，患者数がおよそ 60 人としたとき，図 1 は（医師の診療を受けた患者の割合を 0.1 としてスケールした）モデルと，イギリスにおいて実際に報告された患者数とを比較したものである．

標準的な SIR モデルでもたらされる流行は明らかに観察された流行を再現していない．最も注目すべき点は，モデルでは 1 つの山（7 月下旬）しか予測していないが，実際の流行曲線には 2 つの山（7 月中旬と 9 月下旬）がある．この流行の変化を再現するには，感染症の伝染のモデル化の仕方を再検討しなければならない．

2つの流行の波を説明する社会的接触の重要性

複数の流行の山を生成するためのひとつの方法は，伝搬率 β を時間の経過とともに変化させることである．上に述べたように，伝搬率 β は複数のプロセスに関係する．もし病気の伝搬と回復の**生物学的**プロセスが時間によって変わらないと仮定すれば，人々の接触の度合いの方が変化しなければならない．

夏の流行のピークは，イギリスのほとんどの学校が夏休みになった週に起こった．このことから，それ以降，流行が下火になったのは，接触率の変化にともなう伝搬率 β の変化が原因であることがうかがわれる．つまり，基本再生産数は，学期中よりも休暇期間の方が低かったのである．具体的には，学校の休暇中は，1人の感染者が引き起こした二次感染者数が平均すると1より小さかったために流行が鎮まったのである．

現実の世界で見られる接触パターンからさらにわかることは，成人と児童とでは感染する度合いが異なるということである．調査から，学齢期の児童は成人の2倍の社会的な接触があり，それは児童の感染者が一般成人の感染者よりも多くの人に病気をうつすことを意味する．さらに，社会的な接触の大半は同じ世代の人々の間で起こるので，感染は児童に集中することになる．

図2に集団がどのように社会的につながっているかを示した．それぞれの線は社会的な接触を，つまり感染の潜在的な伝搬ルートを表している．児童(円)と児童との結びつきは，成人(四角)と成人との結びつきよりもかなり強く，児童と成人とは緩やかに結びついているだけである．

集団を児童と成人に分けて，それぞれの流行モデルを作り，この2つのモデルをリンクして標準的なSIRモデルがより現実的になるよう改良することができる．この2つの集団のモデルはともに，各部分集団の内部で起こる接触と，2つの部分集団の間の接触との両方に依存する．夏休みの間(図3でグレーの領域で示した期間)は接触率が下がるように設定する．ここで，インフルエンザの世界的流行の際に立ち上げられるオンラインの監視システムであるFlusurvey (http://www.flusurvey.org.uk)

に集められた社会的な接触に関する情報を用いた．この接触率の修正にともなう伝搬率の変更以外のパラメータは前と同じである．1 日あたりの回復率 $\gamma = 0.5$，学期中の再生産数 R_0 は約 1.3，人口は児童が 2000 万人，成人が 4000 万人で，受診する患者の割合は 0.1 である．詳細については[2]を参照されたい．

図 3 に示したのはこのモデルによって作られた流行曲線である．この新しいモデルは流行の 2 つの主な特徴を再現している．すなわち，夏の間の接触パターンの変化から引き起こされる 2 つの山と，社会的な接触の度合いが低いことによる成人における流行の小ささが示されている．

流行のモデルの新しい段階

流行の数学的モデルは，1920 年代のカーマックとマッケンドリックの草分け的な研究以来，はるかに改良されてきた．現代のコンピュータの力により，研究者は，相互に接触する数十億の人間が含まれるような大規模で複雑なモデルを開発することができるようになり，今日，普通に使用されているモデルは，この短い文章ではきちんと述べられないほどずっと複雑になっている（分子レベルでウイルスが複製されたり突然変異したりする現象の数学的モデルについては第 47 章を参照されたい）．しかしながら，上で見たように，単純なモデルでさえ，感染症で観測されたパターンを説明するのに有効なこともある．単純であれ複雑であれ，流行のモデルは以下のような疑問に答えられるものでなければならない．感染はどれくらい続くのか？ どれくらい速く広がるのか？ 人から人へどのように伝わるのか？ こうした疑問に答えるためには，調査，監視，実地的な疫学によって質の良いデータを得ることが必要となる．

［***Pigs didn't fly but swine flu*** by **Ellen Brooks-Pollock**: University of Cambridge 獣医学部主任研究員．**Ken Eames**: London School of Hygiene and Tropical Medicine 講師．**初出** *Mathematics Today*, 2011 年 2 月（[2]）．］

参考文献

［1］ William Kermack and Anderson McKendrick (1927). A Contribution to the mathematical theory of epidemics – I. *Proceedings of the Royal Society A*, vol. 115,

pp. 700–721.
[2] Ellen Brooks-Pollock and Ken Eames (2011). Pigs didn't fly, but swine flu. *Mathematics Today*, vol. 47, pp. 36–40.

訳　註

*1 Susceptible（感受性者），Infected（感染者），Recovered（回復者）だが，最後のものには回復した人と死亡者と隔離された人が含まれているので，Removed（隔離者）という言い方もする．

*2 γ を隔離率，β を感染率という言い方もされる．

50 Visions of Mathematics

47 インフルエンザウイルスのパッケージ

ジュリア・ゴグ

インフルエンザは誰もがよく知っている季節病である．鼻水を流し，関節を痛め，熱を出して，ベッドに寝込むという悲惨な経験のある方も多いだろう．しかしながら，インフルエンザは時に深刻な合併症を引き起こすことがあって，特に高齢者では死に至る場合がある．インフルエンザがこれほど厄介なのは，その進化の仕組みに原因がある．すべてのウイルスは進化するとき，ごく一部の遺伝子が変異し，その変異は新しい世代に伝えられるか，死滅してしまうかのどちらかになる．人類に感染してまわるインフルエンザウイルスも同様に進化し，このような変異は**抗原連続変異**と呼ばれている．ウイルスは時間の経過とともにゆっくりと変化するので，過去の似たような感染を記憶している人類の免疫システムのおかげで，このように進化したウイルスに対しても部分的には免疫が働く．しかしながら，ウイルスに**抗原不連続変異**が起こると非常に危険な事態になる．これは，インフルエンザの異なる 2 種類の株が一緒になるという変異で，免疫の効かない本質的に新しい病気を引き起こしてしまう．

インフルエンザに感染すると，ウイルスは細胞から細胞へと広がっていき，細胞の機構を乗っ取ってさらに自分の複製を作る．インフルエンザのゲノム(遺伝子)は連続した 1 つのものではなく，いくつかに区切られた分節からなるという点で普通のウイルスとは異なる．それぞれの分節は別々に複製されるのだが，複製されてできた新しいウイルスの中で一そろいにまとまらなければならない．これが**パッケージング**というプロセスである．一般的なインフルエンザには 8 つの分節があり，すべてに重要な遺伝子が含まれているので，ウイルスが生存するには分節すべてがそろっている必要がある．

インフルエンザは分節に分かれているので，異なる株の間で遺伝子を容易に交換することができる．これを**遺伝子再集合**と言う．この遺伝子再集合は，抗原不連続変異を引き起こすものであり，20 世紀のインフルエンザのすべての流行に関係していた．2009 年の豚インフルエンザは遺伝子が何度も再集合したものと考えられている．過去の生じた再集合の積み重ねが世界中に広がるウイルスを生んだのだろう．

パッケージングを数える

インフルエンザがパッケージングされる際に，分節がランダムに集められるのか，それとも 1 つのインフルエンザに 8 種類の分節が 1 つずつ集まるような特別なメカニズムがあるのか，どちらだろうかという論争が過去にあった．しかし 8 という数から直ちにわかるのは，ランダムにパッケージングすることはウイルスにとって本当に悲惨な戦略だということである！ 分節に 1 から 8 までの番号をつければ，ランダムなパッケージングというのはこの集合からランダムに 8 つの数を取り出すことと同値である．たとえば，{5, 5, 7, 4, 1, 6, 3, 8} のようになる．しかしこの例ではうまくいかない．なぜなら，できたこのパッケージには，8 種類の分節がすべて含まれてはいないからである．8 つの数をランダムに取り出してできる集合は全部で $8^8 = 16{,}777{,}216$ 通りある．それぞれのランダムな集合は同じ確率で取り出される．しかし，8 種類の分節をそれぞれ 1 つずつ含む集合の数は

$$8 \times 7 \times 6 \times 5 \times 4 \times 3 \times 2 \times 1 = 8! = 40320$$

となる．だから，1 ~ 8 までそろった集合をランダムに取り出せる確率は $8!/8^8 = 0.0024$，つまり 400 分の 1 より小さい．ランダムなパッケージングが良い戦略でないことは明らかである．

パッケージングのシグナルを探す

現在知られている実験的な証拠から，分節をパッケージする特別な仕組み，つまり，各分節をちょうど 1 つずつ確実に集めるような何かしら

の仕組みがウイルスに備わっているのは確かである．これがどのように実現されているのか，まだはっきりとはわかっていないが，規則的にパッケージングするためには，8 種類の分節のそれぞれについて，それをほかのものと区別してくれるようなラベル，つまり**パッケージングシグナル**といったものがなければならない．

インフルエンザウイルスのゲノムを構成する 8 つの分節のそれぞれは，890 から 2341 個のヌクレオチドという物質が鎖のようにつながった RNA である．アデニン(A)，ウラシル(U)，グアニン(G)，シトシン(C)という 4 種のヌクレオチドが RNA 鎖を構成する分子である．**コドン**と呼ばれる 3 つのヌクレオチドの組み合わせによって RNA 鎖の情報が読み取られる．各コドンがアミノ酸の種類を定め，RNA によって定まるアミノ酸の列が特定の種類のタンパク質分子を構築する．

遺伝コードには冗長性がある．つまり，異なるコドンが同じアミノ酸を表すことがあり得る(同義コドンと呼ぶ)．異なるインフルエンザウイルスの株は RNA 配列も異なるし，同じアミノ酸に対応する同義コドンが複数ある場合には RNA 配列にも多様性がある．しかし，コドンに埋め込まれた情報に，アミノ酸を指定するもののほか，パッケージングシグナルもあるとすると，同義コドンの選び方はそれほど自由ではなくなる．したがって，パッケージングシグナルは配列内の，使われる同義コドンの種類が少ない領域で見つかるはずである．

われわれは，インフルエンザウイルスのゲノム配列からパッケージングシグナルである疑いのある領域を見つけるために，公開されている膨大な数のゲノム配列を並べてみた．たとえば，次の配列はすべてインフルエンザウイルスの 1 つの分節である．

$$
\begin{array}{cccccccccccccccccccccccccc}
a & u & g & g & a & G & a & g & a & a & u & a & a & a & A & g & a & a & c & u & a & A & g & A & \ldots \\
a & u & g & g & a & A & a & g & a & a & u & a & a & a & A & g & a & a & c & u & a & C & g & G & \ldots \\
a & u & g & g & a & A & a & g & a & a & u & a & a & a & A & g & a & a & c & u & a & C & g & G & \ldots \\
a & u & g & g & a & A & a & g & a & a & u & a & a & a & A & g & a & a & c & u & a & A & g & A & \ldots \\
a & u & g & g & a & G & a & g & a & a & u & a & a & a & G & g & a & a & c & u & a & A & g & A & \ldots
\end{array}
$$

これらは以下のようにコドンに分解される．

aug *gaG* *aga* *aua* *aaA* *gaa* *cua* *AgA* ...
aug *gaA* *aga* *aua* *aaA* *gaa* *cua* *CgG* ...
aug *gaA* *aga* *aua* *aaA* *gaa* *cua* *CgG* ...
aug *gaA* *aga* *aua* *aaA* *gaa* *cua* *AgA* ...
aug *gaG* *aga* *aua* *aaG* *gaa* *cua* *AgA* ...

各行の配列にはわずかなちがいがあるが(大文字で表記した箇所)，どれもすべて同じアミノ酸の配列のコード

Met *Glu* *Arg* *Ile* *Lys* *Glu* *Leu* *Arg* ...

になっている. アミノ酸の配列はすべてメチオニン(Met)で始まらねばならず，そのコードは **aug** である. このコドンは開始コドンと呼ばれ，翻訳の開始を指示するコードとして使われる. このコドンからはパッケージングシグナルについて何もわからない.

次のアミノ酸はグルタミン酸(Glu)で，コードするコドンは **gag** か **gaa** である. この同義コドンはともに上記のゲノム配列の中に現れるので，このコドンがパッケージングシグナルの一部である可能性は低い.

3 番目のアミノ酸はアルギニン(Arg)で，コードするコドンは 6 つあって，**aga** のほか，**cgu**，**cgc**，**cga**，**cgg**，**agg** がある. しかしながら，上記の配列には **aga** 以外の同義コドンが登場しないので，この領域はパッケージングシグナルとして働いている可能性があると考えられる.

実は，同義コドンの種類の数やその頻度に基づいて，配列のそれぞれの位置にある点数を次のようにつけることができる.

aug	*gag*	*aga*	...
aug	*gaa*	*aga*	...
1.00	1.00	0.01	...

この点数が低いほど，同義コドンの種類の数に比べて，実際に使用されるコドンの種類が少なすぎると考えられることを意味する.

われわれがめざすもの

ゲノムの中にあると推定される領域をピンポイントで見つけたら，次はケンブリッジ大学の病理学科の研究者によって実験室で詳細に研究された．この研究では，ウイルスを人為的に突然変異させ，ゲノムの位置が変わればパッケージングのプロセスにエラーが生まれるかどうかを観察する．上記の推定方法によって，求めていた領域を特定できたようである．われわれのこの推定方法はほかにも，やはり分節に分かれたゲノムのあるロタウイルス（下痢を引き起こし，世界中の幼児の死の主な原因でもある）を探るためのアプローチにも適用される．現在の研究課題はこの方法を拡張し，HIV のゲノム*[1] の中で興味ぶかい領域を特定することであり，ケンブリッジ大学医学部と協力して進めている．

インフルエンザのパッケージングのプロセスと，それを引き起こすパッケージングシグナルを明らかにすることは，ウイルスの働きを理解する上で重要な一歩となるだろう．これはウイルスについて学問的な基礎を築くことにだけ関心があるのではなく，治療法の確立につながるかもしれない．特に重要なことは，「普通の」インフルエンザと，鳥インフルエンザや豚インフルエンザとのあいだで生じる遺伝子再集合をより深く理解することにつながるだろうということである．遺伝子再集合によって危険なウイルスが人間に感染しやすくなる恐れがあるのである．おそらく，この研究は将来，パンデミック（世界的な大流行）に対するひとつの防御策に寄与することになるだろう．

［***The influenza virus: It's all in the packaging*** by **Julia Gog**: University of Cambridge 応用数学理論物理学科数理生物学准教授．**初出** *Plus Magazine*，2009 年 12 月 8 日．］

訳　註

*[1] HIV（Human Immunodeficiency Virus，ヒト免疫不全ウイルス）が発症させる病気がエイズ（AIDS：Acquired Immuno-Deficiency Syndrome，後天性免疫不全症候群）である．

50 Visions of Mathematics

48 グラスの中の泡

ポール・グレンディニング

次にお見せするのはシャンパンの入ったグラスである．泡をご覧いただきたい．お手元にグラスがない場合には，シャンパングラスの中を上っていく泡の流れを示す図1をご覧いただこう（正直に言えばシャンパーニュ産ではなくソミュール産のワインだが，造り方はシャンパンの伝統的な方法（メトド・トラディショネル）である）．気泡は上昇するにつれて大きくなり，気泡と気泡の間の距離も上にいくほど大きくなっていく．気泡の核が生まれる頻度が一定であると仮定すれば，このことは，気泡は加速もしていることを意味している．なぜこのようなことが起こるのかを解き明かすことは，数学的モデル化の良い演習問題と言えるだろう．このような疑問を抱き，観察するかどうかが科学者とそうでない人を区別すると言えるのかもしれない．科学者でない人にとっては，グラスの中身を飲むことに気がいくか，さもなくば，グラスには「まだ半分ある」か，「もう半分しかない」のどちらなのかと議論する方が，恐らくはより興味があることだろう．

わたしがこのテーマを知ったのは，スタンフォード大学の化学者リチャード・ゼアの講演だった．ゼアは，ビールやシャンパンのような液体の中を上昇する気泡が大きくなることについて少し前に調べた研究について触れた．

わたしはビールを飲まないわけではない（しかし自宅ではシャンパンを飲むことが多い）が，この問題について自分で考えてみた限りでは，上昇するにつれて気泡が大きくなるということは，気泡が受ける圧力の減少によるものだと想像していた．つまり，気泡のある位置が深いほど圧力が大きくなるということだ．しかし，そうではない，とゼアは聴衆に語ったのである．圧力の効果は，気泡が上昇するにつれて，液体に溶解していた二酸化炭素が気泡に流入してくる効果に比べて小さいというのである．さらに，ゼアはギネス[*1]（またはほかの黒ビールや濃厚なビール）のグラスの中の気泡が降下するように見える理由も説明した．また同じ考え方で，よりライトなビールやさらに発泡性の高いワインで気泡の列が観察される理由も示され，感銘を受ける講演だった．

シャンパンの気泡はここ数年，特にモエ・エ・シャンドンとシャンパーニュ・ポメリ[*2] の支援を受けた，ランス大学[*3] のジェラール・リジェ＝ベレールのグループが注目し，研究している．簡単に言えば，シャンパンには高圧の二酸化炭素(CO_2)が溶け込んでいる．シャンパンを注ぎ入れると，グラスの表面にくっついている粒子や繊維を核として気泡が形成される(**核形成**)．この気泡はその表面から，拡散した CO_2 分子が流入することによって成長する．最終的に浮力が十分大きくなると，気泡はグラスから離れ，核形成プロセスがまた始まる．ここで，核形成を無視して，上昇する気泡の流れだけに注目する．説明しなければいけないことはふたつである．なぜ気泡は大きくなるのか？ なぜ気泡は上昇するのか？ 基本的な物理学を使い，数学の方程式で表してみることにする．

最初の問題を取り上げる．気泡がグラスから離れると，浮力と抗力を受けることになる．新たに拡散された CO_2 が入れば，気泡は変形する．この結果，上昇するにつれて気泡は大きくなる．気泡の中の CO_2 分子の増加率はその表面積 $4\pi r^2$ に比例する．気泡の半径 r は時間の関数である．すると，分子の数 N は

$$\frac{\mathrm{d}N}{\mathrm{d}t} = \gamma 4\pi r^2$$

という形の方程式を満たす．ここで，γ はほぼ一定で，液体と気泡の中の CO_2 の濃度差に比例する．この濃度差が気泡表面を通しての流入を引き起こす．ここで方程式の左辺の**微分**は分子数の**変化率**を意味している．

気泡中の二酸化炭素が理想気体(ランダムに動き回り，相互作用をしない粒子からなる気体)であると仮定すれば，その圧力 p，体積 V，温度 T は N と，**理想気体の状態方程式** $pV = kNT$ という関係にある．ここで，k は**ボルツマン定数**で，ケルビン・平方秒あたりキログラム・平方メートルという単位で測ると $k = 1.3806503 \times 10^{-23}$ である[*4]．

この方程式は $N = pV/kT$ と書き直すことができる．温度 T が一定

であり，時間経過につれての圧力の変化が体積の変化に比べて小さいと仮定すると，$\mathrm{d}N/\mathrm{d}t$ に対する第二の方程式が得られ（やってみてほしい！），それを最初の方程式と等しいとおけば

$$\frac{\mathrm{d}N}{\mathrm{d}t} = \gamma 4\pi r^2 \approx \frac{p}{kT}\frac{\mathrm{d}V}{\mathrm{d}t}$$

が導かれる．今度は，この方程式は高校までの微積分で解くことができる．球の体積は $V = 4\pi r^3/3$ なので，合成関数の微分の公式によって，$\mathrm{d}V/\mathrm{d}t = 4\pi r^2(\mathrm{d}r/\mathrm{d}t)$ が得られる．これを上の方程式に代入して整理すると，

$$\frac{\mathrm{d}r}{\mathrm{d}t} \approx \frac{\gamma kT}{p} = c \quad （定数）$$

が得られる．これは気泡が時間とともにどのように大きくなるかを示している．r の変化率はほぼ一定なので（最後の式の右辺参照），時間 t が経過すると，$r \approx r_0 + ct$ となる．ここで，r_0 は核生成後の気泡の最初の半径である．

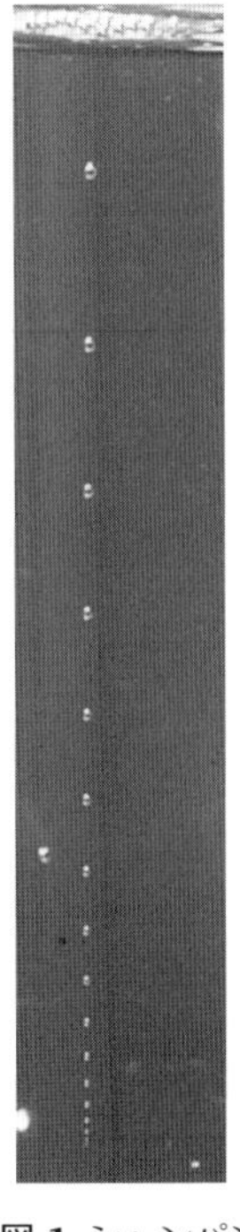

図 1 シャンパングラスの中の泡（筆者の撮影）．

気泡の成長についてはこれくらいで十分だが，上昇の動きについてはどうだろうか？ これは，「力は質量掛ける加速度」という古典的なニュートンの法則を流体力学的に適応させて解析することができる．ただし，2 つの要素を追加する．それは**摂動論**（大きさの異なる量を扱う応用数学的技法）と**実験による近似**で，完全にはわからない特徴を記述するためにエンジニアによって用いられる技法である．数学モデルを疑問の余地なく完全に解くのが現在のわれわれには手に負えない（要するにモデルが複雑すぎて役に立たない）ときに，この技法によって問題を典型的なものにすることができることがよくある．

気泡は 2 つの力を受ける．上向きの浮力と，動く方向に反対向きの抗力である．浮力に対する表示は簡単に導くことができる．**アルキメデスの原理**により，気泡が受ける上向きの力は，気泡と同じ体積の液体が受

ける重力 $F_{\mathrm{b}} = \frac{4}{3}\pi r^3 \rho g$ に等しい．ここで，g は重力加速度で，ρ は液体の密度である．気泡もまた，液体の密度を気泡の密度に置き換えて表される下向きの重力を受けるが，これは無視できるほど小さい．

気泡が受ける抗力 F_{d} の方は導くのが少し難しい．第一近似では，摩擦力は気泡の速さの 2 乗に比例し，有効な表面積（垂直方向に投影された面積）にも比例するので，

$$F_{\mathrm{d}}(r, v) \approx -\frac{1}{2} C_{\mathrm{d}} \rho \pi r^2 v^2$$

となる．マイナスの符号は，動きとは反対の下向きに力が働くことを示しており，C_{d} という項は**抗力係数**である．抗力係数についてはすぐ後で述べることにする．

すると，ニュートンの法則により，気泡に働く力の和は「質量掛ける加速度」に等しいが，この値はどちらの力に比べても小さいので，第一近似では無視することができる（摂動論により数学的に正当化される）．だから浮力と抗力は近似的には相殺されるので，

$$C_{\mathrm{d}} v^2 \approx \frac{8}{3} g r$$

となる．

この方程式でわかっていない重要なものは抗力係数 C_{d} である．抗力係数は液体の性質に依存するほか，液体の中を移動する物体の正確な大きさや形状といった特性にも依存する．この気泡のような球形の流体に対する抗力係数を近似するさまざまな式が考案され，実験的に確かめられている．なかでも特に便利なものは $C_{\mathrm{d}} = A(rv)^{-3/4}$ である．ここで，「定数」A は粘性や密度などの流体の性質に依存する．C_{d} に対するこの式を前の式に代入して整理し，速さ v を求めると，

$$v \approx \left(\frac{8g}{3A}\right)^{4/5} r^{7/5}$$

となる．z を気泡の位置の高さとすると，速度 v は高さの変化率であり，$v = \mathrm{d}z/\mathrm{d}t$ となる．

ここでまた高校の微積分を使って，この 2 つの速度，つまり時間に関する高さの変化率 $\mathrm{d}z/\mathrm{d}t$ と，前に導いた $\mathrm{d}r/\mathrm{d}t$，つまり時間に関する気

泡の半径の変化率とを組み合わせ，求めるべき dz/dr，つまり気泡の高さが半径に関してどのように変化するかを表す量を導こう．ここでも合成関数の微分公式を使う．得られた方程式は厳密に解くことができ，

$$z \approx \frac{5}{12c}\left(\frac{8g}{3A}\right)^{4/5}\left(r^{12/5} - r_0^{12/5}\right)$$

が得られる（dz/dr の方程式を導き，それを r について積分する）．ここで，c は気泡の半径の増大率を表す定数である．

以上の式が示しているのは，速度と高さの双方が，気泡の半径（あるいは，半径に比例する，核形成からの時間）の簡単な**ベキ**と，液体の性質によって決まる定数との積に依存することである．加えて，ありがたいことに，これらの関係式を確かめた実験結果がある．

気泡の問題はわたしが想像していたよりずっと難しく，内容も豊かである．これは，実験的観察と，いわゆる「チラシの裏でできる計算」とに基づいたおおざっぱな解析だが，それでもシャンパンにはうまく適用できるようだ．

それでは，ギネスビールについてはどうだろうか？ ゼアによれば気泡は**下降する**．これは，側面が傾斜して飲み口が広くなっているグラスでは，グラスの中央に勢いよく上昇する気泡の柱ができ，動かされた液体が，一種の対流パターンに乗ってグラスの側面に沿って下降するからである．このため，今度はこの液体が浮力を抑えて，気泡を押し下げるのである．液体が暗いので，外側の降下する気泡だけが見えて，より勢いよく上昇する中央の柱が見えないのである．アイルランドのリムリック大学の数学者であるアンドリュー・ファウラーとその同僚はこの現象をより詳しく研究している．この研究ではおそらく，本物のビールを大量に消費しなくてはならなかっただろう！

［***A glass of bubbly*** by **Paul Glendinning**: University of Manchester 教授（数学）．**初出** *Mathematics Today*, 2006 年 4 月.］

参考文献

［1］ Gérard Liger-Belair and Philippe Jeandet (2002). Effervescence in a glass of champagne: A bubble story. *Europhysics News*, vol. 33, pp. 10–14.

[2] Marguerite Robinson, Andrew Fowler, Andrew Alexander, and Stephen O'Brien (2008). Waves in Guinness. *Physics of Fluids*, vol. 20, 067101.
[3] Richard Zare (2005). Strange fizzical attraction. *Journal of Chemical Education*, vol. 82, pp. 673–675.

訳　註

*1 ギネスは 1759 年創業のアイルランド・ダブリンの醸造メーカーで，ギネスビールとして有名なビールは黒スタウトという種類.

*2 モエ・エ・シャンドンは 1743 年創立のシャンパーニュ地域の醸造所で，シャンパン部門では世界最大の売上を誇り，シャンパーニュ・ポメリは 1836 年にランスで創業した代表的なシャンパン・ハウスである.

*3 ランス(Reims)はフランス北部の都市で，古くから栄え，フランス国王の戴冠式がおこなわれたことがあり，戴冠の都市(la cité des sacres)とも王たちの都市(la cité des rois)とも呼ばれる．シャンパン醸造の一大中心地である.

*4 物理の定数には単位のないものもあるが，多くは単位があり，それが理論の中での位置を明確にしている効果がある．また，ケルビンはイギリスの物理学者ケルビンにちなんだ，熱力学温度であり，大まかには摂氏温度と同じで，0 度(0°K)を絶対零度(−273.16°C)にずらしたものと思ってもよい.

50 Visions of Mathematics

49 殺人現場で数学はどう役に立つのか？

グレアム・ディヴァル

暴力的な犯罪では血が流されることが多く，血痕の鑑識は法医学者の仕事のなかでも重要である．DNA 鑑定のような強力な鑑識技術を使う前に，大量の有用な情報が犯罪現場に残された血痕の性質，形状，分布から得られる．

被害者が撲殺されてしまった暴力的な殺人の場面を想像してほしい．現場にはさまざまな形と大きさの多くの血痕が残されるだろう．不定形に広がったものもあれば，小さな丸い形のものもあるが，多くは水滴のようにやや扁平した形をしている．代表的なものは図 1 のようになっている．シミの形と大きさには，血痕がどのようにして作られたかを教えてくれるメッセージが隠されている．数学を使って，こうしたメッセージを読み解き，殺人現場を再現するのに役立てることができる．

血は傷口からも，血で汚れた凶器からも滴り落ちる．重力のため血液のしずくは垂直に落下し，水平面にぶつかるとほぼ円形のシミを作る．シミの直径と形はしずくの体積，落下する距離，水平面の物理的特性によって変わる．

これとは対照的に，大量の血しぶきが噴出して飛び散ることもある．たとえば，出血している傷が拳やハンマーで繰り返し打たれたり，振り下ろされた凶器の向きが変わって血が跳ね飛ばされたりして起こる．図 1 に示すように，この場合，血のしずくは床のような水平面に鋭角 θ でぶつかって，シミの形は楕円形になる傾向がある．楕円は長軸の長さ A と短軸の長さ B によって特徴づけられる．ぶつかりの角度 θ が小さいほど A は大きく，B は小さくなる．このとき見た目には，血痕は細長い楕円になる．犯罪現場の再現に大いに役立つのは

$$\sin\theta = \frac{B}{A}$$

という関係式である．つまり，残されたシミから A と B を計測することができれば，血のしずくが水平面に当たる角 θ が計算できるのである．

血痕にはほかにも重要な情報が含まれている．ほとんどのシミは楕円形だが，楕円の長軸方向に伸びる傾向があり，図 1 に示すように，シミから飛び出したようなシミや，もとのシミの衛星のような小さなシミが同じ方向に現れることがある．この特徴が犯罪現場の再現にとって重要であるのは，楕円の伸びる方向と小さなシミの両方によって，血が水平面にぶつかるまでに飛んできた方向がわかるようになるからである．

床にぶつかる際の角度と方向という情報が武器となり，血しぶきがどのあたりから飛んできたかを決定することができる．このための方法はいくつかあるが，どれも基本的な三角法を用いるものである．図 2 では 3 つのシミを使う方法の原理を図解している．

最初に 3 ヶ所のシミの長軸を延長する．もしシミが同じところから飛んできた血によるものならば，3 本の直線は共通の点 P で交わるだろう．シミから共通点 P までの距離 d を計測する．次に，シミの飛行経路，つまり軌跡が直線であると仮定して，共通点 P の床面からの垂直距離 h を $h = d\tan\theta$ を使って計算する．これでこのシミをつけた血が発生した 3 次元空間における位置が決まる．すべてのシミに対して同様の計算をし，これらの位置を集めると共通の発生源と考えられる領域が得られる．この発生源が一点にならないのにはいくつかの理由がある．まず，シミの計測の際に誤差が生まれる．また，現実の血しぶきはたとえば，頭全体に傷がつくなど一点ではないところから発生する．

簡単な幾何的な作図によって血しぶきの発生源の位置を決める方法はほかにもある．それは昔ながらの方法で，それぞれのシミに長いひもを置き，ひもとシミの間の角がぶつかりの角 θ になるまで，ひもの片端を垂直に引き上げる．その引き上げる際に，ひもがシミの長軸の線と同じ鉛直面に含まれたままになるようにする．それぞれのシミに置いたひもから共通の発生源が指し示されるだろう．現代ではこの面倒な手作業の代わりに，コンピュータ・グラフィックスのソフトウェアを使っているが，この方法自体は今でも，ひもを意味するストリングから，「ストリン

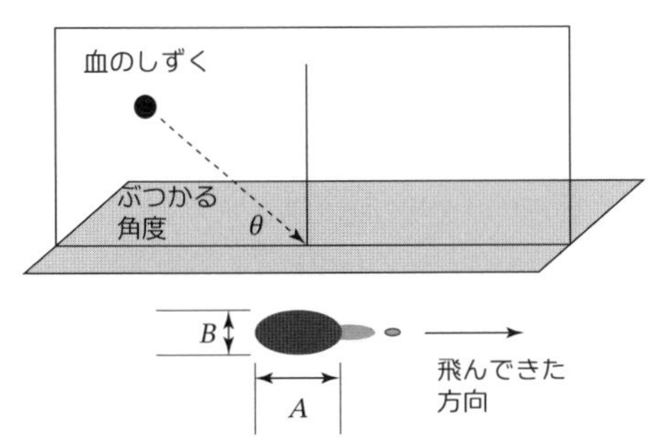

図 1　水平面にある角度でぶつかる血のしずくは楕円形の汚れを作り，どの方向から飛んできたかを示す．

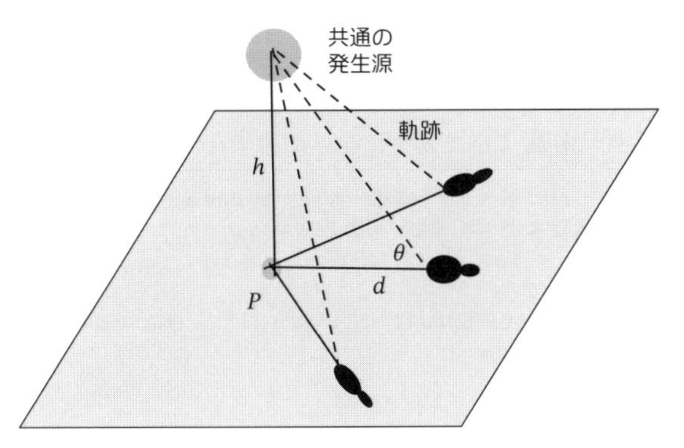

図 2　血しぶきの発生源の特定．

ギング」と呼ばれている．同じ原理は，シミが部屋の天井や，あるいは壁や家具といった垂直な平面についている場合にも，それを解析するのに使うことができる．

ここに述べた手法は，犯罪現場に残された血痕をいくつかのグループに分け，それぞれの発生源を特定するのに有用である．この結果，被害者が襲われた場所や，被害者が受けた殴られた回数といった役に立つ情報が得られる．

犯罪現場で血痕が生じる様子をモデル化する方法を見てきたわけだが，多くの数学モデルと同様に，いくつかの単純化のための仮定をする必要があった．たとえば，血の飛び散る際の空気抵抗の効果を無視している．さらに重要なことに，モデルでは血の軌跡，つまり飛行経路が直線であると仮定しているが，たいていの場合，それは正しくない．発生源から飛んだ血は，重力だけを受けるので，水平面にぶつかるまで放物線を描くことになる．つまり，モデルによって予想される発生源は実際よりも高い位置にあるのだ．問題は，血が飛び出たときの速度，床にぶつかったときの速度，空中を飛んでいた時間といった重要な特徴がわからないので，発射物のようには血のしずくの運動を予測できないということなのである．あるのは最後に残された血痕だけである．しかしすべてが失われたわけではない．科学者たちは現在，血のつけたシミの大きさや形の特徴を仔細に調べて，血のしずくがぶつかった際の速度を求めるための方程式を導こうとしている．しかしながら，こうしたアプローチが犯罪現場の再現に利用できるようになるにはまだ何年もかかるだろう．

［***How does mathematics help at a murder scene?*** by **Graham Divall**: 法科学のコンサルタント．血痕の調査では 35 年の経験．**初出** *Plus Magazine* コンテスト佳作．］

参考文献

［1］ Stuart James, Paul Kish, and Paulette Sutton (2005). *Principles of bloodstain pattern analysis*. CRC Press.

50 Visions of Mathematics

50 錯視とネットワーク

イアン・スチュアート

神経科学者は，眼に映った画像を脳がどのように処理するかを研究している．視覚を司る神経系が不完全な情報や矛盾する情報を受け取ったとき，どのように働くかについて長い間，関心の目を向けてきた．よく知られた例としては，スイスの結晶学者ルイス・アルバート・ネッカーにちなんで名づけられたネッカーの立方体(向きが 2 通りに見える)，ジョゼフ・ジャストロウのウサギとアヒルの錯視，漫画家ウィリアム・エリ・ヒルの「妻と義母」がある(図 1)．どの場合でも，脳が受け取る情報からは 2 つの異なる解釈がありうる．知覚(脳によって認識された画像)はランダムな時間間隔でこの 2 つの異なる解釈のあいだを揺れ動く．このような知覚を錯視と呼ぶ．錯視は**不完全な情報**によって特徴づけられる．

同様の実験によって，**矛盾する**情報から**闘争**と呼ばれる別の錯視の効果が生じることが示される．この場合も，異なる解釈が交互に知覚されるのにはちがいないが，闘争という現象では，知覚された像が，視覚を刺激した本来の画像と一致しないことがある．代表的な例が両眼視野闘争で，左右の眼に異なる画像を見せる場合に起こる．最新の実験でよくおこなわれているのは，心理学者スティーヴン・K・シェヴェルとその共同研究者によるもので，被験者の左眼にはピンクとグレイの垂直な線を互いちがいに引いた画像を見せ，右眼には緑とグレイの水平な線を互いちがいに引いた画像を見せたのである．被験者は 4 つの異なる像を知覚したことが報告されている．それは，本来の 2 つの画像と，ピンクと緑の垂直な線の画像と，ピンクと緑の水平線の画像の 4 つである．この最後の 2 つは**色の誤認識**の例になっていて，色の組み合わせを誤って知覚している．このように，被験者はどちらの眼にも見せられてはいなかった画像を知覚することがあるのである(図 2)．

このような実験のテーマには多くのバリエーションがあり，さまざまな奇妙で予期しない現象が見つかっている．こうして観察されたすべての現象を，一貫した理論で説明することが重要な課題である．

有望なアイデアのひとつが，ニューロン（神経細胞）のネットワークを使って知覚の仕組みをモデル化することである．ニューロンが電気パルスという信号を次々と生成することを，ニューロンが**発火する**と言う．ニューロン同士の結合には 2 種類あることが重要である．あるニューロンの発火によって，そのニューロンの結合先にあるニューロンの発火を促す興奮性結合と，逆に結合先の発火を抑制する抑制性結合である．

ネッカーの立方体のような錯視をモデル化するための最も簡単なネットワークを考えよう．それは 2 つの同一のニューロンからなるネットワークで，それぞれのニューロンは画像の 2 通りの知覚のうちの一方を受け持つ．知覚がどちらか一方だけになるようにするためには，2 つのニューロンを抑制性結合で結ぶ．このモデルにおける重要な変数はニューロンが発火する頻度，つまりパルスの振動数である．この頻度のモデルは数学的に表すことができ，広く研究されてきた．数学者ロディカ・クルツが考案したモデルによれば，2 つのニューロンの発火する頻度が波のように，時間とともに周期的に変化する状態になると予測される．ただし，2 つのニューロンに発する波は位相が周期の半分だけずれるという**反同期性**を示す（図 3 参照）．標準的な解釈では，発火の頻度が大きいニューロンに対応した画像が知覚されることになる．このため 2 つの画像が交互に知覚され，ネッカーの立方体でも確かに 2 つの見え方が交互に現れる．実際にはこの交代の間隔はそれほど規則的にはならないが，おそらくそれは脳の中のほかのニューロンからのランダムなノイズのせいだろう．

最近の研究では，2 つのニューロンからなるこの単純なネットワークから，いくつものニューロンが関与する知覚を扱える，より複雑なネットワークへと一般化されていて，錯視や両眼視野闘争についてのさまざまな実験結果を予測するのに成功をおさめている．さらに，研究者たちは両眼視野闘争を基礎として，脳内の高度な意思決定を表す神経ネットワークモデルを模索している．

これらのアイデアが具体的にはどのようになるかを見るために，シェ

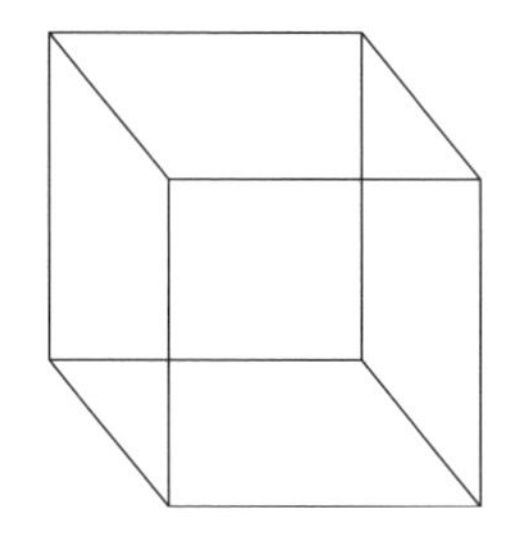

図 1　3 つの古典的な錯視．ウサギとアヒルの錯視の図は *Fliegende Blätter*1892 年 10 月 23 日から．「妻と義母」は *Puck* vol. 78, no. 2018（1915 年 11 月 6 日）の 11 ページに掲載．

グレイ　ピンク　緑

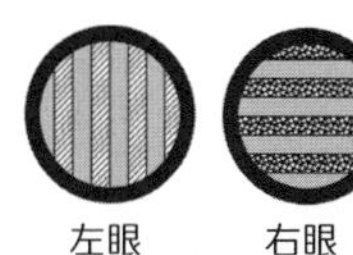

左眼　右眼

色の誤った組み合わせ

図 2　シェヴェルの両眼視野闘争の実験．（左）左右の眼に与えられた刺激．（右）被験者の知覚した像．

ヴェルの両眼視野闘争に関する実験をモデル化するネットワークを考える(図 4 参照). 眼に与えられる刺激には, 線の向きと色という 2 つの異なる**属性**がある. それぞれの属性には**レベル**と呼ばれるいくつかの状態がある. 向きのレベルは垂直か水平かであり, 色のレベルはピンクかグレイか緑かである. 図に表されるように, このネットワークは 3 つの属性(色の属性が 2 つあるのは, 眼に与えられた刺激にある線が交互に 2 色になっているから)ごとに並べられたニューロン(各属性のレベルを表す)からなり, 属性が同じニューロン同士は抑制性結合で結ばれている. つまりこのネットワークでは, 各属性の中からレベルが 1 つだけ選ばれる結果, ほかのレベルが抑制されるという「勝者の総どり」が起こることになる.

さらに, 属性の異なるニューロンは興奮性結合で結ばれており, 刺激によってネットワークがどのように反応するかを表している. たとえば, 左眼に見せられた図が, 左からグレイとピンクの垂直線が交互になっているものだとする. この場合, この垂直線, グレイ, ピンクという 3 つのレベルに対応するニューロンを結ぶ興奮性結合が作られている. この興奮性結合によって, ネットワークはこの 3 つが組み合わさった刺激に強く応答するようになる. ニューロンごとに, 発火の頻度を示す変数に関する常微分方程式を立てることができ, これらを組み合わせてネットワーク全体を連立方程式に変換することができる.

こういう頻度方程式にはいくつかのパラメータが含まれていて, それぞれ方程式が互いにどれほど強く関係しているかなど, 力学系のさまざまな特性を表している. このモデルによって, 周期的な状態が 2 つありうることが予測される. ひとつ目の状態は, 左眼と右眼に見せられた 2 つの刺激を交互に知覚するというものである. もうひとつの状態では, 線の方向は縦と横を交互に知覚するものの, 色はピンクと緑だけを知覚し, グレイは知覚しない. これはまさしく, 実験で観察されたとおりなのである.

以上に述べたアイデアは今では, 両眼視野闘争や錯視が関係している数多くの実験に適用されている. それぞれの実験に対してどのように

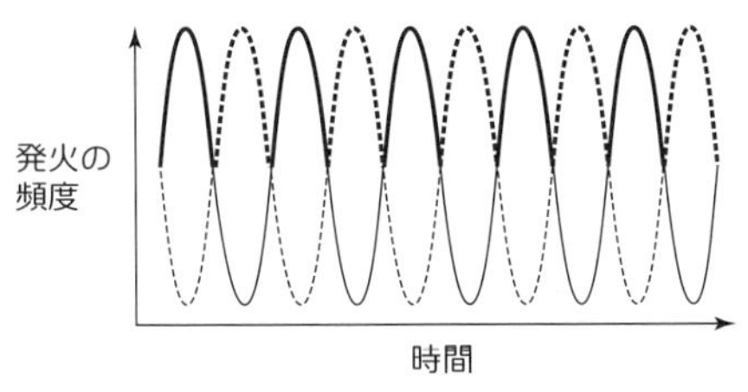

図 3 反同期性の解を与える頻度のモデル．実線はニューロン 1，点線はニューロン 2，太い線は交互に起こる頻度の大きい方を示す．

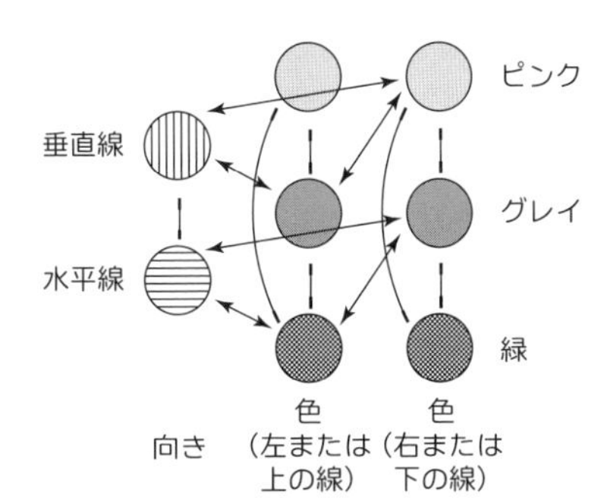

図 4 シェヴェルの両眼視野闘争に関する実験をモデル化するネットワーク．両端が矢印の線は興奮性結合，そうでない線は抑制性結合を表す．

ネットワークを構築するかを示す体系的な手法が用いられている．すべての場合で，理論と実験はみごとに一致する．作られたモデルから新しい予想も立てられ，このアイデアを検証することが可能になっている．もしそれらの検証がうまくいけば，ネットワークの手法によって，これまで不可解とされてきた数多くの実験結果を統一的に論じることができ，視覚のメカニズムの解明に新たな一歩が踏み出されることになるだろう．

［***Networks and illusions*** by **Ian Stewart**: 王立協会フェロー．University of Warwick 数学科教授．］

参考文献

［1］ Richard Gregory (2009). *Seeing through illusions: Making sense of the senses*. Oxford University Press.
［2］ Al Seckel (2007). *The ultimate book of optical illusions*. Sterling.
［3］ Robert Snowdon, Peter Thompson, and Tom Troscianko (2006). *Basic vision: An introduction to visual perception*. Oxford University Press.

イギリス的な，あまりにイギリス的な

蟹江幸博

イギリスを代表する(らしい)コメディアンの軽妙洒脱のまえがきから始まり，50もの笑いあり涙ありの講演を聞いた後では，付けたりのような訳者のあとがきなどなくても，読者の皆さんは満足してもらえていると思うのだが．

笑いはあったが涙はなかったような，と思われる方も多いでしょう．ですが，いくつかの話の裏側にはバケツで受けるほどの涙があるのです．それを見せないようにしてあるのです．血と涙の結晶のような話もあるのですが，どれがそうだかわかりましたか？

しかし，どの話にも何かしらのユーモアがありますが，どうも日本人にはわかりにくいようです．執筆者の多くはイギリス人ですが，独特のユーモアは日本人だけじゃなく，他の文化圏の人にもどこかわかりにくい点があります．それをうまく伝えられたでしょうか？

高く広い文化があれば，それを担う人々の素養の広がりも大きくなります．この講演は論文ではなく，文章も語りの文体になっています．つまり，50 + 2とおりのそれぞれの言葉のニュアンスが微妙に異なっており，それに慣れるのに時間がかかって，多少慣れたかと思えるころには終わってしまって，次に話に移らないといけない．

右上の訳者の(？)シルエットは，悠然と語りを楽しんでいるように見えるかもしれませんが，内心では実に疲れているのです．1つの講演に接するとき，前の講演の感性がかぶさってきて，いわば理解を阻害するのです．意味が取れない方言というほどのものはないのですが．何とか理解しやすい日本語にする努力をしたので，内容はわかってもらえるようになったのではないかと思います．しかし，語り手の微妙なニュアンスは失われてしまったかもしれません．

日本で数学教育を受けた結果，数学を好きになる人も，嫌いになる人もあるでしょうが，本書を読めば，内容の幅広さに驚くのではないでしょうか？中にはこれが数学なのかと思わせるようなものもあり，これなら数学を勉強してもいいかなと思う人が増えるかもしれません．深く知りたいなら，各章の参考文献や訳註の中の文献をたどっていただくとよいでしょう．

数学は厳密な科学で，学ぶのは難しいと思っている人も多いでしょう．2000年以上前からのユークリッド幾何学と，100年ほど経った微積分学のような厳密な論法を見ると堅牢で揺るぎない大建築物のようで，圧倒される感があります．

しかし，これらは学ぶものを圧倒するためではなく，どんなに攻撃されても倒れないことを目的としており，さらにはそのまま学んでいければ非常に効率的でもあるのです．

微積分はイギリスのニュートンが作りましたが，ゆるぎない形に作り上げたのは，ライプニッツ，ベルヌーイ，オイラーをはじめとする大陸の数学者でした．体系だった微積分学の大部の教科書を書くのもコーシーをはじめピカールやグールサといったフランス人でしたし，それらが現在の微積分の教科書の根幹になっています．

数学の特徴は普遍性と多様性であると思っています．普遍性は古代ギリシャの哲学と誕生ともかかわり，近代合理主義から現在に至るまで，数学にあこがれる思想家が多い理由にもなっています．

しかし，数学の始まりがギリシャ哲学を待たねばならなかったわけではありません．古代メソポタミアには高度な天文学・暦学との関わりから，古代エジプトでは国家経営，ピラミッドなどの土木・建築，暦などに関係した個別の深い工夫があり，中国にも古代から優れた数学書があり多くの現実的な問題を処理できるようになっていました．古くから日本にも伝わり，江戸時代には独自の発展を遂げ和算と呼ばれるようになったのですが，もろもろの現実的な問題とかかわりながら多様に発展してきました．

イギリスの数学は理論的でないというわけではありませんが，大建築物を作るよりも具体的な問題を好む傾向があります．ニュートンも，関数の性質を根底的にとらえたいから微積分を作ったわけではなく，惑星の運動を基本的な法則から導き出すための手法として作り上げたのです．純粋数学の権化のように思われているハーディですら，集団遺伝学の基本法則を発見しています．

本書の中で扱われている数学のテーマの多彩さには驚かされます．競馬などの賭け，サッカーボールの形，バーコードの成り立ち，ビンの中の球の詰め込み，十種競技の点数のつけ方，肥満の原因，高速道路の自然渋滞のわけなどのテーマに熱心に取り組んだりします．第2次世界大戦で連合国側が勝った理由の一つには，イギリスで大量に数学者を集めて，暗号解読などに従事させたことがあり，それからまた新しい分野が生まれたりもしています．

数学が役に立つのはなぜか，また数学の論法に潜む罠についても語られているし，数学マニアならよく知っている事実がこんなことにも使えるのかと驚かされることもあります．感染症の世界的な流行が大問題になっていますが，かつて豚インフルエンザがイギリスでどのように伝播していったのかを解析した話もあります．

数学のあり方もイギリス的ですが，その語り方もイギリス的です．古く，少し孤立した文化を持つ日本とどこか通じるところもあるようです．例えば，第5章のブリストルの橋は，有名なケーニヒスベルクの橋の問題でのオイラーの解法を，実際に42もの通行可能な橋のあるブリストルで歩いてみようというわけです．ときどき，休憩しての独り言で，オイラーの解法の神髄を解き明かしていきます．

その際，説明をせずに，橋の名前を次々を挙げていくところがあります．訳者は，古今亭志ん生が落語「黄金餅」の中で，下谷山崎町の長屋から麻布絶口釜無村の寺までの道のりを，テンポ良く述べていく件(くだり)を思い出しましたが，皆さんはどうでしょうか．

読み飛ばしたところを読み返せば，より深く，より広く味わうことができるでしょう．このイギリス的な，あまりにイギリス的なエッセイ集をご堪能ください．

［**Yukihiro Kanie**: 三重大学名誉教授．］

サム・パーク(Sam Parc)
Institute of Mathematics and its Applications

蟹江幸博
京都大学大学院理学研究科数学専攻博士課程修了．三重大学名誉教授，理学博士．専門：トポロジー，表現論，数学教育など．
著書：『なぜか惹かれるふしぎな数学』(実務教育出版)，『文明開化の数学と物理』(共著，岩波書店)ほか多数．
訳書：『幾何教程』(A. オスターマン，G. ヴァンナー著，丸善出版)，『確率で読み解く日常の不思議――あなたが10年後に生きている可能性は？』(Paul J. Nahin 著，共立出版)，『本格数学練習帳シリーズ』(D. フックス，S. タバチニコフ著，岩波書店)ほか多数.

数学，それは宇宙の言葉
――数学者が語る50のヴィジョン　サム・パーク編

2020年8月25日　第1刷発行

訳　者　蟹江幸博（かにえ ゆきひろ）

発行者　岡本　厚

発行所　株式会社 岩波書店
〒101-8002 東京都千代田区一ツ橋 2-5-5
電話案内 03-5210-4000
https://www.iwanami.co.jp/

印刷製本・法令印刷

ISBN 978-4-00-006328-9　Printed in Japan